高等职业教育土建类专业综合实训系列教材

GAODENG ZHIYE JIAOYU TUJIANLEI ZHUANYE
ZONGHE SHIXUN XILIE JIAOCAI

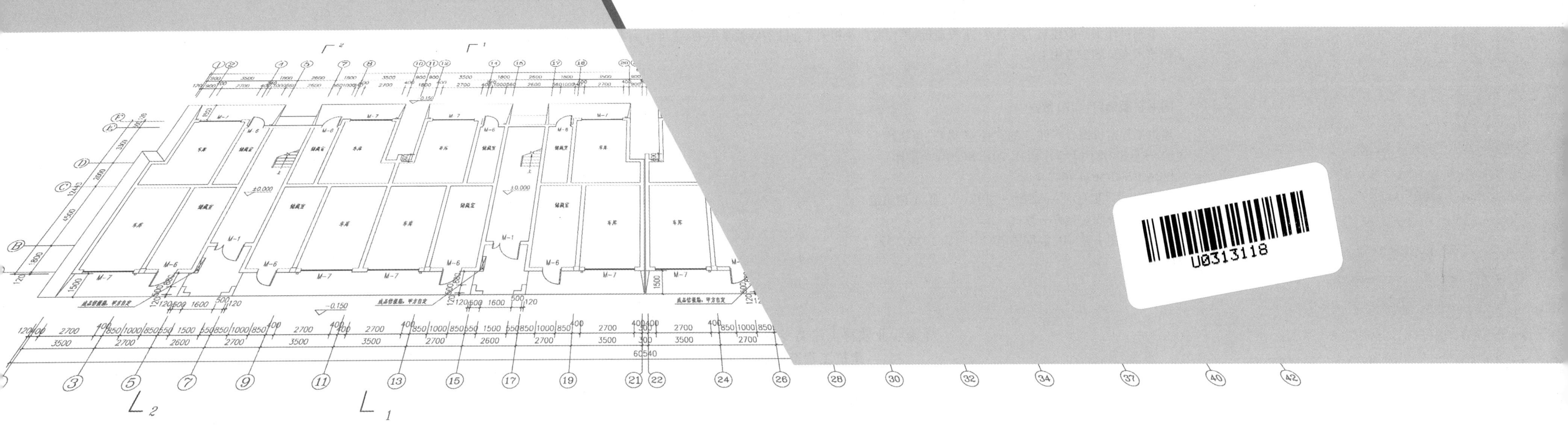

建筑工程造价综合实训

JIANZHU GONGCHENG ZAOJIA ZONGHE SHIXUN

主　编　刘青宜　严凤巧　焦新颖

副主编　徐伟玲　王继仙　李诗红　张晓霞　张　宁

参　编　闫帅平

重庆大学出版社

内容提要

本书为《高等职业教育土建类专业综合实训系列教材》之一。全书共分3个实训，即建筑工程工程量定额计价实训、建筑工程工程量清单计价实训、建筑工程造价软件应用实训，每个实训后附有图纸可供实训时选用。

本书紧扣高职教育特点，根据高职土建类专业的人才培养目标，结合工程造价课程的实训要求，注重职业能力培养，强调教学内容与实际工作的一致性，把案例教学贯穿在整个教材的编写过程中，具有实用性、系统性和先进性的特点。

本书可作为高职建筑工程技术、工程造价、工程监理及相关专业的实践教学用书，也可作为本、专科和函授教育的教学参考书及土建工程技术人员的参考用书。

图书在版编目(CIP)数据

建筑工程造价综合实训 / 刘青宜，严凤巧，焦新颖主编.—重庆：重庆大学出版社，2013.8(2016.7 重印)

ISBN 978-7-5624-7647-4

Ⅰ.①建… Ⅱ.①刘… ②严… ③焦… Ⅲ.①建筑造价管理—高等职业教育—教材 Ⅳ.①TU723.3

中国版本图书馆 CIP 数据核字(2013)第 192002 号

高等职业教育土建类专业综合实训系列教材

建筑工程造价综合实训

主 编 刘青宜 严凤巧 焦新颖

副主编 徐伟玲 王继仙 李诗红 张晓霞 张 宁

责任编辑：刘颖果 版式设计：刘颖果

责任校对：任卓惠 责任印制：赵 晟

*

重庆大学出版社出版发行

出版人：易树平

社址：重庆市沙坪坝区大学城西路21号

邮编：401331

电话：(023)88617190 88617185(中小学)

传真：(023)88617186 88617166

网址：http://www.cqup.com.cn

邮箱：fxk@cqup.com.cn(营销中心)

全国新华书店经销

重庆升光电力印务有限公司印刷

*

开本：787mm×1092mm 1/8 印张：14.25 字数：356千

2013年8月第1版 2016年7月第3次印刷

印数：6 001—7 500

ISBN 978-7-5624-7647-4 定价：29.00元

前　言

造价岗位是高职土建类专业学生主要的就业岗位之一。

工程造价综合实训课程是土建类专业学生在学习完工程造价课程之后开设的综合性实训课程，它既可以单独作为一门课程，作为学生在顶岗实习之前，在校内模拟工程造价工作岗位的工作过程，独立完成某一个或几个工程的造价实训，获得造价员的岗前培训，为顶岗实习奠定基础；又可以作为土建类专业工程造价课程的补充，在完成造价课程的基础理论学习之后，通过安排一至两周的综合实训，完成一个或多个实际工程项目的综合造价实训，进一步巩固所学知识，提高学生综合运用知识、解决实际问题的能力。

《工程造价综合实训》就是根据土建类专业的上述教学需要而编写的。本书是一本综合性强、实践内容全面、效果明显的教材，是根据多年的工程造价实践和高职教育的经验，结合工程造价综合实训课程的教学特点编写的。教材的主要特色是注重培养学生理论与实践相结合的能力，即在老师的指导下，使学生通过完成工程造价综合实训的各项内容，在学习方法和动手能力两个方面都得到培养和锻炼，充分体现了高职教学培养学生的特点。

由于在开设本课程之前已经完成了工程造价课程的学习，因此本教材在编写过程中没有对理论知识进行过多的阐述，相关理论知识可以参阅工程造价课程的相关教材。

本教材由许昌职业技术学院刘青宜、严凤巧、焦新颖任主编，许昌职业技术学院徐伟玲、王继仙、李诗红、张晓霞、张宁任副主编，济源职业技术学院闫帅平参编。在编写过程中参考了国内同类教材及相关资料，在此表示深深的谢意！

由于水平有限，书中难免有不足之处，恳请读者同行批评指正。联系 E-mail：lyoung@163.com

编　者

2013 年 6 月

目 录

实训1　建筑工程工程量定额计价实训

【学习总目标】

通过实训1学习，培养学生系统全面地总结、运用所学的建筑工程定额原理和工程概预算理论编制建筑工程施工图预算的能力；使学生能够做到理论联系实际、产学结合，进一步培养学生独立分析问题和解决问题的能力。

【能力目标】

(1)具备基本识图能力。能正确识读工程图纸，理解建筑、结构做法和详图。

(2)具备分部分项工程项目的划分能力。能根据定额计算规则和图纸内容正确划分各分部分项工程项目。

(3)具备正确运用工程量的计算方法的能力。能以建筑工程、装饰装修工程工程量的计算规则、定额计量单位为基础，正确计算各项工程量。

(4)具备正确套用定额子目的能力。能够按照图纸的做法，套用最恰当的定额子目。

(5)具备预算表、费用计算程序表的编制能力。能确定各项费率系数，正确计取建筑工程、装饰装修工程费用，计算工程总造价。

【知识目标】

(1)掌握制图规范、建筑图例、结构构件、节点做法。

(2)掌握定额子目的组成、工程量计算规则、工程具体内容。

(3)掌握工程量计算规则的运用。

(4)掌握定额项目的选择、定额基价换算。

(5)掌握工程类别划分、费用项目及费率系数、计算程序表等。

【素质目标】

(1)培养严肃认真的工作态度，细致严谨的工作作风。

(2)培养理论与实际相结合，独立分析问题和解决问题的能力。

1.1　建筑工程工程量定额计价实训任务书

1.1.1　实训目的和要求

1)实训目的

①加深对预算定额的理解和运用，掌握《××省建筑工程消耗量定额》的编制和使用方法。

②通过课程设计的实际训练，使学生能够按照施工图预算的要求进行项目划分并列项，并能熟练地进行工程量计算，使学生能将理论知识运用到实际计算中去。

③掌握建筑工程预算费用的组成，通过课程设计理解建筑安装工程费用的计算程序。

④通过课程设计的实际训练，使学生掌握采用定额计价的方式编制建筑工程施工图预算文件的程序、方法、步骤及图表填写规定等。

2)实训具体要求

①要求完成建筑工程及装饰装修工程部分的工程量计算，并编制工程量汇总表。主要分部工程如下：土石方工程、地基处理与防护工程、砌筑工程、钢筋及混凝土工程、门窗工程、屋面防水保温工程、装饰工程(楼地面、墙柱面、顶棚工程等)、施工技术措施项目(脚手架工程、垂直运输机械及超高增加、构件运输及安装工程、混凝土模板及支撑工程等)。

②课程实训期间，要求通过教师指导，独立编制，严禁捏造、抄袭等，发扬实事求是的精神，力争通过实训使自己具备独立完成建筑工程定额计价工作的能力。

1.1.2　实训内容

1)工程资料

已知某工程资料如下(见1.4节)：

①建筑施工图、结构施工图。

②建筑设计总说明、建筑做法说明、结构设计说明。

③其他未尽事项，可根据规范、图集及具体情况讨论后由指导老师统一确定选用，并在编制说明中注明。

2)编制内容

根据现行的预算定额、费用定额和指定的施工图设计文件等资料，编制以下内容：

①列出项目计算工程量。

②套用预算定额确定直接工程费(编制工程计价表)。

③进行工料分析及汇总。

④进行材料价差计算。

⑤进行取费分析，计算工程造价。

⑥编制说明。

⑦填写封面，整理装订成册。

1.1.3　实训时间

实训总时间为1周，具体安排如表1.1所示。

表1.1　定额计价实训时间安排表

序　号	实训内容	时间(d)	备　注
1	熟悉图纸、定额，了解工程概况，进行项目划分	0.5	
2	工程量计算	2.5	
3	编制工程计价表	0.5	
4	工料分析和材料价差计算	1.0	
5	取费分析，计算工程造价，复核，编制说明，填写封面，装订成册并提交	0.5	
6	成绩考核	1.0	
7	总计	6	

1.1.4 实训成绩考核

1)成绩评定内容

①作业检查。检查预算书是否完成、形式是否规范、格式是否正确、书写是否工整、计算过程是否清晰、结果是否正确。

②面试答辩。通过查阅预算书,提出问题由学生答辩,根据答辩情况评定成绩。

③出勤考核。根据平时出勤情况进行考核。

2)成绩评定方法

按照作业检查占40%、面试答辩占40%、出勤占20%评定成绩。

3)成绩评定等级

按照总分30分确定成绩,并计入总成绩。捏造数据、抄袭他人者,成绩计零分。

1.2 建筑工程工程量定额计价实训指导书

1.2.1 编制依据

①计价定额:《××省建筑工程计价定额》《××省建设工程费用定额》。

②施工图纸:××工程施工图(见1.4节)。

③材料价格:当地现行材料价格。

④施工组织设计。

⑤各项费用均按有关规定计算。

1.2.2 编制步骤及内容

1)熟悉施工图设计文件

①熟悉图纸、设计说明,了解工程性质,对工程情况进行初步了解。

②熟悉平面图、立面图和剖面图,核对尺寸。

③查看详图和做法说明,了解细部做法。

2)熟悉施工组织设计资料

了解施工方法、施工机械的选择、工具设备的选择、运输距离的远近。

3)熟悉预算定额

了解定额各项目的划分、工程量计算规则,掌握各定额项目的工作内容、计量单位。

4)计算工程量及编制工程量计算书

工程量计算必须根据设计图纸和说明提供的工程构造、设计尺寸和做法要求,结合施工组织设计和现场情况,按照定额的项目划分、工程量计算规则和计量单位的规定,对每个分项工程的工程量进行具体计算。它是工程预算编制过程中一个非常细致和重要的环节,约有90%以上的时间是消耗在工程量计算阶段内的,而且工程预算造价的正确与否,关键在于工程量的计算是否准确、项目是否齐全,有无遗漏和错误。

为了做到计算准确、便于审核,工程量计算的总体要求有以下几点:

①根据设计图纸、施工说明书和预算定额的规定要求,先列出本工程的分部工程和分项工程项目顺序表,再逐项计算,对定额缺项需要调整换算的项目要注明,以便作补充换算计算表。

②计算工程量所取定的尺寸和工程量计量单位要符合预算定额的规定。

③尽量按照"一数多用"的计算原则,以加快计算速度。

④门窗、洞口、预制构件要结合建筑平面图、立面图对照清点,也可列出数量、面积、体积明细表,以备扣除门窗、洞口面积和预制构件体积之用。

本环节主要内容与步骤:基数计算→编制门窗孔洞工程量计算表→划分分项工程项目→计算工程量→工程量汇总→编制单位工程预算表→进行工料分析及汇总→材料价差计算→编制取费程序表→编制说明→编制预算书封面。

5)整理预算书,装订成册

1.2.3 建筑工程预算、装饰工程预算、安装工程预算编制程序

建筑工程预算的编制程序如图1.1所示。装饰、安装工程预算的编制程序如图1.2所示。

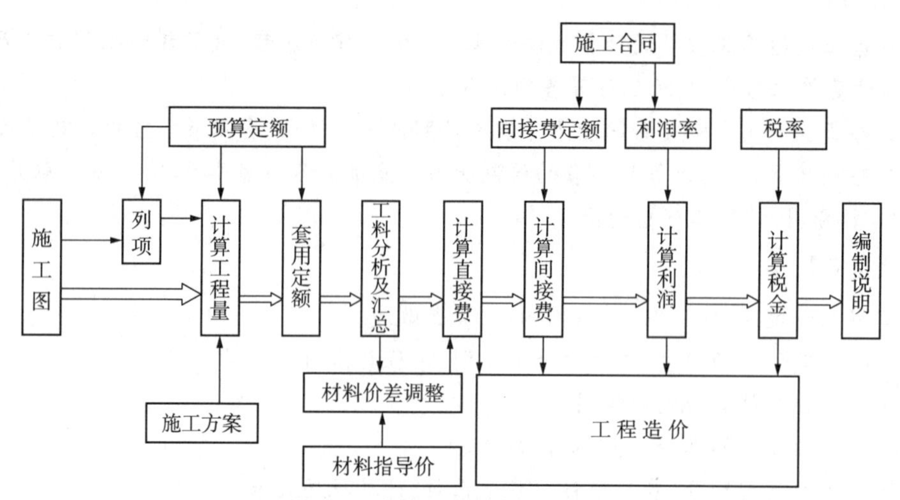

图1.1 建筑工程预算编制程序

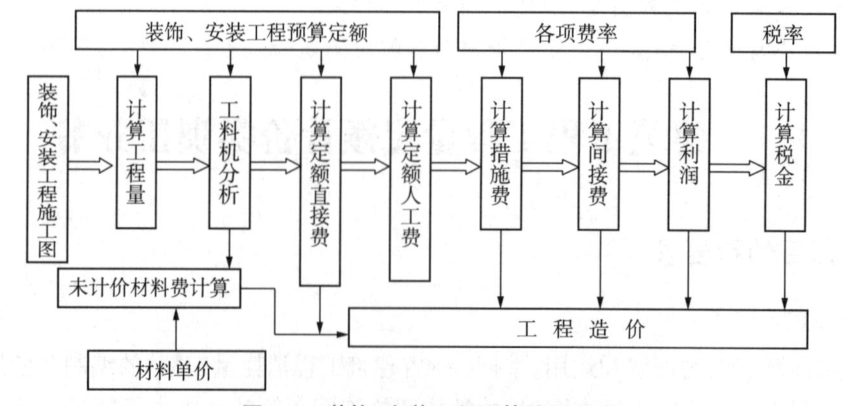

图1.2 装饰、安装工程预算编制程序

1.3 建筑工程工程量定额计价实训内容分析指导

1.3.1 识图

1)识读建筑工程施工图

①通过识读建筑平面、立面、剖面施工图,熟悉建筑物的外形轮廓,掌握建筑物长、宽、高、层高、总高、开间、进深的尺寸。

②通过建筑平面、立面、详图施工图,识读建筑物的内部构造,掌握门窗位置及高宽尺寸,了解各房间的功能,楼梯间、过道、垃圾道、踢脚线、屋面女儿墙等细部尺寸。

③通过基础平面图和详图,掌握基础的构造和尺寸,初步确定挖土方案。

④通过结构平面图,掌握柱、梁、板的构造尺寸,了解构件内钢筋的布置和尺寸。

2)识读装饰工程施工图

①通过识读装饰工程施工图,掌握地面、楼面装饰使用的材料和计算尺寸。

②通过识读装饰工程立面图,掌握墙面、门窗装饰使用的材料和计算尺寸。

③通过识读顶棚装饰工程施工图,掌握顶棚装饰使用的材料和装饰尺寸。

3)识读安装工程施工图

①通过识读电照平面施工图,掌握灯具、开关、插座等安装的位置和数量,了解明敷或暗敷方式及管线型号和规格。

②通过识读电照系统图,掌握配电箱安装位置和进户线及配电线路的接线方式。

③通过识读给排水平面施工图,掌握洗脸盆、浴盆、淋浴器、大便器、地漏等设备的安装位置和数量。

④通过识读给排水系统图,掌握给排水管道的材质、管径、连接方式和安装位置。

1.3.2 熟悉预算定额

1)预算定额的套用

①根据分项工程项目找到对应的预算定额项目,将基价、人工费单价、机械费单价和人工、材料消耗量填入综合单价分析表。

②根据施工图、预算定额的总说明和分部说明及工程内容说明,判断套用定额项目的准确性。

2)预算定额的换算

①使用定额附录中混凝土配合比表的数据,换算与混凝土有关的定额基价和材料用量。

②使用定额附录中砂浆配合比表的数据,换算与砂浆有关的定额基价和材料用量。

③按预算定额的说明,进行有关定额项目的乘系数的换算和增减费用的换算。

3)预算定额的补充

①根据现场测定的定额数据资料,补充由于新工艺、新材料出现缺项的定额项目。

②将补充定额项目上报工程造价主管部门备案。

1.3.3 划分分项工程项目

划分分项工程项目,也称为列项。列项是施工图预算编制的着手点,是依据施工图纸及预算定额列出分项工程项目名称,确定工程量计算范围的过程,在此基础上进行一系列的预算编制工作。列项属于经验和熟练方面的工作,对图纸、定额和施工过程越熟悉,列出的项目就越准确、越完整。

一份完整的建筑工程预算,应该有完整的分项工程项目。分项工程项目是构成单位工程预算的最小单位。一般情况下,我们说编制的预算出现了漏项或重复项目,就是指漏掉了分项工程项目或有些项目重复计算了。

1)建筑工程预算项目完整性的判断

每个建筑工程预算的分项工程项目包含了完成这个工程的全部实物工程量。因此,首先应判断按施工图计算的分项工程量项目是否完整,即是否包括了实际应完成的工程量。另外,计算出分项工程量后,还应判断套用的定额是否包含了施工中这个项目的全部消耗内容。如果这两个方面都没有问题,那么单位工程预算的项目就是完整的。

2)列项的方法

建筑工程预算列项的方法是指按什么样的顺序把这个预算完整的项目列出来。一般常用以下几种方法:

(1)按施工顺序

按施工顺序列项比较适用于基础工程。比如:砖混结构的建筑,基础施工顺序依次为平整场地→基础土方开挖→浇灌基础垫层→基础砌筑→基础防潮层或地圈梁→基础回填夯实等,不可随意改变施工顺序,必须依次进行。因此,基础工程项目按施工顺序列项,可避免漏项或重项,保证基础工程项目的完整性。

(2)按预算定额顺序

由于预算定额一般包含了工业与民用建筑的基本项目,所以,我们可以按照预算定额的分部分项项目的顺序翻看定额项目内容进行列项,若发现定额项目中正好有施工图设计的内容,就列出这个项目,没有的就翻过去,这种方法比较适用于主体工程。

(3)按图纸顺序

以施工图为主线,对应预算定额项目,施工图翻完,项目也就列完。比如,首先根据图纸设计说明,将说明中出现的项目与预算定额项目对号入座后列出,然后再按施工图顺序一张一张地搜索清楚,遇到新的项目就列出,直到全部图纸看完。

(4)按适合自己习惯的方式

可以按上面说的一种方法,也可以将几种方法结合在一起使用,还可以按自己的习惯方式列项,比如按统筹法计算工程量的顺序列项等。

总之,列项的方法没有严格的规定,无论采用什么方式、方法列项,只要满足列项的基本要求即可。列项的基本要求是:全面反映设计内容,符合预算定额的有关规定,做到所列项目不重不漏。

1.3.4 基数计算

基数是指在工程量计算过程中,许多项目的计算将反复、多次用到的一些基本数据。

1）基数的名称及作用

工程量计算基数主要有：外墙中心线 $L_{中}$、内墙净长线 $L_{内}$、外墙外边线 $L_{外}$、建筑底层面积 $S_{底}$，简称“三线一面”，其作用如表 1.2 所示。

表 1.2 用“三线一面”基数计算工程量

基数名称	代 号	用途（可计算）
外墙中心线	$L_{中}$	①外墙地槽长；②外墙基础垫层长；③外墙基础长；④外墙墙体长；⑤外墙地圈梁、圈梁长；⑥外墙防潮层长；⑦女儿墙压顶长
内墙净长线	$L_{内}$	①内墙地槽长（$L_{内}$-修正值）；②内墙基础垫层长（$L_{内}$-修正值）；③内墙基础长；④内墙地圈梁、圈梁长；⑤内墙防潮层；⑥内墙墙体长
外墙外边线	$L_{外}$	①平整场地；②外墙装饰脚手架；③外墙抹灰、装饰；④挑檐长；⑤排水坡长；⑥明沟（暗沟）长
建筑底层面积	$S_{底}$	①平整场地；②室内回填土；③室内地坪垫层、面层；④楼面垫层、面层；⑤顶棚面层；⑥屋面找平层、防水层、面层等

2）根据工程具体情况确定基数个数

假如建筑物的各层平面布置完全一样，墙厚只有一种，那么只确定 $L_{中}$，$L_{内}$，$L_{外}$，$S_{底}$ 4 个数据就可以了；如果某一建筑物的各层平面布置不同，墙体厚度有两种以上，那么就要根据具体情况来确定该工程实际需要的基数个数。

例如，每层的内隔墙平面布置不同，$L_{内}$ 就要分为 $L_{内1}$，$L_{内2}$，$L_{内3}$，…。墙体的厚度有两种以上，$L_{中}$就要分为 $L_{中1}$-240，$L_{中2}$-370，$L_{中3}$-120，…；$L_{内}$ 就要分为 $L_{内1}$-240，$L_{内2}$，$L_{内3}$-370，$L_{内3}$-120，…。因此要注意，每个基数的个数要根据施工图的具体情况来确定，至于基数代号的下标用什么符号来表达，可以自己确定，以直观、简单为原则就行。

1.3.5 门窗明细表的填写、计算

1）填写、计算门窗明细表的目的

一是可在此表中完成门窗工程量的计算，所计算出来的门窗面积可直接用于定额直接工程费的计算；二是将所计算出的各类门窗面积分配到各自所在的墙体部位上（指内、外墙，不同厚度墙体等），便于在计算墙体工程量和墙面抹灰、装饰工程量时，确定按定额规定所应扣除的门窗面积。

2）填写、计算门窗明细表的方法

按表格内容填写并计算，应注意：

①各类门窗应分别按门窗代号的顺序填写。

②框、扇断面按施工图节点大样图尺寸分别计算框、扇断面积，如需计算毛料断面，应加刨光损耗，一面刨光加 3mm，两面刨光加 5mm。计算框、扇断面是套用定额的需要。

③每樘面积=洞口尺寸的宽×高。

④面积小计=每樘面积×樘数。

⑤将各类门窗面积分别分配到所在部位的墙体上。

⑥门窗面积要按类型分别合计，最后要总计，总计数要和所在部位分配的总数相等。

1.3.6 钢筋混凝土圈、过、挑梁明细表的填写、计算

填写、计算的目的同门窗明细表，按表格内容的要求填写并计算。

1.3.7 建筑工程量计算

工程量计算是施工图预算编制的重要环节，一份单位工程施工图预算是否正确，主要取决于两个因素；即工程量和定额基价，因为定额直接工程费是这两个因素相乘后的总和。

工程量计算应严格执行工程量计算规则，在理解计算规则的基础上，列出算式，计算出结果。因此在计算工程量时，一定要认真学习和理解计算规则，掌握常用项目的计算规则，有利于提高计算速度和计算的准确性。

计算结果，以吨为计算单位的可保留小数点后 3 位，土方以立方米为单位可保留整数，其余项目工程量均可保留小数点后 2 位。

1）土石方工程量计算

土方工程量计算主要包括平整场地、挖土、回填土和运土 4 部分内容。工程量计算时应考虑以下几个问题：

①基础开挖是否需要加宽工作面，是否需要放坡或支挡土板。

②工作面大小，视基础材料而定，可查表或依据施工方案而定。

③是否放坡，根据挖土深度而定；放坡系数，视挖土方法而定；放坡起点深度为 1.5m，如支挡土板，每边增加宽度 100mm，可查表或依据施工方案而定。

④挖土深度视基础底标高和室外设计标高确定。

2）桩基工程量计算

桩基工程量计算主要包括打钢筋混凝土预制桩，钢板桩，静力压桩，打、钻灌注混凝土桩，砂石桩，灰土桩等内容。

（1）工程量计算时应注意的问题

预制钢筋混凝土桩应分别计算打桩、接桩、送桩 3 个项目的工程量。

（2）计算方法

打桩——按设计桩长（不扣桩尖虚体积）乘以桩截面面积，以立方米计算。

接桩——电焊接桩，按设计接头以个计算；硫磺胶泥接桩，按桩断面积以平方米计算。

送桩——按桩截面面积乘以送桩长度（即打桩架底至桩顶面高度或自桩顶面至自然地坪面另加 0.5m）计算。

3）砌筑工程量计算

砌筑工程主要包括基础、墙、柱、零星砌砖等项目内容。工程量计算时应注意思考以下几个问题：

①墙体计算时，长、宽、高的确定，定额是如何规定的？

为什么长度的确定，外墙按外墙中心线长计算，内墙按内墙净长线计算？1/2 砖墙按 115mm，1.5 砖墙按 365mm 分别计算墙厚（宽）？

墙体高度的确定；平屋面算至什么地方？坡屋面又如何确定高度？

②计算实砌墙身时，应扣除什么内容，不扣除什么内容，定额为什么这样规定？

③基础与墙、柱的划分界限，以什么标高为界，以上为墙、柱，以下为基础？

④注意零星砌砖项目的适用范围。

4)脚手架工程量计算

为了简化脚手架工程量的计算,其计算方法有两种:一是综合脚手架,二是单项脚手架。综合脚手架工程量可按建筑面积确定。单项脚手架工程量须按脚手架计算规则另行计算。具体采用哪种方法,应按本地区预算定额的规定计算。

5)混凝土工程量计算

混凝土及钢筋混凝土工程一般包括模板、混凝土、钢筋等主要内容。工程量计算时应注意以下问题:

①模板工程量的计算,按模板与混凝土的接触面积计算。

②混凝土工程量的计算,除另有规定外,均按图示尺寸以立方米计算,应注意预制构件的混凝土制作工程量计算应增加构件施工损耗。

③钢筋工程量的计算,按理论质量以吨计算,重点解决不同形状下的钢筋长度的计算,应明确有关混凝土保护层厚度、弯钩长、弯起钢筋增加长、箍筋长度的计算等规定(在钢筋计算表中完成,按表格要求计算填写)。

6)构件运输及安装工程量计算

构件运输及安装工程主要包括预制混凝土构件运输、安装,金属结构件运输、安装及木门窗运输等内容。

(1)工程量计算时应注意的问题

①构件运输应按类别的划分,分类计算工程量。

②预制混凝土构件除屋架、桁架、托架及长度9m以上的梁、板、柱不计算构件施工损耗外,其余构件均需分别计算预制混凝土构件的制作、运输、安装损耗量。

(2)计算方法

①预制混凝土构件运输=图算量×(1+损耗率)

或 =图算量

式中,图算量=单件体积×件数损耗率=运输堆放损耗率+安装损耗率。

②预制混凝土构件安装=图算量×(1+损耗率)

或 =图算量

式中,图算量=单件体积×件数损耗率=安装损耗率。

说明:采用哪种方法计算,各种损耗率为多少,应注意预算定额的规定。

③金属结构构件运输安装=按图示尺寸以吨计算。

④木门窗运输=门窗洞口面积。

7)门窗及木结构工程工程量计算

门窗及木结构工程,主要包括各类木门、窗制作和安装,铝合金门、窗安装,卷闸门安装,钢门窗安装以及木屋架、屋面木基层、木楼梯等内容。工程量计算方法如下:

①各种材质、类型的门窗制作和安装,均以门窗洞口面积计算。

②卷闸门安装按洞口高另加0.6m乘以门实际宽度以平方米计算。

③木屋架按设计断面竣工木料以立方米计算。

④屋面木基层按屋面的斜面积计算。

⑤木楼梯按水平投影面积计算。

8)楼地面工程量计算

楼地面工程主要包括垫层、找平层、整体面层、各种块料面层和各种材质的栏杆、扶手、其他等内容。工程量计算时应注意以下问题:

①室内主墙间净面积的确定,注意净面积中含不含柱、垛、间壁墙等所占面积。

②尽量利用基数完成相关项目工程量的计算,以达到简化计算式的目的。

9)屋面工程量计算

该部分包括两个分部的工程内容,即屋面和防水、防腐、保温、隔热工程。主要包括:瓦屋面、卷材屋面、涂膜屋面、屋面排水、卷材防水、涂膜防水、变形缝,屋面、墙面、楼地面等防腐、保温、隔热层等项目内容。工程量计算时应注意以下几个问题:

①瓦屋面应按图示尺寸的水平投影面积乘以屋面坡度系数以平方米计算;

②瓦屋面斜脊系数是根据屋面坡度系数计算出来的;

③屋面保温层(又称找坡层)厚度的确定,应根据图示尺寸计算加权平均厚度。

10)金属结构制作工程量计算

金属结构制作工程主要包括:钢柱、钢屋架、钢吊车梁、钢支撑、钢栏杆等项目的制作。

(1)工程量计算时应注意的问题

①金属结构制作工程量按图示钢材尺寸以吨计算,不扣除孔眼、切边的质量。

②在计算不规则或多边形钢板时,按其几何图形的外接矩形面积计算。

(2)钢材单位质量计算方法

①钢筋每1m质量=$0.006165d^2$(d为直径)

②钢板每$1m^2$质量=$7.85d$(d为厚度)

③角钢每1m质量=$0.00795d(a+b-d)$(a为长边宽、b为短边宽、d为厚度)

④钢管每1m质量=$0.006165(D^2-d^2)$(D为外径、d为内径)

式中,a,b,d,D均以毫米(mm)为单位。

1.3.8 装饰工程量计算

装饰工程主要包括墙、柱面一般抹灰、装饰抹灰,镶贴块料面层,顶棚抹灰,龙骨、面层、木材面油漆,金属面油漆,抹灰面油漆,涂料、裱糊等内容。工程量计算时应注意以下问题:

①内外墙面抹灰应扣除门窗洞口和空圈所占面积,但不扣除$0.3m^2$以内孔洞所占的面积,门窗洞口侧面、顶面亦不增加面积,附墙垛等侧面并入墙面抹灰面积内;外墙装饰抹灰以实抹灰面积计算,应扣除门窗洞口、空圈面积,其侧壁面积不增加;墙面贴块料面层时,则以实贴面积计算。注意三者之间的联系和区别。

②顶棚抹灰,以主墙间净面积计算,梁的侧面抹灰并入顶棚抹灰面积,不扣除间壁墙、垛、检查口等所占面积,利用基数计算时应注意调整。

③各种材质面的油漆,在制定定额时,一般只编制少数几个基本定额项目,其他有关项目用乘系数改变工程量的方法来换算套用定额。

1.3.9 给排水工程量计算

1)室内给排水管道工程量计算

①室内给排水管道按管道中心线,以米计量,不扣除管件、阀门所占长度。

②室内给排水管道划分。在出户管处,有水表井或检查井时,以第一个水表井或检查井为界;若在出户管处,无水表井或检查井时,以外墙皮1.5m为界。

③室内给排水管道除锈、刷油工程量的计算方法相同,均按管道的表面积计算。刷油漆种类以及遍数可按照设计图或规范要求,执行《刷油、防腐蚀、绝热工程》定额相应子目。管道明敷时,通常刷防锈漆一遍,银粉漆两遍;埋地暗敷时,通常刷热沥青漆两遍。

④地漏、扫除口、清通口、排水栓安装。地漏的安装以个计量。地面扫除口(清扫口)安装以个计量。清通口安装在楼层排水横管的末端,做法有两种:一种是采用油灰堵口;另一种是在排水横管末端打管箍,并加链墙,其工程量以个计量。排水栓是以组计量,分带存水弯和不带存水弯两种。

⑤各种阀门安装工程量,以连接方式(螺纹连接、法兰连接)分类,并按规格大小分档次以个计量。

⑥水表安装。螺纹水表安装,按公称直径和大小分档,以个计量,包括水表前端阀门安装;焊接法兰水表通常设在给水管道入户位置处,其工程量按公称直径和大小分档,以组计量,包括闸阀、止回阀以及旁通管等安装。

⑦法兰盘安装。法兰盘安装可按材质(碳钢、铸铁)和连接方式(丝接、焊接)分类,以管道公称直径分档,按副计量。

⑧室内消火栓安装。区别单出口和双出口,按公称直径分档,以套计量。

⑨盆类安装。盆类安装按所用冷水、热水及盆类材质分档,以组计量。

⑩器类安装。淋浴器安装,分为钢管组成和铜管制品淋浴器,以组计量,安装范围分界点是支管与水平管交接处;大便器、小便器安装,均以套计算工程量;电热水器、开水炉安装,以台计量,安装范围以阀门为界。

2)室外给水管道工程量计算

①室外给水管道与室内给水管道的分界,以建筑物外墙皮1.5m为界,入口处设阀门者以阀门为界。与市政管道的界线是以水表井为界,无水表井者,以与市政管道接头点为界。

②室外给水管道安装工程量按管道材质、接口方法及管径等分别计算。室外给水管道工程量均按管道中心线以延长米为单位计算,均不扣除阀门及管件所占长度。

③室外给水管道阀门、水表、栓类安装。阀门安装可根据阀门种类、接口方法、直径大小,分别以个计算工程量。水表安装工程量计算及定额套用同室内给水管道水表安装。

④室外地上式消火栓安装定额按压力和埋深分档,以套计量。室外消火栓安装不包括短管、三通。

⑤消防水泵结合器的安装,分地下式、地上式、墙壁式3种,按管道公称直径大小分档,以套计算工程量。消防水泵结合器安装定额不包括结合器前闸阀、止回阀、安全阀等。

1.3.10 电照工程量计算

1)控制设备及低压电器

①控制设备及低压电器安装均以台为计量单位,以上设备安装均未包括基础槽钢、角钢的制作安装,其工程量应按相应定额另行计算。

②盘柜配线分不同规格,以米为计量单位。盘、箱、柜的外部进出线预留长度按表1.3规定计算。

表1.3 盘、箱、柜的外部进出线预留长度 单位:m/根

序 号	项 目	预留长度	说 明
1	各种箱、柜、盆、板、盒	高+宽	盘面尺寸
2	单独安装的铁壳开关、自动开关、刀开关、启动器、箱式电阻器、变阻器	0.5	从安装对象中心算起
3	继电器、控制开关、信号灯、按钮、熔断器等小电器	0.3	从安装对象中心算起
4	分支接头	0.2	分支线预留

③配电板制作安装及包铁皮,按配电板图示外形尺寸以平方米为计量单位。

④焊(压)接线端子定额只适用于导线。电缆终端头制作安装定额中已包括压接线端子,不得重复计算。

⑤端子板外部接线按设备盘、箱、柜、台的外部接线图计算,以10个为计量单位。

⑥盘、柜配线定额只适用于盘上小设备元件的少量现场配线,不适用于工厂的设备修、配、改工程。

2)防雷及接地装置

①接地极制作安装以根为计量单位,其长度按设计长度计算;设计无规定时,每根长度按2.5m计算;若设计有管帽时,管帽另按加工件计算。

②接地母线敷设,按设计长度以米为计量单位计算工程量。接地母线、避雷线敷设均按延长米计算,其长度按施工图设计水平和垂直规定长度另加3.9%的附加长度(包括转弯、上下波动、避绕障碍物、搭接头所占长度)计算。计算主材费时另增加规定的损耗率。

③接地跨接线以处为计量单位,按规定凡需做接地跨接线的工程内容,每跨接两次按一处计算。户外配电装置构架均需接地,每副构架按一处计算。

④避雷针的加工制作、安装以根为计量单位,独立避雷针安装以根为计量单位。

⑤利用建筑物内主筋作接地引下线安装以10m为计量单位。每一柱子内按焊接两根主筋考虑,如果超过两根时,可按比例调整。

⑥断接卡子制作安装以套为计量单位,按设计规定装设的断接卡子数量计算。接地检查井内的断接卡子安装按每井一套计算。

3)配管配线

①各种配管应区别不同敷设方式、敷设位置、管材材质和规格,以延长米为计量单位,不扣除管路中间的接线箱(盒)、灯头盒、开关盒所占长度。

②管内穿线的工程量，应区别线路性质、导线材质、导线截面，以单线延长米为计量单位计算。线路分支接头线的长度已综合考虑在定额中，不得另行计算。

③槽板配线工程量，应区别槽板材质（木质、塑料）、配线位置（木结构、砖、混凝土）、导线截面、线式（二线、三线），以线路延长米为计量单位计算。

④塑料护套线明敷工程量，应区别导线截面、导线芯数（二芯、三芯）、敷设位置（木结构、砖混结构、沿钢索），以单根线路每束延长米为计量单位计算。

⑤线槽配线工程量，应区别导线截面，以单根线路每束延长米为计量单位计算。

⑥接线箱安装工程量，应区别安装形式（明装、暗装）、接线箱半周长，以个为计量单位计算。

⑦接线盒安装工程量，应区别安装形式（明装、暗装、钢索上）以及接线盒类型，以个为计量单位计算。

⑧灯具，明、暗装开关，插座，按钮等的预留线，已分别综合在相应的定额内，不另行计算。

⑨配线进入开关箱、柜、板的预留线，按表1.4规定的长度分别计入相应的工程量。

表1.4　配线进入箱、柜、板的预留长度（每一根线）　　单位：m/根

序　号	项目名称	预留长度	说　明
1	各种开关、柜、板	宽+高	按盘面尺寸算
2	单独安装（无箱、盘）的铁壳开关启动器，线槽进出线盒等	0.3	从安装对象中心算起
3	由地面管子出口引至动力接线箱	1.0	从管口计算
4	电源与管内导线连接（管内穿线与软、硬母线接点）	1.5	从管口计算
5	出户线	1.5	从管口计算

4）照明灯具安装

①普通灯具安装的工程量，应区别灯具的种类、型号、规格，以套为计算单位计算。普通灯具安装定额适用范围见表1.5。

表1.5　普通灯具安装定额适用范围　　单位：m/根

定额名称	灯具种类
圆球吸顶灯	材质为玻璃的螺口、卡口圆球独立吸顶灯
半圆球吸顶灯	材质为玻璃的独立的半圆球吸顶灯、扁圆罩吸顶灯、平面形吸顶灯
方形吸顶灯	材质为玻璃的独立的矩形罩吸顶灯、方形罩吸顶灯、大口方形吸顶灯
软线吊灯	利用软线为垂吊材料，独立的，材质为玻璃、塑料、搪瓷，形状如碗伞、平盘灯罩组成的各式软吊灯
吊链灯	利用吊链作辅助悬吊材料，独立的，材质为玻璃、塑料罩的各式吊链灯
防水吊灯	一般防水吊灯
一般弯脖灯	圆球弯脖灯、风雨壁灯
一般墙壁灯	各种材质的一般壁灯、镜前灯

续表

定额名称	灯具种类
软线吊灯头	一般吊灯头
声光控制灯头	一般声控、光控座灯头
座灯头	一般塑料、瓷质座灯头

②开关、按钮安装的工程量，应区别开关按钮安装形式，开关、按钮种类，开关极数以及单控与双控，以套为计量单位计算。

③插座安装的工程量，应区别电源相数、额定电流、插座安装形式、插座插孔个数，以套为计量单位计算。

④门铃安装工程量计算，应区别门铃安装形式，以个为计量单位计算。

⑤风扇安装工程量计算，应区别风扇种类，以台为计量单位计算。

⑥盘管风机三速开关工程量，以套为计量单位计算，一般算至通风空调专业中；请勿打扰灯、应急灯、安全出口灯、疏散指示灯等标志、诱导装饰灯具的工程量，应区分安装形式，以套为计量单位计算。

1.3.11　预算定额的应用

1）定额套用提示

定额套用包括直接使用定额项目中的基价、人工费、机械费、材料费，各种材料用量及各种机械台班使用量。当施工图设计内容与预算定额的项目内容一致时，可直接套用预算定额。在编制建筑工程预算的过程中，大多数分项工程项目可以直接套用预算定额。套用预算定额时，应注意以下几点：

①根据施工图、设计说明、标准图做法说明，选择预算定额项目。

②应从工程内容、技术特征和施工方法上仔细核对，才能较准确地确定与施工图相对应的预算定额项目。

③根据施工图所列出的分项工程名称、内容和计量单位要与预算定额项目相一致。

2）定额换算提示

编制建筑工程预算时，当施工图中出现的分项工程项目不能直接套用预算定额时，就产生了定额换算问题。为了保持原定额水平不变，预算定额的说明中规定了有关换算原则，一般包括：

①若施工图设计的分项工程项目中的砂浆、混凝土强度等级与定额对应项目不同时，允许按定额附录的砂浆、混凝土配合比表的用量进行换算，但配合比表中规定的各种材料用量不得调整。

②预算定额中的抹灰项目已考虑了常规厚度、各层砂浆的厚度，一般不作调整，如果设计有特殊要求时，定额中的各种消耗量可按比例调整。是否需要换算，怎样换算，都必须按预算定额的规定执行。

1.3.12 直接费计算

直接费由直接工程费(人工费、材料费、机械费)、措施费等内容构成。在工程量计算完成后,通过套用定额,在定额直接工程费计算表中完成定额直接工程费的计算。

计算直接工程费常采用两种方法,即单位估价法和实物金额法。

1)用单位估价法计算直接工程费

预算定额项目的基价构成一般有两种形式:一是基价中包含了全部人工费、材料费和机械使用费,这种形式组成的定额基价称为完全定额基价,建筑工程预算定额常采用此种形式;二是基价中包含了全部人工费、辅助材料费和机械使用费,但不包括主要材料费,这种形式组成的定额基价称为不完全定额基价,安装工程预算定额和装饰工程预算定额常采用此种形式。凡是采用完全定额基价的预算定额,计算直接工程费的方法称为单位估价法,计算出的直接工程费也称为定额直接工程费。

(1)用单位估价法计算定额直接工程费的数学模型

单位工程定额直接工程费=定额人工费+定额材料费+定额机械费

其中:

$$\text{定额人工费} = \sum(\text{分项工程量} \times \text{定额人工费单价})$$

$$\text{定额机械费} = \sum(\text{分项工程量} \times \text{定额机械费单价})$$

$$\text{定额材料费} = \sum[(\text{分项工程量} \times \text{定额基价}) - \text{定额人工费} - \text{定额机械费}]$$

(2)单位估价法计算定额直接工程费的方法与步骤

①先根据施工图和预算定额计算分项工程量。

②根据分项工程量的内容套用相对应的定额基价(包括人工费单价、机械费单价)。

③根据分项工程量和定额基价计算出分项工程定额直接工程费、定额人工费和定额机械费。

④将各分项工程的定额直接工程费、定额人工费和定额机械费汇总成分部工程定额直接工程费、定额人工费、定额机械费。

⑤将各分部工程定额直接工程费、定额人工费和定额机械费汇总成单位工程定额直接工程费、定额人工费、定额机械费。

2)用实物金额法计算直接工程费

(1)实物金额法的数学模型

单位工程直接工程费=人工费+材料费+机械费

其中:

$$\text{人工费} = \sum(\text{分项工程量} \times \text{定额用工量} \times \text{工日单价})$$

$$\text{材料费} = \sum(\text{分项工程量} \times \text{定额材料用量} \times \text{材料预算价格})$$

$$\text{机械费} = \sum(\text{分项工程量} \times \text{定额台班用量} \times \text{机械台班预算价格})$$

(2)实物金额法计算直接工程费的方法与步骤

凡是用分项工程量分别乘以预算定额子目中的实物消耗量(即人工工日、材料数量、机械台班数量)求出分项工程的人工、材料、机械台班消耗量,然后汇总成单位工程实物消耗量,再分别乘以工日单价、材料预算价格、机械台班预算价格求出单位工程人工费、材料费、机械使用费,最后汇总成单位工程直接工程费的方法,称为实物金额法。

1.3.13 材料分析及汇总

计算表达式为:

$$\text{分项工程各项材料用量} = \text{分项工程量} \times \text{分项工程定额各项材料用量}$$

$$\text{单位工程各项材料用量} = \sum \text{分项工程各项材料用量}$$

1.3.14 材料价差调整

1)材料价差产生的原因

凡是使用单位估价法编制的施工图预算,一般需要调整材料价差。目前,预算定额基价中的材料费根据编制定额所在地区的省会所在地的材料预算价格计算。由于地区材料预算价格随着时间的变化而变化,其他地区使用该预算定额时材料预算价格也会发生变化,所以用单位估价法计算直接工程费后,一般还要根据工程所在地区的材料预算价格调整材料价差。

2)材料价差调整方法

材料价差的调整有两种基本方法,即单项材料价差调整法和材料价差综合系数调整法。

(1)单项材料价差调整

当采用单位估价法计算直接工程费时,对影响工程造价较大的主要材料(如钢材、木材、水泥等)一般应进行单项材料价差调整。单项材料价差调整的计算公式为:

$$\text{单位工程单项材料价差调整金额(元)} = \sum[\text{单位工程某项工程材料汇总量} \times (\text{现行工程材料单价} - \text{预算定额中材料单价})]$$

(2)综合系数调整材料价差

采用单项材料价差的调整方法,其优点是准确性高,但计算过程较繁杂。因此,一些用量大、单价相对低的材料(如地方材料、辅助材料等)常采用综合系数的方法来调整单位工程材料价差。采用综合系数调整材料价差的具体做法就是用单位工程定额材料费或定额直接工程费乘以综合调整系数,求出单位工程材料价差,计算公式为:

单位工程采用综合系数调整材料价差的金额(元)= 单位工程定额材料费(或定额直接费)×材料价差调整系数

1.3.15 规费、税金的计算

1)规费的计算

(1)规费的概念

规费是指根据省级政府或省级有关权力部门规定必须缴纳的,应计入建筑安装工程造价的费用。

(2)规费的内容

规费一般包括下列内容:

①工程排污费：是指按规定缴纳的施工现场的排污费。

②养老保险费：是指企业按国家规定标准为职工缴纳的养老保险费（指社会统筹部分）。

③失业保险费：是指企业按照国家规定标准为职工缴纳的失业保险金。

④医疗保险费：是指企业按国家规定标准为职工缴纳的基本医疗保险费。

⑤住房公积金：是指企业按国家规定标准为职工缴纳的住房公积金。

⑥危险作业意外伤害保险：是指按照《中华人民共和国建筑法》规定，企业为从事危险作业的建筑安装工人支付的意外伤害保险费。

（3）规费的计算

规费可以按“人工费”或“人工费+机械费”作为基数计算。投标人在投标报价时必须按照国家或省级、行业建设主管部门的规定计算规费。规费的计算公式为：

规费 = 计算基数 × 对应的费率

2）税金的计算

税金是指国家税法规定的应计入建筑安装工程造价内的营业税、城市建设维护税以及教育费附加等。投标人在投标报价时必须按照国家或省级、行业建设主管部门的规定计算税金。其计算公式为：

税金 =（分部分项清单项目费 + 措施项目费 + 其他项目费 + 规费项目费 + 税金项目费）× 税率

上述公式变换后成为：

税金 =（分部分项清单项目费 + 措施项目费 + 其他项目费 + 规费）× 税率 /（1 − 税率）

1.3.16 工程造价计算

1）取费基础

①以定额人工费为取费基础：

各项费用 = 单位工程定额人工费 × 费率

②以定额直接工程费为取费基础：

各项费用 = 单位工程定额直接工程费 × 费率

2）取费项目的确定

①国家、地方有关费用项目的构成和划分。

②地方费用定额中规定的各项取费内容。

③本工程实际发生，应该计取的费用项目：

- 取费费率按照费用定额中规定的条件和标准确定；
- 各项费用的计算方法、计算程序依据费用定额的规定执行。

1.3.17 定额计价方式工程造价计算程序

定额计价方式工程造价计算程序如表 1.6 所示。

表 1.6　定额计价方式工程造价计算程序

<table>
<tr><th rowspan="2">费用名称</th><th rowspan="2">序　号</th><th rowspan="2" colspan="2">费用项目</th><th colspan="2">计算式</th></tr>
<tr><th>以直接工程费为计算基础</th><th>以定额人工费为计算基础</th></tr>
<tr><td rowspan="14">直接费</td><td>（1）</td><td colspan="2">直接工程费</td><td>∑（分项工程量 × 定额基价）</td><td>∑（分项工程量 × 定额基价）</td></tr>
<tr><td>（2）</td><td colspan="2">单项材料价差调整</td><td colspan="2">∑［单位工程某材料用量 ×（现行材料单价 − 定额材料单价）］</td></tr>
<tr><td>（3）</td><td colspan="2">综合系数调整材料价差</td><td colspan="2">定额材料费×综调系数</td></tr>
<tr><td rowspan="11">（4）</td><td rowspan="11">措施费</td><td>环境保护费</td><td>按规定计取</td><td>按规定计取</td></tr>
<tr><td>文明施工费</td><td>（1）×费率</td><td>定额人工费×费率</td></tr>
<tr><td>安全施工费</td><td>（1）×费率</td><td>定额人工费×费率</td></tr>
<tr><td>临时设施费</td><td>（1）×费率</td><td>定额人工费×费率</td></tr>
<tr><td>夜间施工费</td><td>（1）×费率</td><td>定额人工费×费率</td></tr>
<tr><td>二次搬运费</td><td>（1）×费率</td><td>定额人工费×费率</td></tr>
<tr><td>大型机械进出场及按拆费</td><td colspan="2">按措施项目定额计算</td></tr>
<tr><td>混凝土及钢筋混凝土模板及支架费</td><td colspan="2">按措施项目定额计算</td></tr>
<tr><td>脚手架费</td><td colspan="2">按措施项目定额计算</td></tr>
<tr><td>已完工程及设施保护费</td><td colspan="2">按措施项目定额计算</td></tr>
<tr><td>施工排水降水费</td><td colspan="2">按措施项目定额计算</td></tr>
<tr><td rowspan="5">间接费</td><td rowspan="4">（5）</td><td rowspan="4">规费</td><td>工程排污费</td><td colspan="2">按规定计取</td></tr>
<tr><td>社会保障费</td><td colspan="2">定额人工费×费率</td></tr>
<tr><td>住房公积金</td><td colspan="2">定额人工费×费率</td></tr>
<tr><td>危险作业意外伤害保险</td><td colspan="2">定额人工费×费率</td></tr>
<tr><td>（6）</td><td colspan="2">企业管理费</td><td>（1）×企业管理费率</td><td>定额人工费×企业管理费率</td></tr>
<tr><td>利润</td><td>（7）</td><td colspan="2">利润</td><td>（1）×利润率</td><td>定额人工费×利润率</td></tr>
<tr><td rowspan="3">税金</td><td>（8）</td><td colspan="2">营业税</td><td colspan="2">（1）~（7）之和×税率/（1−税率）</td></tr>
<tr><td>（9）</td><td colspan="2">城市建设维护税</td><td colspan="2">（8）×城市建设维护税率</td></tr>
<tr><td>（10）</td><td colspan="2">教育费附加</td><td colspan="2">（8）×教育费附加税率</td></tr>
<tr><td colspan="2">工程造价</td><td colspan="2">工程造价</td><td colspan="2">（1）~（10）之和</td></tr>
</table>

1.3.18 编写编制说明

1）编制说明的内容

完成以上建筑工程预算的编制内容后，要写编制说明。一般从以下几个方面编写编制说明：

(1)编制依据

①采用的××工程施工图、标准图、规范等。

②××省(市)××年建筑工程预算定额、费用定额等。

③有关合同,包括工程承包合同、购货合同、分包合同等。

④有关人工、材料、机械台班价格等。

⑤取费标准的确定。

(2)有关说明

有关说明中包括采用的施工方案、基础工程计算方法、图纸中不明确的问题处理方法,土方、构件运输方式及运距,暂定项目工程量的说明,暂定价格的说明,采用垂直运输机械的说明等。

2)编写说明中对各种问题处理的写法

①图纸表述不明确时。当图纸中出现含糊不清的问题时,可以写"××项目暂按××尺寸或做法计算""暂按××项目列项计算"等。

②价格未确定时。当某种价格没有明确时,自己可以暂时按市场价确定一个价格,以便完成预算编制工作,这时可以写"××材料暂按市场价××元计算""暂按××工程上的同类材料价格××元计算"等。

③合同没有约定。出现的项目当合同没有约定时,可以写"按××文件规定,计算了××项目""按××工程做法,增加了××项目"等。

1.3.19 编制预算书封面

常见的预算书封面如下所示。

建筑工程预算书

工程名称:________	工程地点:________
建筑面积:________	结构类型:________
工程造价:________	单方造价:________
建设单位:（公章）	施工单位:（公章）
审批部门:（公章）	编 制 人:（印章）
年 月 日	年 月 日

1.4 某住宅楼施工图设计文件

某住宅楼施工图设计文件如下所示。

××新型农村社区A-03 住宅楼施工图

设计号:2012-16

××建设工程设计有限责任公司 2012.04

证书编号（甲级）：A×××××××××

建筑设计总说明

一、设计依据

1.甲方与我单位签订的建设工程设计合同;

2.有关部门及甲方审批的设计方案和修改意见。

3.依据现行国家规定、规范及标准:

《民用建筑设计通则》GB 50352—2005

《建筑设计防火规范》GB 50016—2006

《住宅设计规范》GB 50096—1999(2003版)

《住宅建筑规范》GB 50368—2005

《河南省居住建筑节能设计标准》(寒冷地区)DBJ 41/062—2005

《汽车库、修车库、停车场设计防火规范》GBJ 50006—97

二、工程概况

1.工程名称:×× 新型农村社区A-03住宅楼,建设地点:位于××县。

2.建筑层数及高度:五层,建筑高度16.7m。

3.建筑结构形式为砖混结构,设计使用年限为50年。

4.本工程耐火等级为三级。

5.本工程抗震设防烈度为6度。

6.本工程建筑面积为3281.86m²。

三、设计标高

1.本工程室内标高±0.00相当于绝对标高的数值,由建设方会同施工及设计单位现场确定。

2.各层标注标高为建筑完成面标高;屋面标高为结构面标高。

3.本工程标高以m为单位,其他尺寸以mm为单位。

4.厨房、卫生间完成面标高比楼层标高低20mm,阳台低20mm。

四、墙体工程

1.墙体的基础部分详见结施图。

2.轴线定位:轴线定位除有说明外均以墙中心线为准。

3.墙体材料:混凝土多孔砖,厚240mm,卫生间局部厚120mm,墙垛未注明尺寸者均为240mm。

五、门窗工程

1.除注明者外,所有窗均立樘于墙中。

2.除特别注明外,外门立樘于墙中,内门立樘于开启方向墙平。凡楼梯间处内门均立樘于墙中。

3.所有窗均采用80系列塑钢窗,白色框料,中空玻璃(外)5+12+5(内)白色中空玻璃,均带纱扇。

4.门窗立面均表示洞口尺寸,门窗加工尺寸要按照装修面厚度由承包商予以调整。

5.单元门采用电子对讲防盗门,分户门采用保温防盗门。

6.塑钢窗料及玻璃的性能指标均需达到国家标准(GB 8481—87),外门窗气密性不应低于3级,水密性不应低于3级,隔声性能不应低于3级,抗风压性能应符合有关规范和规定。

7.所有外窗开启扇均加纱窗。

六、油漆工程

1.所有预埋木砖及木门与墙体接触部分均需刷防腐沥青。

2.所有木门、木扶手等木制品均需刷底子油一道,满刮腻子,再刷浅灰色调和漆。

3.所有外露铁件及预埋铁件均需表面除锈后,红丹打底,防锈漆两遍,外露铁件,外罩浅调和漆两遍。

七、建筑防水、防潮

1.卫生间、盥洗间楼地面防水:1.5厚聚氨脂防水涂料,四周沿墙上翻150mm高,并做好平立防水处理。楼板四周除门洞外,做180mm高、厚度同墙厚的混凝土翻边。

2.所有穿墙楼、地面管线,均需在管线安装完毕后用1:3水泥砂浆打底,再用防水油膏嵌缝,最后用相同楼、地面的材料做面层。如缝宽>30mm,内填C20细石混凝土。

3.有水房间均设地漏,1%坡度坡向地漏。

4.防水材料应选用国家住建部推荐产品,材料选用除图纸明确规定的以外,如若改变皆由甲乙双方共同协商调研后,根据防水性能择优选材。

5.在室内地坪下60mm处做20厚1:2水泥砂浆内加3%~5%防水剂的墙身防潮层(在此柱高为钢筋混凝土构造可不做);室内地坪标高变化处,应在高差范围的墙身内侧做防潮层。

八、屋面工程

1.本工程的屋面防水等级为二级,防水层合理使用年限为15年。

2.屋面做法及屋面节点索引见建施,雨篷见建施"各层平面图"及有关详图。

3.屋面排水组织见屋顶平面图,外排水斗、雨水管采用UPVC管材。除图中另有注明外,雨水管的公称直径均为DN110。

九、外装修工程

1.外装修设计和做法索引见"立面图"及外墙详图,详见"建筑构造用料做法表"。

2.承包商进行二次设计的结构、装饰物等需经设计单位同意设计方案后方可施工。

十、内装修工程

1.装修选用的各项材料,其材质、规格、颜色等均由施工单位提供样板,经有关方确认后进行封样,并据此验收。

2.内装修工程执行《建筑内部装修设计防火规范》,楼地面部分执行《建筑地面设计规范》,一般装修见"建筑构造用料做法表"。

十一、室外工程

1.装修选用的各项材料,其材质、规格、颜色等均由施工单位提供样板,经有关方确认后进行封样,并据此验收。

2.坡道、散水等工程做法见建施图,散水宜每隔6~10m设置一条伸缩缝,散水与外墙交接处和散水的伸缩缝,应用柔性防水材料填封,沿散水外沿不宜设置雨水明沟。

3.室外台阶比同层室内标高低15mm,且做0.5%的坡坡向室外踏步位置。

十二、建筑设备工程

1.成品排烟道、排气道、雨水管由建设单位与设计单位商定,并应与施工配合。

2.灯具等影响美观的器具须经建设单位与设计单位确认样品后,方可批量加工、安装。

十三、建筑节能(标准为 DBJ 41/062—2005)

1.不同部位窗墙面积比

朝向	实际值	节能标准规定的限值	朝向	实际值	节能标准规定的限值
南向	0.13	0.11	东向	0.03	0.30
北向	0.17	0.17	西向	0.03	0.30

2.工程概况

1	项目类型	☑住宅 □非住宅	2	建设地点	××县
3	层数	五层	4	朝向	南北
5	阳台类型	☑封闭 □不封闭	6	建筑体积	V_0=10619.72m³
7	外表面积	F_0=3079.72m²	8	体形系数	$S=F_0/V_0$=0.29
9	选用外门窗气密性等级	□Ⅱ级 ☑Ⅲ级 □Ⅳ级			

3.各部分围护结构的传热系数

需节能部位	采取节能措施	平均传热系数	传热系数限值
屋面2	50厚挤塑型聚苯板	0.486	0.6
屋面3	60厚挤塑型聚苯板	0.485	0.6
外墙	30厚机械固定单面钢丝网片岩棉板	0.18	0.75
楼梯间隔墙	30厚保温砂浆	0.95	1.65
户门	05YJ4-2P37AHM01-1021	2.7	2.7
外窗	塑钢窗,中空玻璃	2.7	2.8

十四、其他

1.图中所选用标准图中有对结构工种的预埋件、预留洞,如楼梯、平台钢栏杆、门窗、建筑配件等,本图所标注的各种预留洞与预埋件应与各工种密切配合,确认无误后方可施工。

2.所有竖向管道预留洞口浇捣混凝土时要求分两次完成,以保证洞口混凝土填塞的密实度。

3.该建筑所采用的全部材料,均应符合国家规定的环保要求。

4.施工时须与结构、给排水、暖通、电气等有关专业密切配合。

5.本图未尽事宜,均按国家现行建筑施工及安装工程、装饰工程规范及有关标准规定执行。

6.门窗过梁见结施图。

7.在卧室、客厅预留空调穿管孔洞,卧室距地2250mm,客厅距地200mm,位置根据空调插座,由甲方确认后确定;空调冷凝排水管均采用De40的UPVC排水管,施工时请与其他专业配合施工。

8.两种材料的墙体交接处,应根据饰面材质在做饰面前加钉金属网或在施工中加贴玻璃丝网格布,防止裂缝。

9.预埋木砖及贴邻墙体的木质面均做防腐处理,露明铁件均做防锈处理。

十五、主要经济技术指标

套型总建筑面积	79.78m²	标准层总使用面积	228.32m²
套内使用面积	57.08m²	标准层总建筑面积	304.26m²
套型阳台面积(半面积)	3.71m²	建筑使用系数	75.04%

门窗表

类别	设计编号	洞口尺寸(mm) 宽	高	数量	采用标准图集及编号
门	M-1	1000	2100	40	05YJ4-2P37-AHM01-1021
	M-2	900	2100	64	05YJ4-1P96-7PM-0921
	M-3	800	2100	32	05YJ4-1P96-7PM-0821
	M-4	800	2100	32	05YJ4-1P96-7PM-0821
	M-5	1500	2400	4	电子对讲、保温、防盗门,甲方自理
	M-6	1000	2600	16	成品钢门
	M-7	2700	2600	16	参05YJ10P30-3024
	M-8	1000	2000	4	参05YJ4-1P96-7PM-1021
推拉门	TLM-1	2700	至梁底	32	参05YJ4-1P105-2TM-3327
窗	C-1	1800	1700	32	参05YJ4-1P28S80KF-2TC-1818
	C-2	900	1700	32	参05YJ4-1P28S80KF-2TC-0918
	C-3	660	1700	16	参05YJ4-1P21-2NPC-0618
	C-4	1200	1700	32	参05YJ4-1P28S80KF-2TC-1218
	C-5	1500	1200	12	05YJ4-1P25S80KF-1TC-1512
	C-6	1500	600	8	参05YJ4-1P25S80KF-1TC-1509
	TC-1	1800	1700	32	凸窗,见建施-12
门洞	DK-1	900	至梁下	24	

图纸目录

序号	图号	图纸名称	图幅
1	建施-01	建筑设计说明 门窗表 图纸目录 建筑构造用料做法表	A2
2	建施-02	一层平面图	A2+
3	建施-03	二层平面图	A2+
4	建施-04	三、四层平面图	A2+
5	建施-05	五层平面图	A2+
6	建施-06	屋顶层平面图	A2+
7	建施-07	坡屋顶平面图	A2+
8	建施-08	南立面图	A2+
9	建施-09	北立面图	A2+
10	建施-10	1—1剖面图、2—2剖面图	A2

建筑构造用料做法表

项目	采用标准图集号	备注
屋面1	05YJ1P98屋12(F1)	用于车库顶和雨篷顶
屋面2	05YJ1P93屋4(B1-50-F1)	用于五层顶平屋面
屋面3	05YJ1P105屋27(B1-60-F14)	用于坡屋面
外墙1	05YJ1P49外墙15	用于涂料外墙,颜色及位置见立面图,并参照效果图,依效果图为准
外墙保温节点做法	05YJ3-1(5)(4)(6)(7)(8)(9)(10)(12)(11)(12)(11)(16)	
内墙1	05YJ1P39内墙4	用于除厨房、卫生间外的所有内墙
内墙2	05YJ1P40内墙8	用于厨房、卫生间内墙,200X300白色釉面砖到顶
顶1	05YJ1P67顶4	用于厨房、卫生间顶棚
顶2	05YJ1P67顶3	用于除厨房、卫生间外所有顶棚
地面	05YJ1P12地2	用于所有地面
楼面1	05YJ1P32楼28	用于卫生间楼面,防滑地砖颜色、规格建设单位自定
楼面2	05YJ1P27楼10	用于厨房楼面,防滑地砖颜色、规格建设单位自定,水泥砂浆中加防水剂
楼面3	05YJ1P26楼1	用于除厨房、卫生间外的所有室内楼面,除楼梯间外均为毛面
涂1	05YJ1P77涂1	用于木门、木扶手,颜色甲方自定
涂2	05YJ1P80涂12	用于栏杆,颜色自定
涂3	05YJ1P82涂24	用于所有内墙
踢脚	05YJ1P59踢4	用于除厨房、卫生间外的所有室内踢脚线
内墙、顶棚	05YJ1P83涂25	白色
平顶角线	05YJ7(13)	内角圆弧R10
内墙护角	05YJ7(14)	护角高至屋顶,护角圆弧R6
楼梯栏杆	05YJ8(15)	水平段高H=1050,立杆间距不大于110
雨水管	05YJ5-1(17)(18)(19)(22)(21)	UPVC管,ø110 用于平屋面
女儿墙压顶及收头	05YJ5-1(8)	
女儿墙泛水	05YJ5-1(10)	
滴水线1	05YJ6(8)	不需保温的外挑部分
滴水线2	05YJ3-1(8)	需保温的外挑部分
散水	05YJ9-1(5)	宽900mm(150厚3:7灰土)
管道出屋面1	05YJ5-2(28)	
台阶	05YJ9-1(59)	
墙裙	05YJ1P55裙10	仅用于阳台,高1800mm
厨房排气道	05YJ11-3(2)(12)	
车库顶雨水管做法	05YJ6(36)	
坡道	05YJ9-1(4)	
坡屋面变形缝	05YJ5-2(15)	

××建设工程设计有限责任公司 证书编号(甲级):A××××××××				工程名称	××新型农村社区	
				项目名称	A-03住宅楼	
院长		审核		建筑设计总说明 图纸目录 建筑构造用料做法表 门窗表	设计号	2012-16
审定		校对			图别	建施
项目负责人		设计			图号	第01页
专业负责人		制图		未加盖出图专用章图纸无效	日期	2012.04

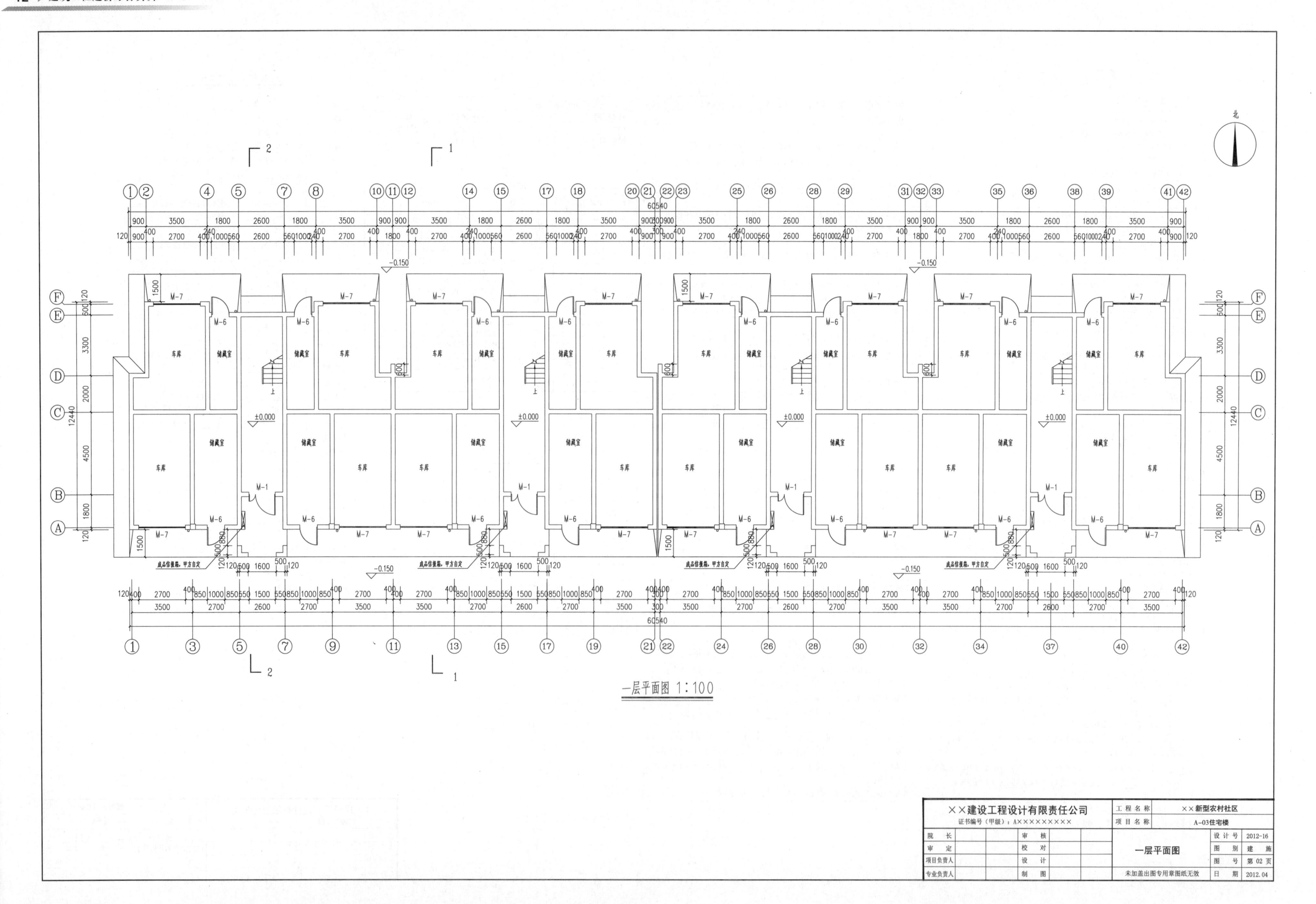
一层平面图 1:100
北
车库
储藏室
M-1
M-6
M-7
±0.000
-0.150
60540
12440
××建设工程设计有限责任公司
证书编号（甲级）：A××××××××××
院　长
审　定
项目负责人
专业负责人
审　核
校　对
设　计
制　图
工程名称
××新型农村社区
项目名称
A-03住宅楼
一层平面图
设计号 2012-16
图别 建施
图号 第02页
日期 2012.04
未加盖出图专用章图纸无效

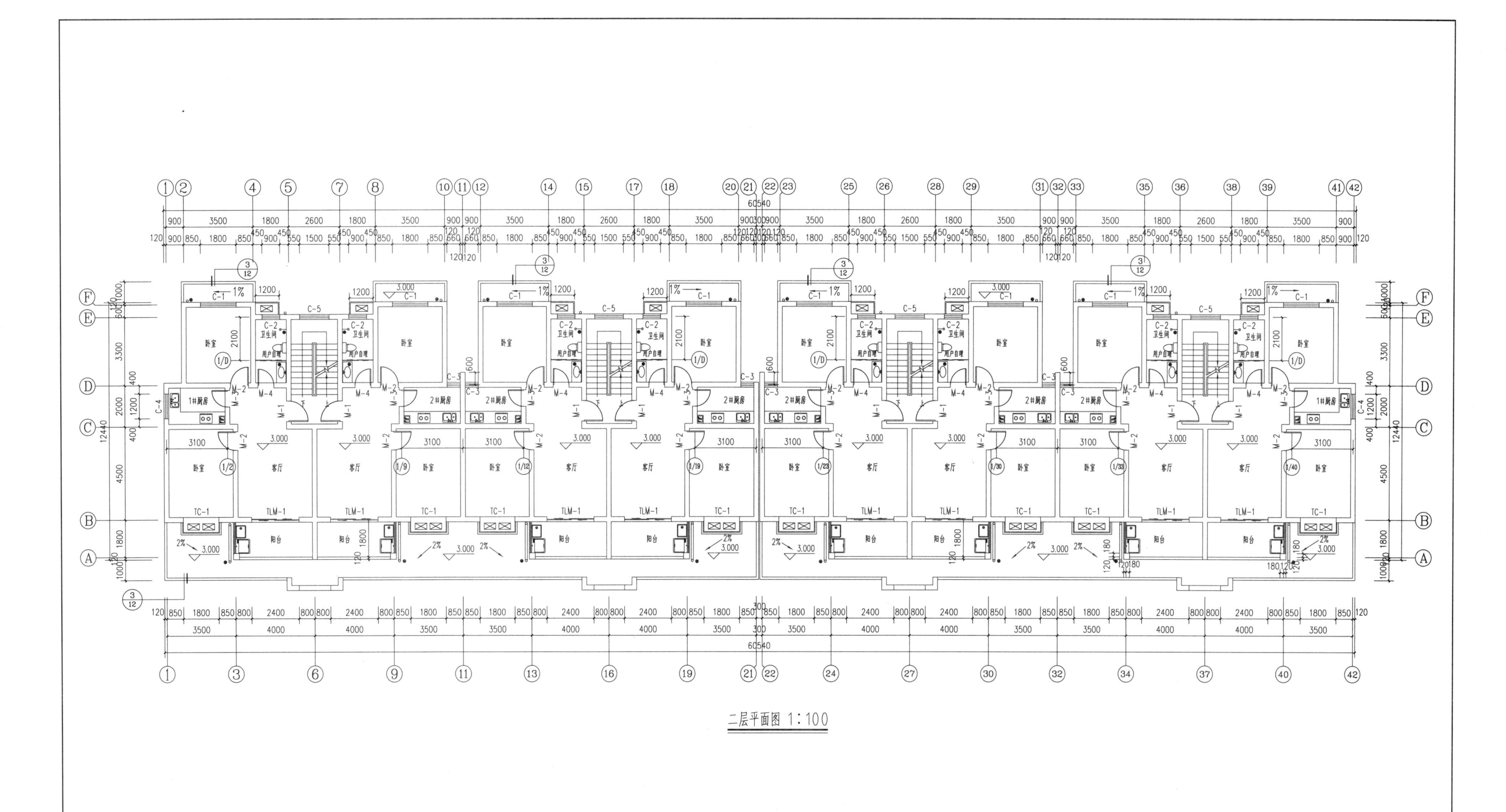

二层平面图 1∶100

××建设工程设计有限责任公司 证书编号（甲级）：A××××××××××						工程名称	××新型农村社区	
						项目名称	A-03住宅楼	
院长			审核			二层平面图	设计号	2012-16
审定			校对				图别	建施
项目负责人			设计				图号	第03页
专业负责人			制图			未加盖出图专用章图纸无效	日期	2012.04

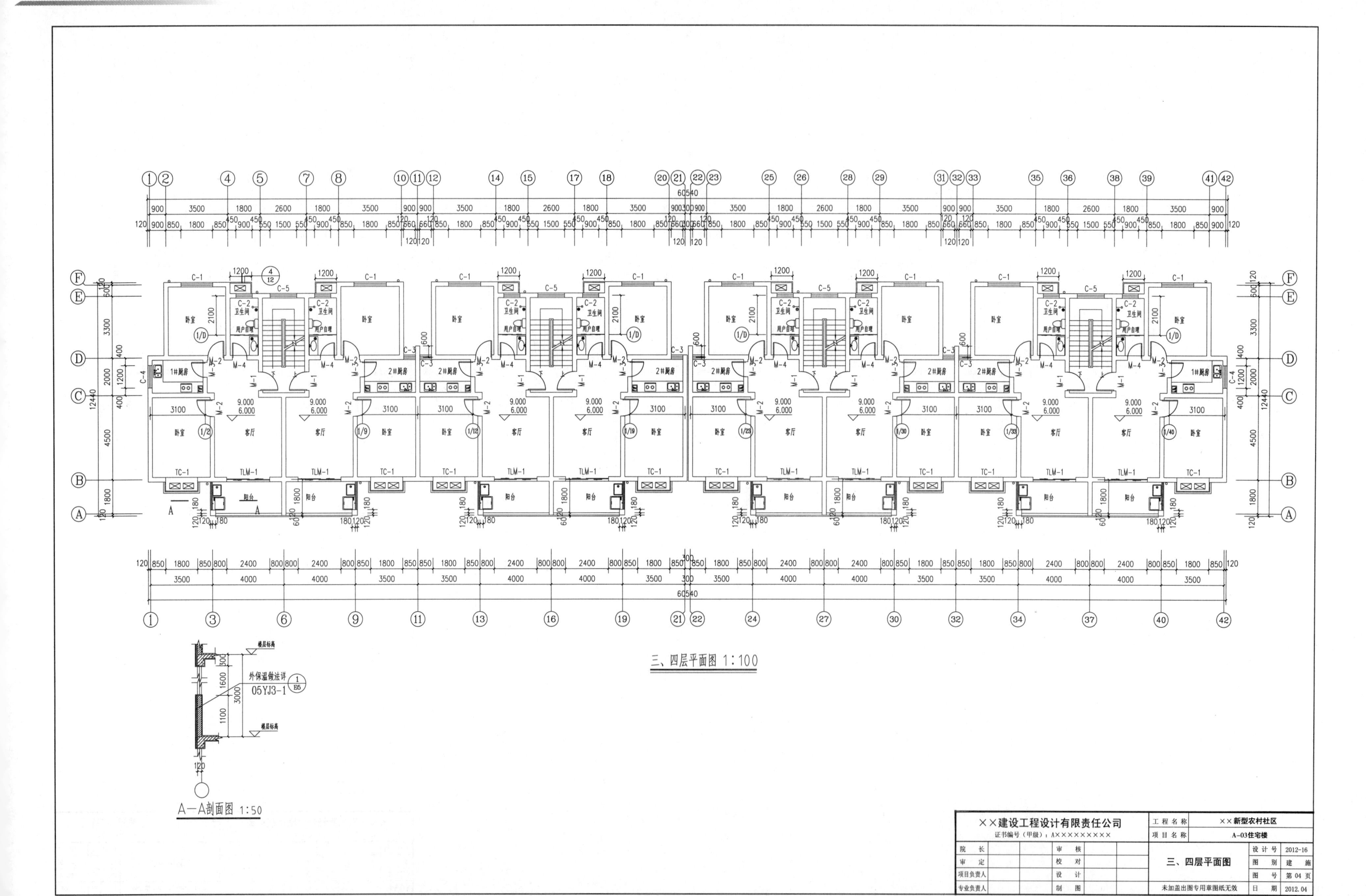
三、四层平面图 1:100
A—A剖面图 1:50
外保温做法详 05YJ3-1
××建设工程设计有限责任公司
工程名称 ××新型农村社区
项目名称 A-03住宅楼
三、四层平面图
设计号 2012-16
图别 建施
图号 第04页
日期 2012.04
未加盖出图专用章图纸无效

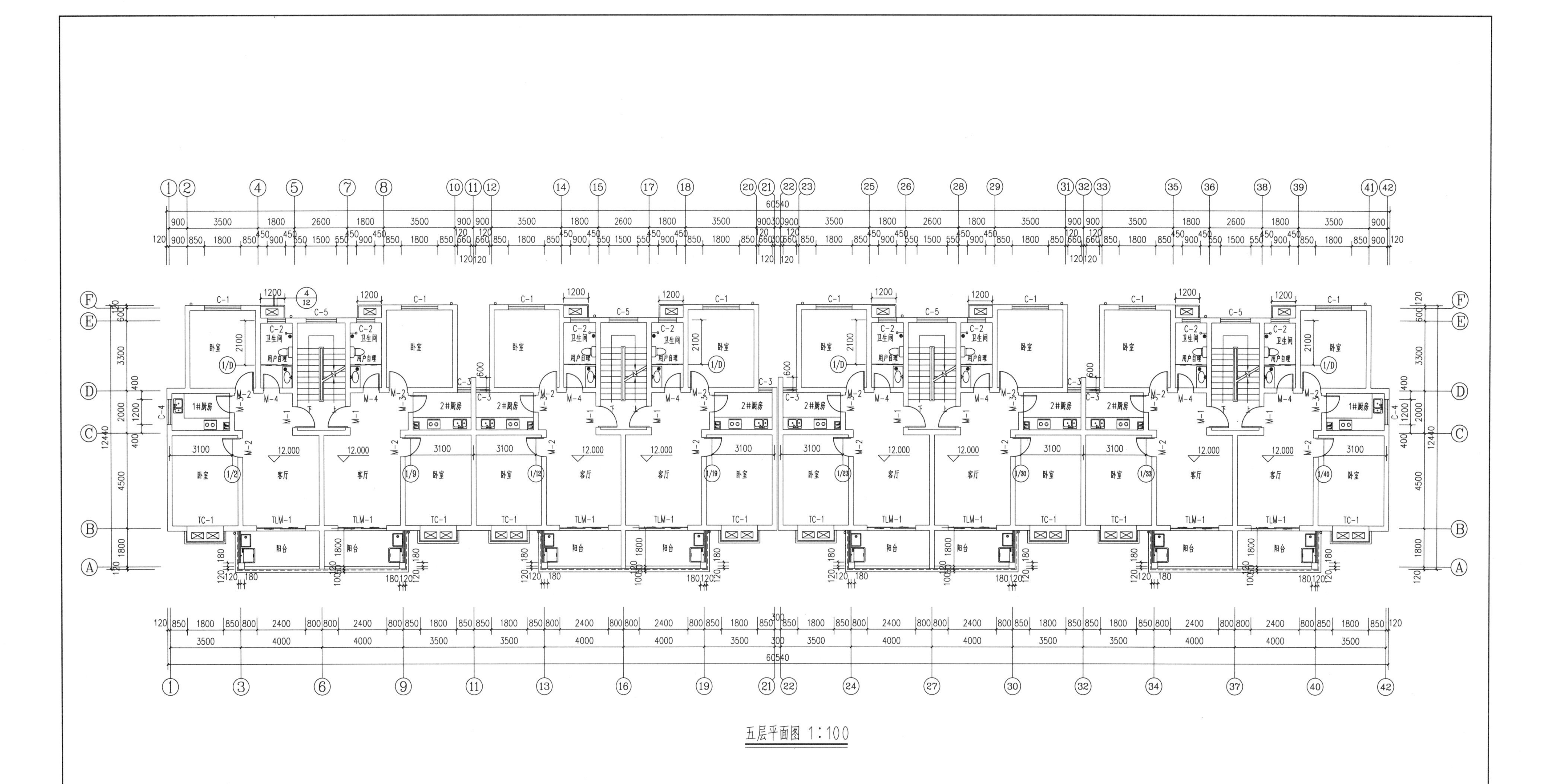
五层平面图 1:100
××建设工程设计有限责任公司
证书编号（甲级）：A×××××××××
工程名称 ××新型农村社区
项目名称 A-03住宅楼
五层平面图
设计号 2012-16
图别 建施
图号 第05页
日期 2012.04
未加盖出图专用章图纸无效

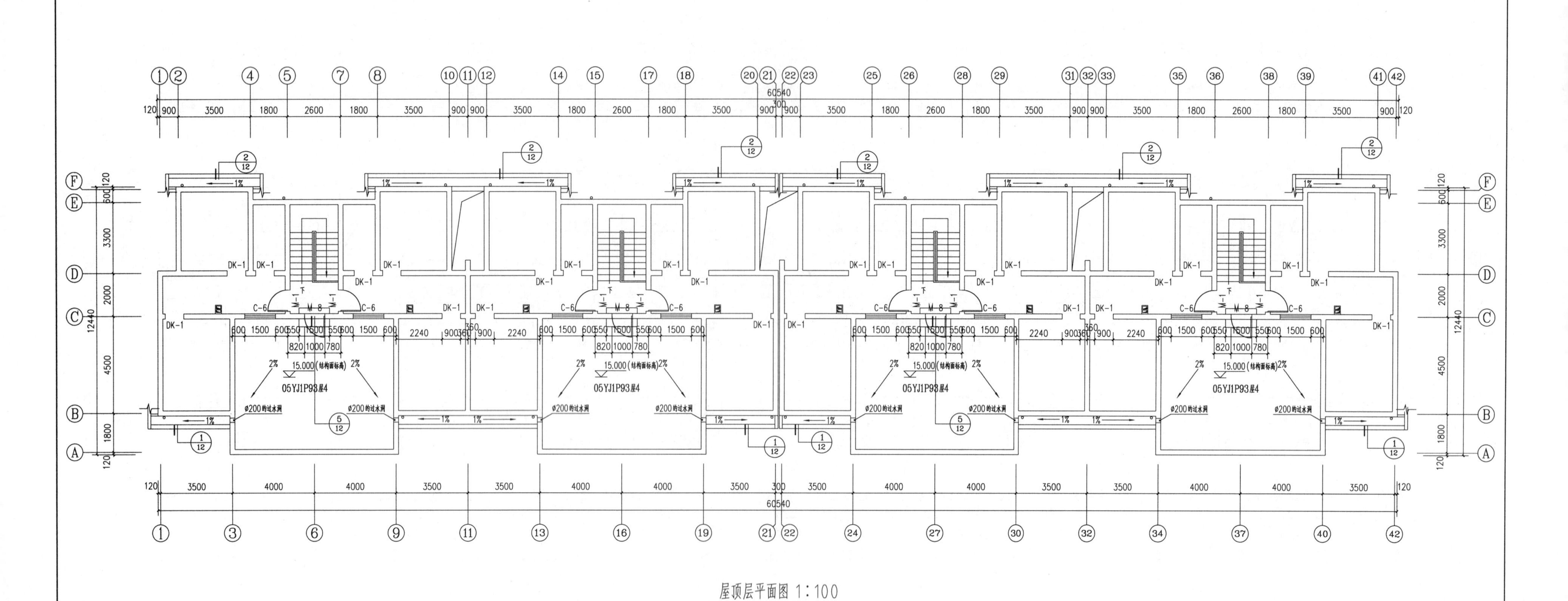

屋顶层平面图 1:100

××建设工程设计有限责任公司				工程名称	××新型农村社区		
证书编号（甲级）：A××××××××××				项目名称	A-03住宅楼		
院长		审核		屋顶层平面图		设计号	2012-16
审定		校对				图别	建施
项目负责人		设计				图号	第06页
专业负责人		制图		未加盖出图专用章图纸无效		日期	2012.04

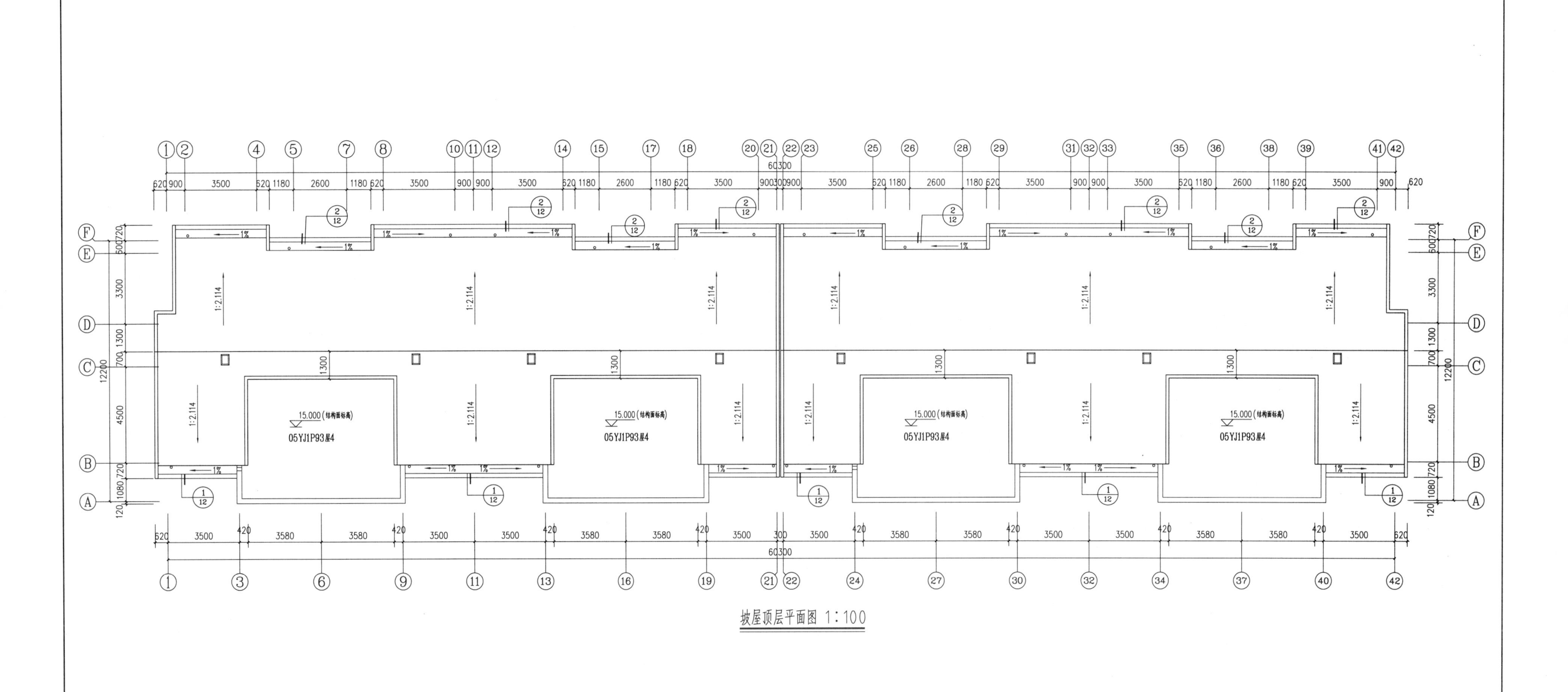

坡屋顶层平面图 1:100

<table>
<tr><td colspan="6">××建设工程设计有限责任公司
证书编号（甲级）：A××××××××××</td><td>工程名称</td><td colspan="3">××新型农村社区</td></tr>
<tr><td colspan="6"></td><td>项目名称</td><td colspan="3">A-03住宅楼</td></tr>
<tr><td>院　长</td><td></td><td></td><td>审　核</td><td></td><td></td><td colspan="2" rowspan="3">坡屋顶层平面图</td><td>设计号</td><td>2012-16</td></tr>
<tr><td>审　定</td><td></td><td></td><td>校　对</td><td></td><td></td><td>图　别</td><td>建　施</td></tr>
<tr><td>项目负责人</td><td></td><td></td><td>设　计</td><td></td><td></td><td>图　号</td><td>第 07 页</td></tr>
<tr><td>专业负责人</td><td></td><td></td><td>制　图</td><td></td><td></td><td colspan="2">未加盖出图专用章图纸无效</td><td>日　期</td><td>2012.04</td></tr>
</table>

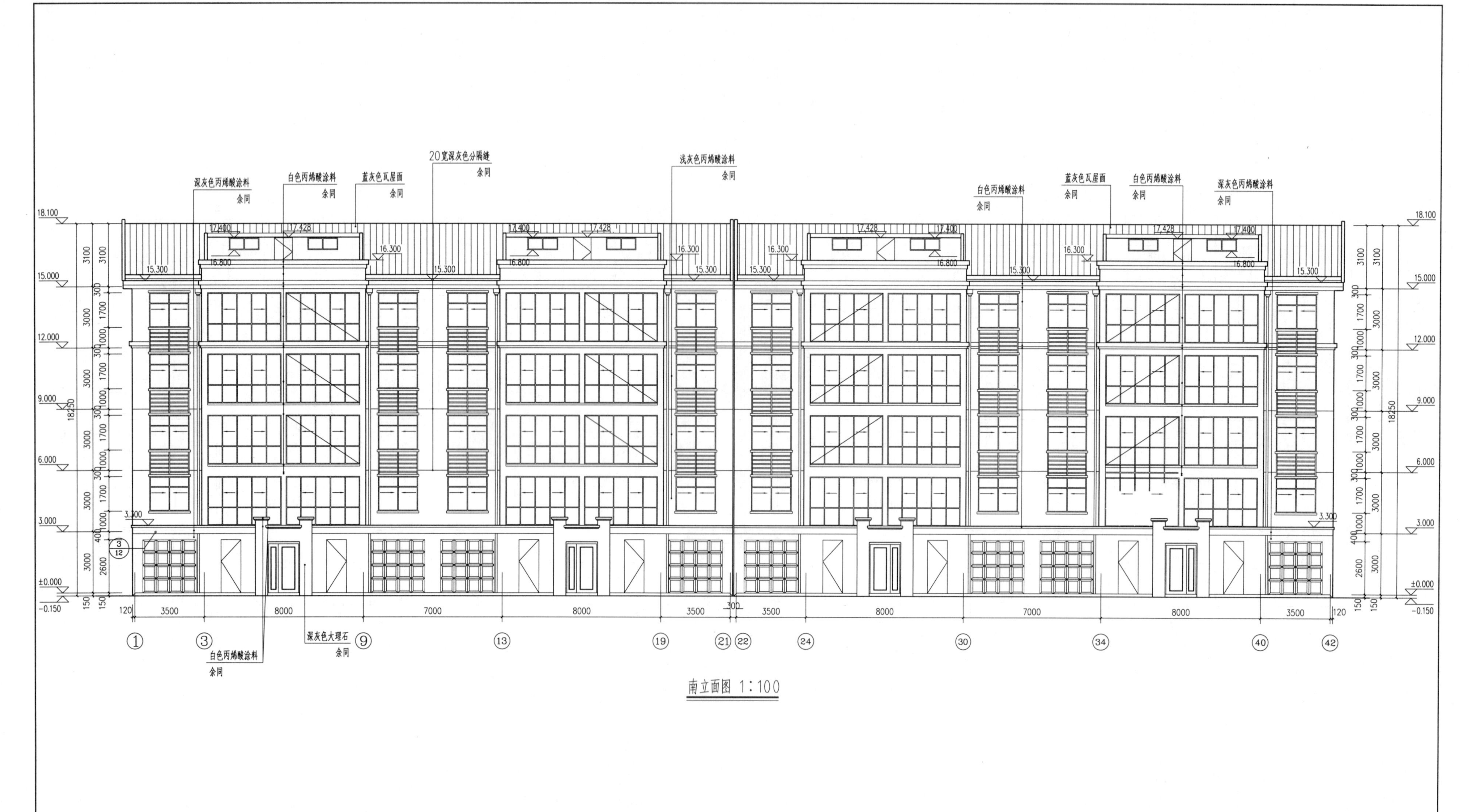

立面设计说明：
1. 外墙涂料做法详见工程用料做法；
2. 本建筑未注明者均参照相同部位的标注 ；
3.为保证立面效果，所有外墙装修材料的选择须各方商定，所有外墙装修材料施工前均先做小样，经各方认可后方可大面积施工。

××建设工程设计有限责任公司 证书编号（甲级）：A×××××××××				工程名称	××新型农村社区		
				项目名称	A-03住宅楼		
院长		审核		南立面图		设计号	2012-16
审定		校对				图别	建施
项目负责人		设计				图号	第08页
专业负责人		制图		未加盖出图专用章图纸无效		日期	2012.04

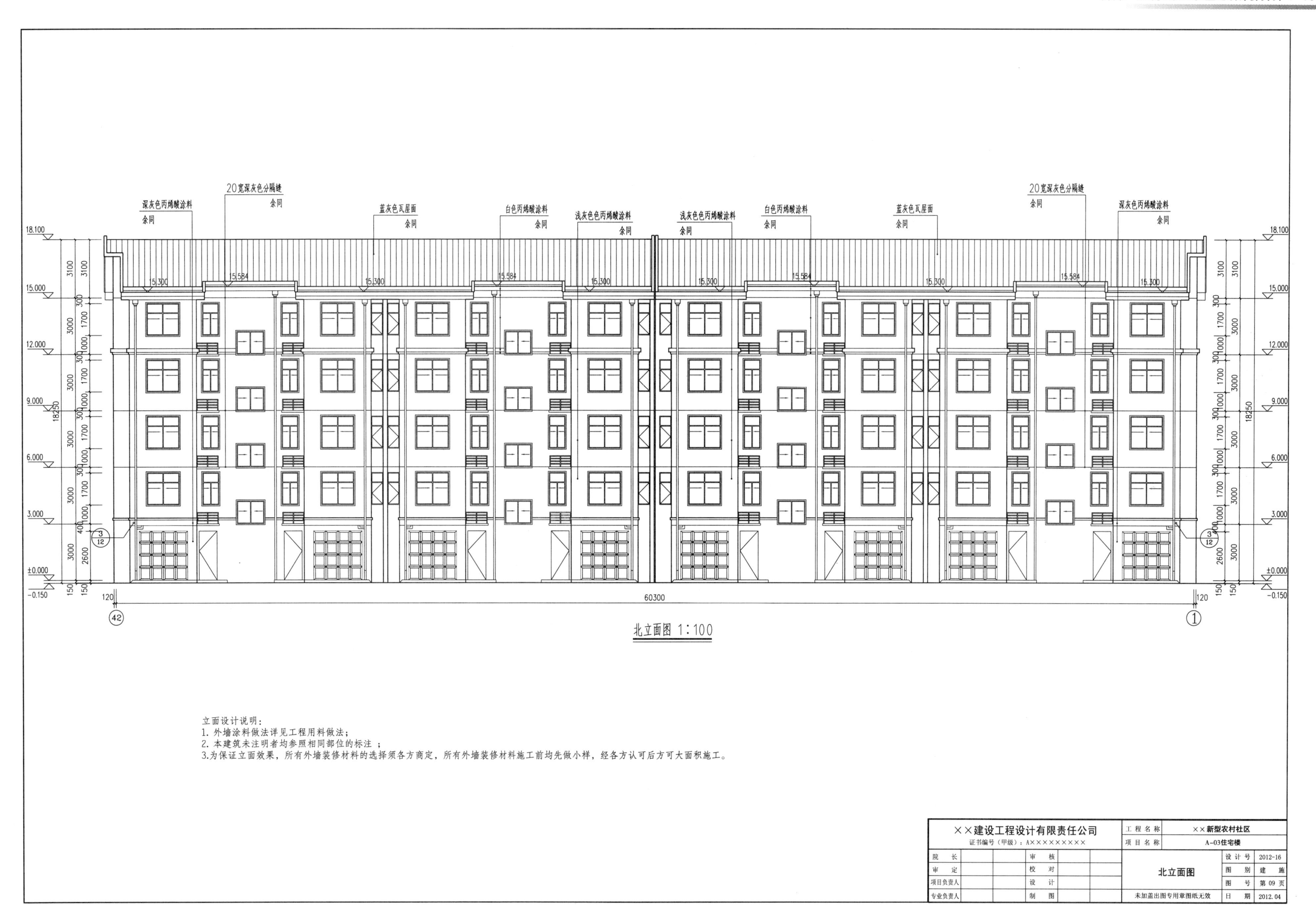

20宽深灰色分隔缝
余同
深灰色丙烯酸涂料
余同
蓝灰色瓦屋面
余同
白色丙烯酸涂料
余同
浅灰色色丙烯酸涂料
余同
18.100
15.000
12.000
9.000
6.000
3.000
±0.000
-0.150
15.300
15.584
60300
北立面图 1:100
立面设计说明：
1. 外墙涂料做法详见工程用料做法；
2. 本建筑未注明者均参照相同部位的标注 ；
3.为保证立面效果，所有外墙装修材料的选择须各方商定，所有外墙装修材料施工前均先做小样，经各方认可后方可大面积施工。
××建设工程设计有限责任公司
证书编号（甲级）：A××××××××××
工程名称 ××新型农村社区
项目名称 A-03住宅楼
院长
审定
项目负责人
专业负责人
审核
校对
设计
制图
北立面图
未加盖出图专用章图纸无效
设计号 2012-16
图别 建施
图号 第09页
日期 2012.04

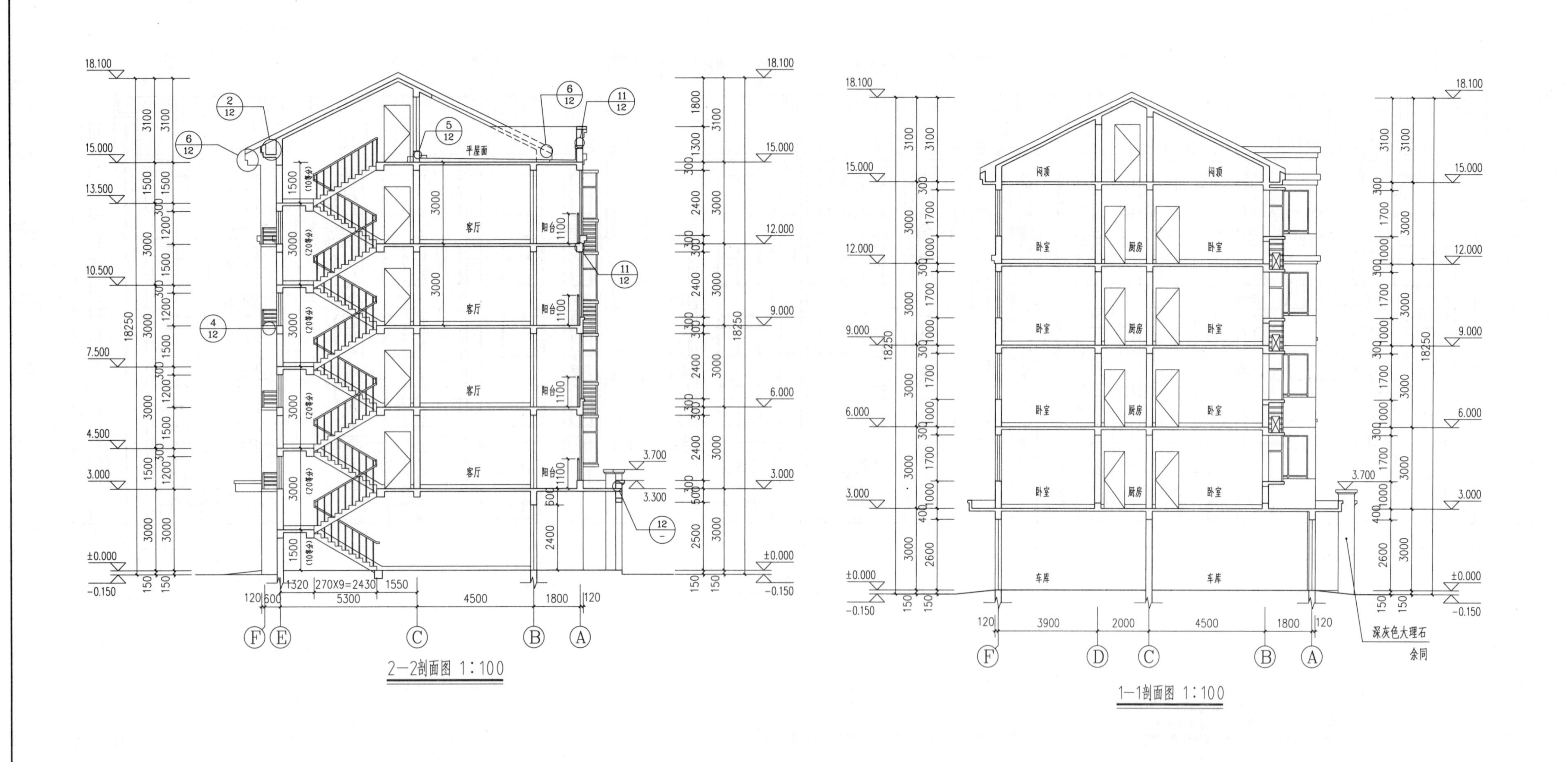

××建设工程设计有限责任公司 证书编号（甲级）：A×××××××××				工程名称	××新型农村社区	
				项目名称	A-03住宅楼	
院　长		审　核		1—1、2—2剖面图	设计号	2012-16
审　定		校　对			图　别	建　施
项目负责人		设　计			图　号	第 10 页
专业负责人		制　图		未加盖出图专用章图纸无效	日　期	2012.04

结构设计总说明

一、工程概况

1.1　本工程位于许昌市××县，砖混结构，五层，建筑高度16.70m。

1.2　本工程设计使用年限50年，施工质量控制等级为B级，建筑结构安全等级为二级，地基基础设计等级为丙级。

1.3　根据规范GB 50011—2010规定，本工程建筑设防烈度为6度，设计基本加速度为0.05g，设计地震分组为第一组，建筑抗震设防类别为丙类，场地类别为Ⅲ类，按6度设防烈度采取抗震构造措施。

二、设计依据

2.1　国家现行建筑、结构设计规范和有关技术规程：

《建筑结构荷载规范》　GB 50009—2001（2006版）

《混凝土结构设计规范》　GB 50010—2010

《建筑抗震设计规范》　GB 50011—2010

《砌体结构设计规范》　GB 50003—2001

《建筑地基基础设计规范》　GB 50007—2002

2.2　《02系列结构标准设计图集》（上、下册）。

《混凝土结构施工图平面整体表示方法制图规则和构造详图》（11G 101）。

2.3　混凝土结构的环境类别：潮湿环境（卫生间）为二a类；屋面和地下基础部分为二b类，其余为一类。

2.4　基本风压为0.4kN/m²（50年一遇），地面粗糙度为C类。

基本雪压为0.4kN/m²（50年一遇）。

三、设计使用活荷载标准值

3.1　楼面：2.0kN/m²　　阳台：2.5kN/m²

3.2　不上人屋面：0.5kN/m²

3.3　楼梯：3.5kN/m²

四、使用材料

4.1　墙体：±0.000以下采用MU15混凝土实心砖，M10水泥砂浆砌筑；

±0.000以上采用MU15混凝土多孔砖，M10混合砂浆砌筑。

4.2　混凝土：垫层为C15，基础为C30，其余除注明外均为C25。

4.3　钢筋：Φ表示HPB300级热轧光圆钢筋，Φ表示HRB335级热轧带肋钢筋，Φ表示HRB400级钢筋。

4.4　焊条：HPB300级钢筋自身焊和互焊用E43，其余用E50。

4.5　混凝土保护层厚度：基础40mm，梁、柱30mm，板20mm。

五、现浇钢筋混凝土梁板构造要求

5.1　板构造

5.1.1　板内钢筋采用绑扎搭接，纵横筋交点处全部满扎。同一构件中相邻纵向受力钢筋的绑扎搭接接头宜相互错开，位于同一连接区段内的受拉钢筋绑扎搭接接头面积百分率不宜大于25%。

5.1.2　纵向受拉钢筋绑扎搭接长度≥40d，且不应小于300mm。

5.1.3　板配筋图中未注明的分布筋均为Φ6@200。

5.1.4　板配筋图中，支座上部钢筋（负筋）的所示长度为墙边或梁边至板内直钩弯折点的长度（图一）。板下部钢筋（主筋）须伸至支座中心，且须≥5d且≥100mm。板上部支座上部钢筋须伸到板端。

5.1.5　现浇板上的预留洞口长边或直径<300mm，洞口边不设置附加钢筋，应将板内钢筋从洞口边绕过；预留洞口长边或直径>300mm且<800mm时，洞口周边应设置附加钢筋2Φ14（注明者除外）；同时每侧附加钢筋应不小于孔洞宽度内被切断钢筋的一半，并锚入支座内（图二）。

5.1.6　现浇板中双向板底部短向筋放在下面，长向筋放在短向筋的上面。板面支座负筋应每隔1000mm加设不小于Φ10的骑马镫，施工时严禁踩踏以确保板面负筋的有效高度，且按0.2%起拱，起拱高不小于20mm。

5.1.7　现浇板短跨>4m时，在四角附加5Φ10放射状均匀布置（图三），长度2500mm。

5.2　梁

5.2.1　简支梁支承长度不小于240mm。

5.2.2　受力钢筋的搭接长度：$l_{lE}=\xi l_a$(mm)

同一搭接区段内纵向钢筋搭接接头面积百分率(%)	≤25	50	100
ξ	1.2	1.4	1.6

注：1.当不同直径的钢筋搭接时，其l_{lE}与ξ值按较小的直径计算。

2.抗震时 $l_{lE}=\xi l_{aE}$

3.绑扎搭接接头连接区段的长度为1.3l_{aE}，凡接头中点位于该区段长度内的接头均属于同一连接区段。

4.任何情况下纵向钢筋绑扎搭接接头搭接长度不得小于300mm。

5.2.3　受力钢筋的锚固长度见11G 101第53页。

5.2.4　同一构件中相邻纵向受力钢筋的绑扎搭接接头宜相互错开，位于同一连接区段内的受拉钢筋搭接接头面积百分率不宜大于25%。

5.2.5　最外层钢筋保护层厚度参见图集11G 101第54页。

5.2.6　主次梁位置的附加箍筋和附加吊筋构造措施参见11G 101—1第87页。

5.2.7　梁上不得随意开洞及穿管，必要时应通知设计人员处理。主次梁交接处做法见图四。

六、构件

6.1　构造柱应沿整个建筑高度对正贯通，上下层构造柱不应错位，构造柱生根于基础，砌体结构构造详图按02YG001—1选用。

6.2　构造柱与墙体连接处应砌成马牙槎，马牙槎高度为300mm，且沿墙高每隔500mm设2Φ6水平钢筋和Φ4分布短筋平面内点焊组成的拉结网片或Φ4点焊钢筋网片，每边伸入墙内不小于1m。6、7度时底部1/3楼层，上述拉结钢筋网片应沿墙体水平通长设置。构造柱与圈梁及墙体的连接详见02YG001—1。构造柱在与圈梁相交的节点处加密，加密范围在圈梁上下均不小于1/6层高及500mm中较大值，加密区箍筋间距为100mm。

6.3　预制过梁按相应洞口尺寸选用图集《钢筋混凝土过梁》（02YG301）Ⅱ级荷载，矩形截面。圈梁兼过梁时，宽<1500下皮筋增加1Φ12，≥1500下皮筋增加2Φ14，≥2000下皮筋增加2Φ16。过梁长度为洞口尺寸+2×250，详见图五。过梁支座处遇钢筋混凝土柱时采用现浇过梁，并与柱子整浇在一起，配筋同预制过梁。电表箱、筏门表箱顶均应设过梁。

6.4　女儿墙构造做法参见图集02YG001—1（23~25页）。女儿墙构造柱间距应小于4m，构造柱应伸至女儿墙顶并与现浇钢筋混凝土压顶整浇在一起。

6.5　水、电、暖管道穿梁时，当孔洞直径d<h/10及100mm时，可不设补强钢筋；当孔洞直径小于h/5及150mm时，孔洞周边配筋见图六，孔洞外沿距支座处应≥梁高（图六）。

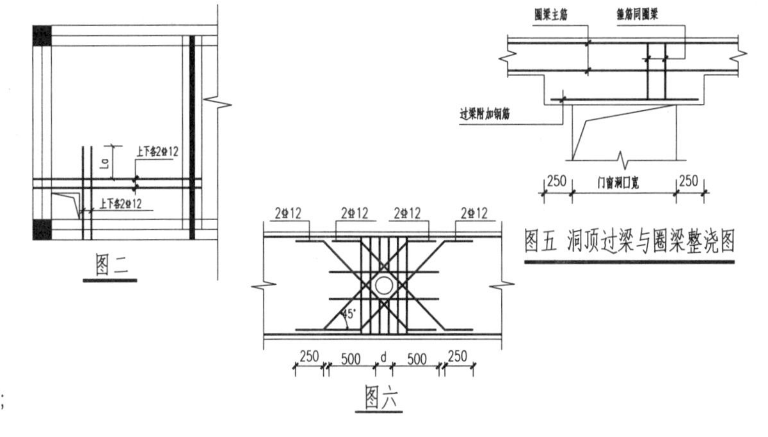

图二

图六

图五 洞顶过梁与圈梁整浇图

七、防止墙体裂缝措施

7.1　屋面保温层及砂浆找平层设置分隔缝，分隔缝间距不大于6m，并与女儿墙隔开，其缝宽不小于30mm。

7.2　底层和顶层窗台下沿外墙身设通长现浇带，见图七窗台现浇带详图。

7.3　墙体转角处和纵横墙交接处无构造柱时，应沿墙高每隔500mm设2Φ6锚拉筋，埋入长度从墙的转角或交接处算起，每边伸入墙内不小于600mm。

7.4　为防止底层墙体裂缝，应在底层的窗台下墙体灰缝内设三道2Φ6钢筋，并伸入两边窗间墙内600mm，详见02YG001—1（46页）。

7.5　为防止外墙裂缝，应在外墙转角处沿竖向每隔500mm设拉结筋，其数量为每120mm墙厚不小于1Φ6钢筋，埋入长度从墙的转角处算起，每边不小于600mm。

八、其他构造措施和注意事项

8.1　本工程基础部分设计说明详见基础平面布置图。

8.2　本工程结构设计软件采用中国建筑科学研究院开发的PKPM软件（2010）。

8.3　图中所注尺寸除标高为米外，其余均为毫米。

8.4　本设计要密切配合建筑、水道、电气、暖通等专业图纸施工。

8.5　图纸应通过施工图审查后方可施工。

8.6　施工前应对图纸进行会审。未经技术鉴定或设计许可，不得改变结构的用途和使用环境。

8.7　设备预留洞、预埋套管等必须与相关专业图纸核对无误后方可施工；未经设计允许，不得随意在墙、板、梁、柱上开洞。

8.8　未设构造柱的梁端要设梁垫，如图八所示。

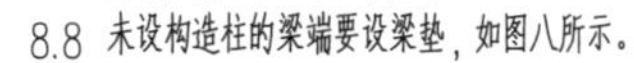

8.9　未尽事宜，应按国家现行有关标准、规范执行。

图三

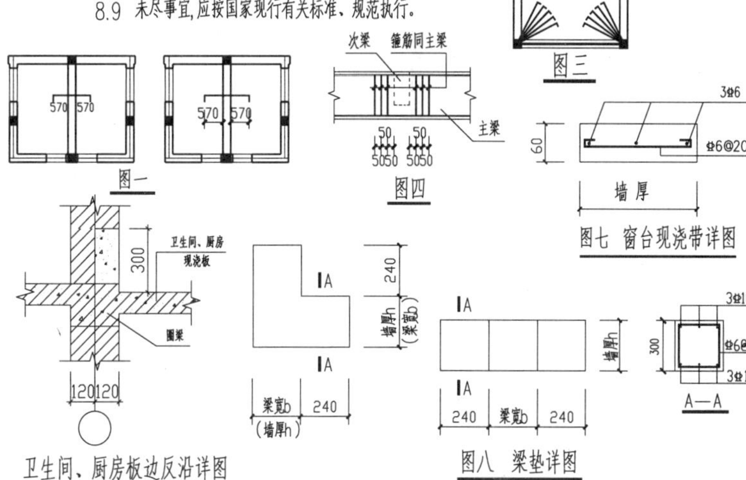

图一

图四

图七 窗台现浇带详图

卫生间、厨房板边反沿详图

图八 梁垫详图

图纸目录

××建设工程设计有限责任公司 证书编号（甲级）：A×××××××××				工程名称	××新型农村社区		
				项目名称	A-03住宅楼		
批　准		审　核		结构设计总说明 图纸目录		设计号	2012-16
审　定		校　对				图　别	结　施
项目负责人		设　计				图　号	第01页
专业负责人		制　图		未加盖出图专用章图纸无效		日　期	2012.04

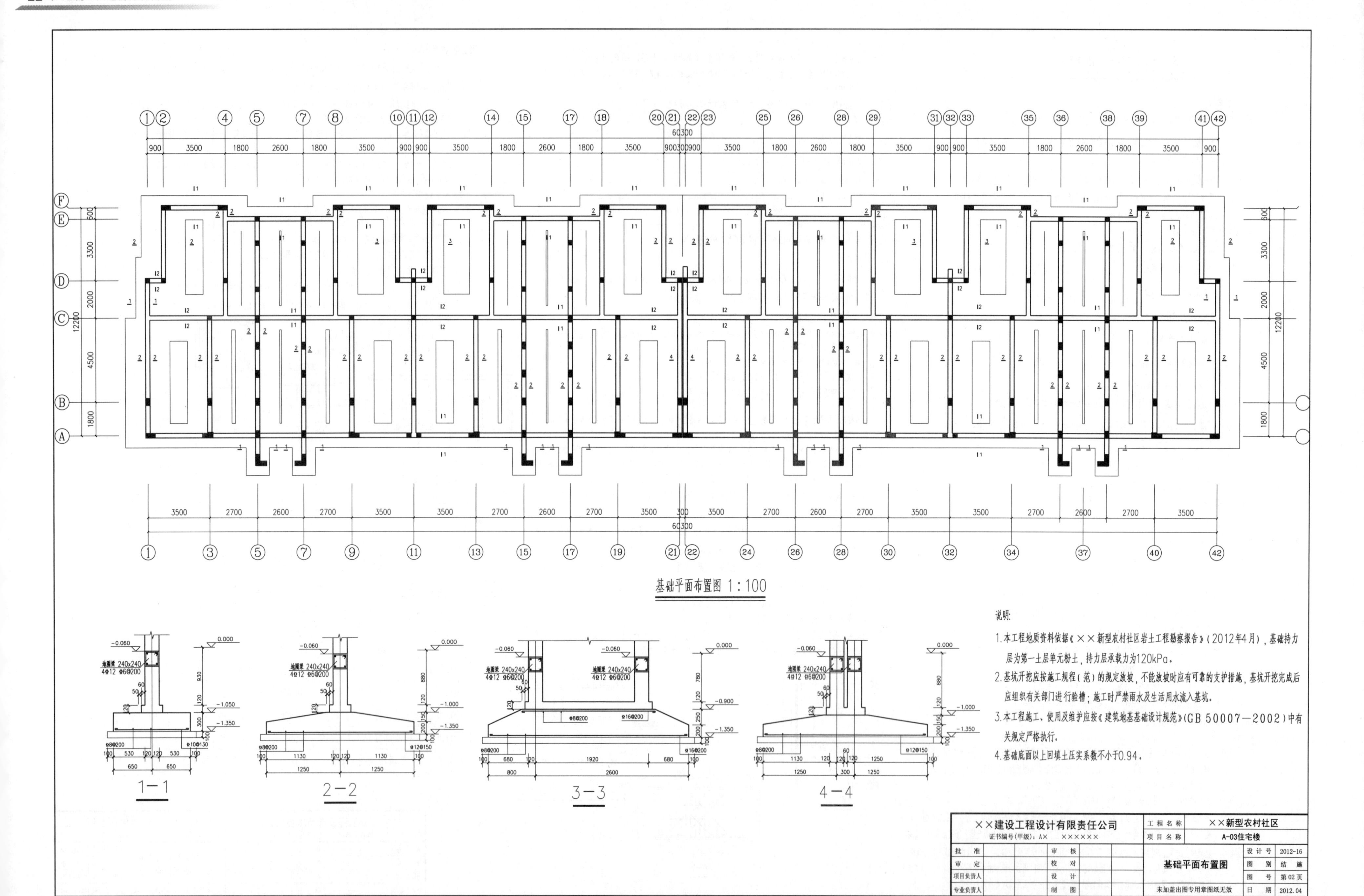
基础平面布置图 1:100
说明:
1.本工程地质资料依据《××新型农村社区岩土工程勘察报告》(2012年4月)，基础持力层为第一土层单元粉土，持力层承载力为120kPa。
2.基坑开挖应按施工规程(范)的规定放坡，不能放坡时应有可靠的支护措施，基坑开挖完成后应组织有关部门进行验槽；施工时严禁雨水及生活用水流入基坑。
3.本工程施工、使用及维护应按《建筑地基基础设计规范》(GB 50007—2002)中有关规定严格执行。
4.基础底面以上回填土压实系数不小于0.94。
1—1
2—2
3—3
4—4
××建设工程设计有限责任公司
证书编号(甲级)：A× ××××××
工程名称 ××新型农村社区
项目名称 A-03住宅楼
批准 审核
审定 校对
项目负责人 设计
专业负责人 制图
基础平面布置图
未加盖出图专用章图纸无效
设计号 2012-16
图别 结施
图号 第02页
日期 2012.04

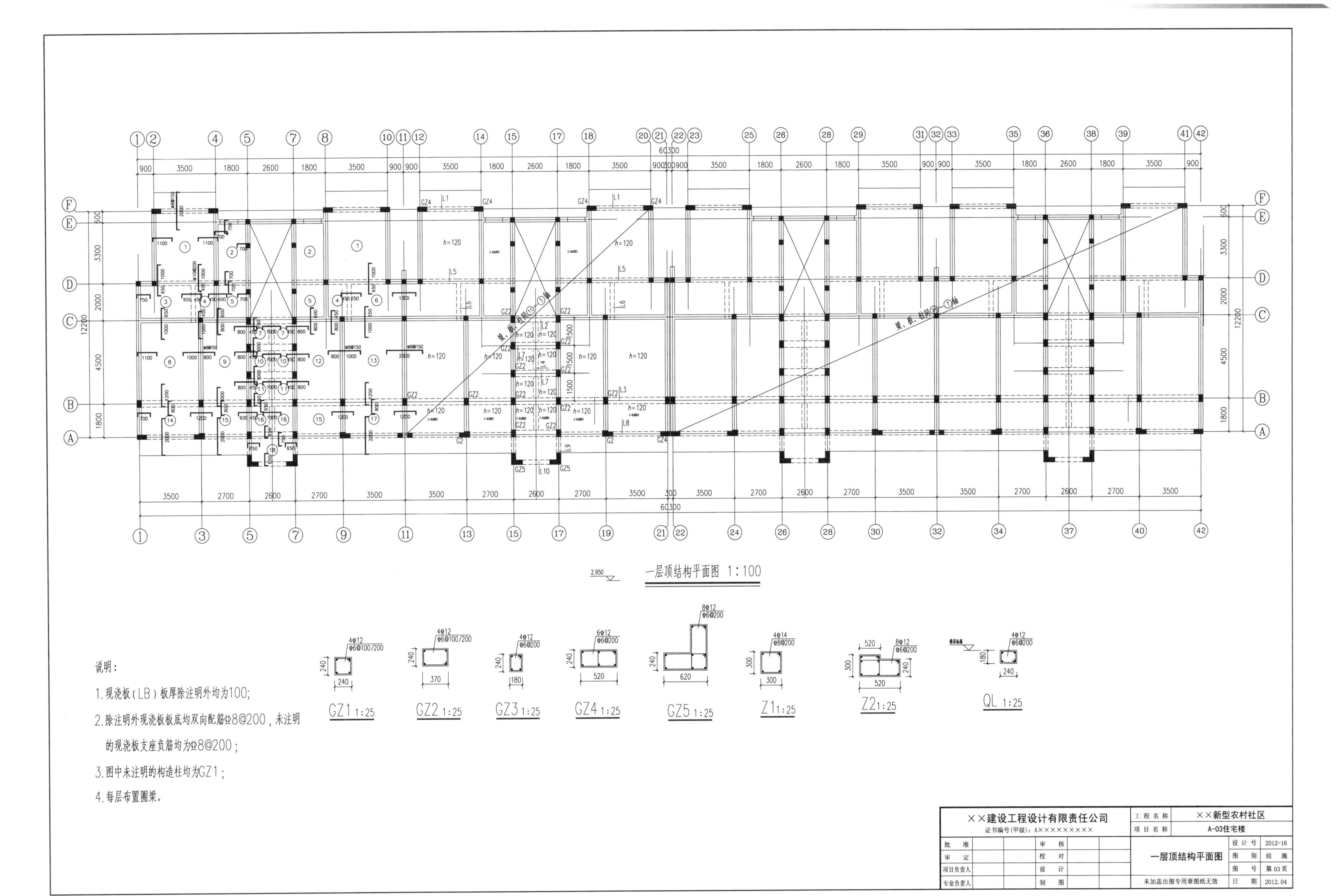
一层顶结构平面图 1:100
2.950
说明：
1.现浇板（LB）板厚除注明外均为100;
2.除注明外现浇板板底均双向配筋Φ8@200，未注明的现浇板支座负筋均为Φ8@200;
3.图中未注明的构造柱均为GZ1;
4.每层布置圈梁。
GZ1 1:25
GZ2 1:25
GZ3 1:25
GZ4 1:25
GZ5 1:25
Z1 1:25
Z2 1:25
QL 1:25
60300
12200
h=120
××建设工程设计有限责任公司
证书编号(甲级)：A×××××××××
批　准
审　定
项目负责人
专业负责人
审　核
校　对
设　计
制　图
工 程 名 称
××新型农村社区
项 目 名 称
A-03住宅楼
一层顶结构平面图
未加盖出图专用章图纸无效
设 计 号
2012-16
图　别
结 施
图　号
第 03 页
日　期
2012.04

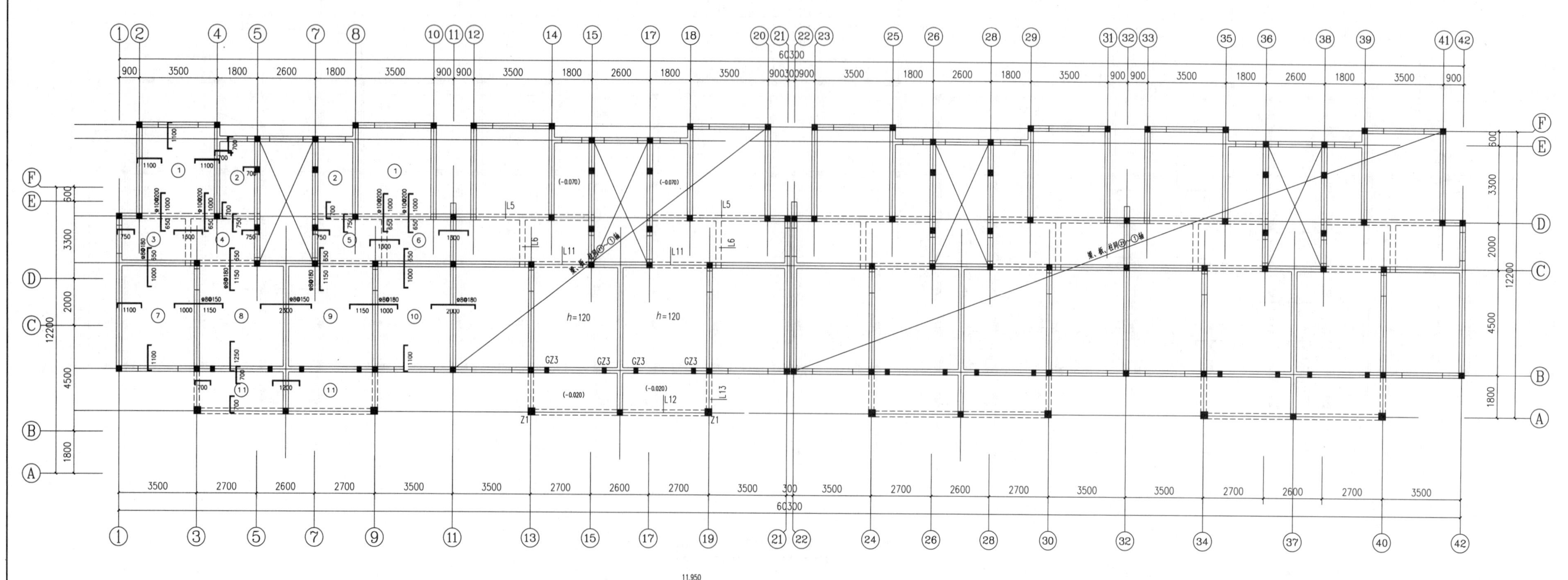

11.950
8.950
5.950

二~四层顶结构平面图 1:100

说明：

1. 现浇板（LB）板厚除注明外均为100;
2. 除注明外现浇板板底均双向配筋Φ8@200，未注明的现浇板支座负筋均为Φ8@200；
3. 图中未注明的构造柱均为GZ1；
4. 每层布置圈梁.

××建设工程设计有限责任公司 证书编号(甲级)：A××××××××××				工程名称	××新型农村社区	
				项目名称	A-03住宅楼	
批准		审核		二~四层顶结构平面图	设计号	2012-16
审定		校对			图别	结施
项目负责人		设计			图号	第04页
专业负责人		制图		未加盖出图专用章图纸无效	日期	2012.04

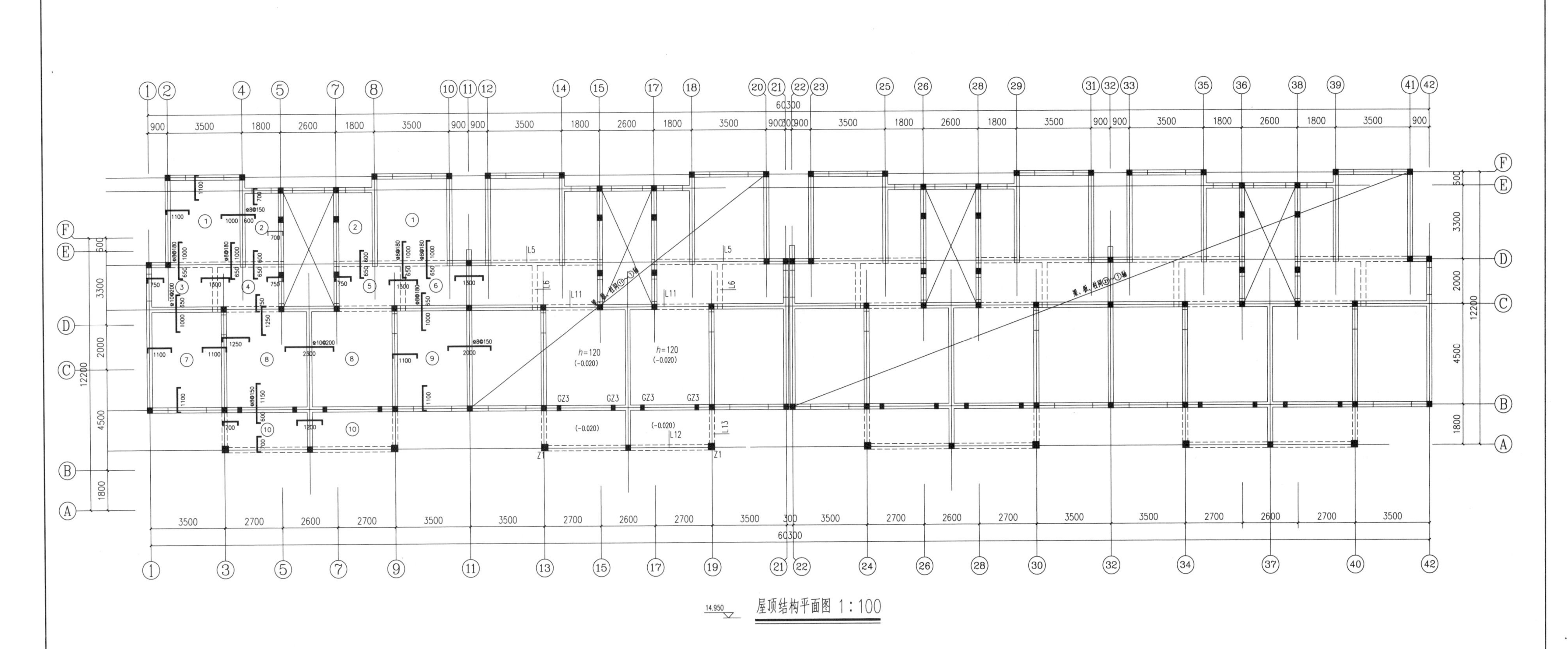

说明：

1.现浇板（LB）板厚除注明外均为100;

2.除注明外现浇板板底均双向配筋⌀8@200，未注明的现浇板支座负筋均为⌀8@200；

3.图中未注明的构造柱均为GZ1；

4.每层布置圈梁。

××建设工程设计有限责任公司				工程名称	××新型农村社区	
证书编号（甲级）：A××××××××××				项目名称	A-03住宅楼	
批准		审核		屋顶结构平面图	设计号	2012-16
审定		校对			图别	结施
项目负责人		设计			图号	第05页
专业负责人		制图		未加盖出图专用章图纸无效	日期	2012.04

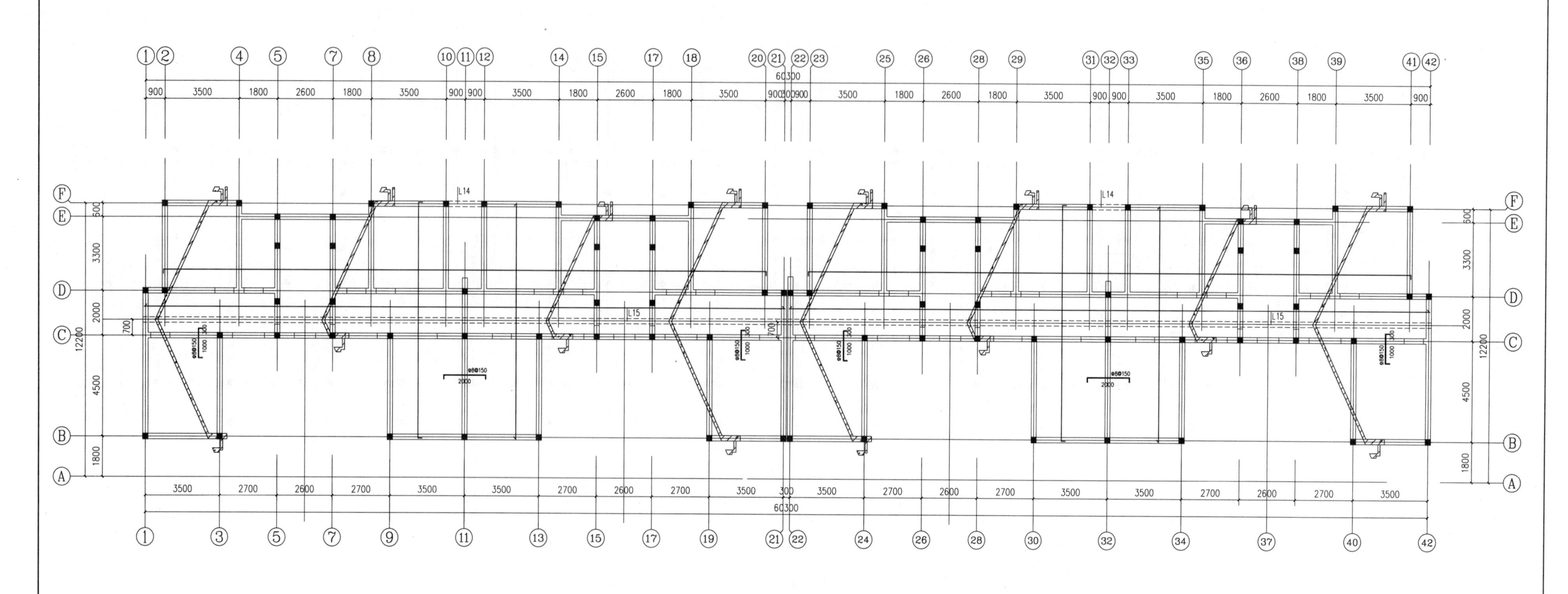

14.500~18.100 坡屋顶结构平面图 1:100

说明:

1.现浇板(LB)板厚均为120;

2.除注明外现浇板板底均双向配筋Φ8@200,未注明的现浇板支座负筋均为Φ8@200;

3.图中未注明的构造柱均为GZ1;

4.每层布置圈梁。

××建设工程设计有限责任公司				工程名称	××新型农村社区	
证书编号(甲级):A×××××××××				项目名称	A-03住宅楼	
批准		审核		坡屋顶结构平面图	设计号	2012-16
审定		校对			图别	结施
项目负责人		设计			图号	第06页
专业负责人		制图		未加盖出图专用章图纸无效	日期	2012.04

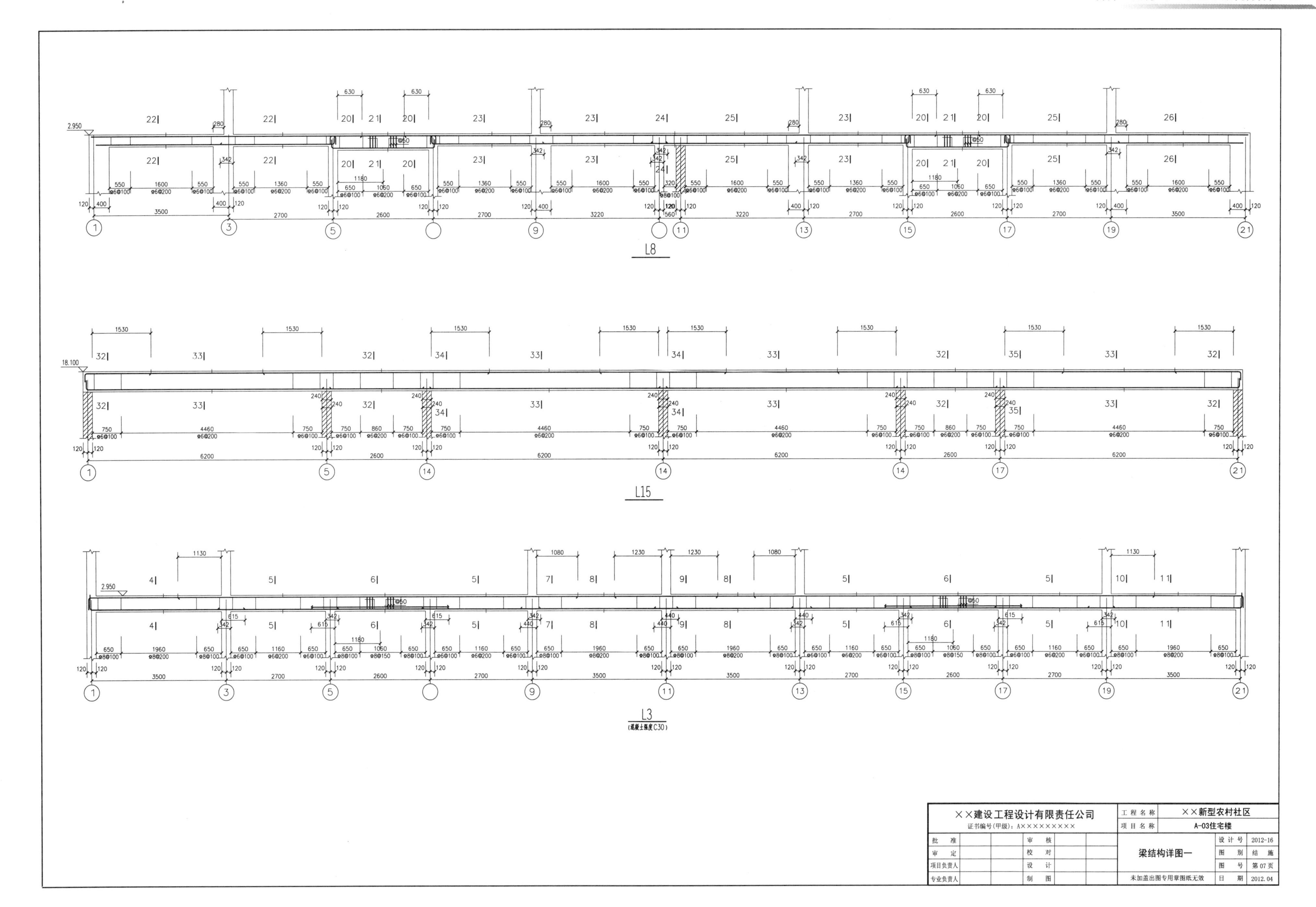
L8
L15
L3
(混凝土强度C30)
××建设工程设计有限责任公司
证书编号(甲级)：A×××××××××
批　准
审　定
项目负责人
专业负责人
审　核
校　对
设　计
制　图
工程名称
××新型农村社区
项目名称
A-03住宅楼
梁结构详图一
未加盖出图专用章图纸无效
设计号
2012-16
图　别
结　施
图　号
第07页
日　期
2012.04

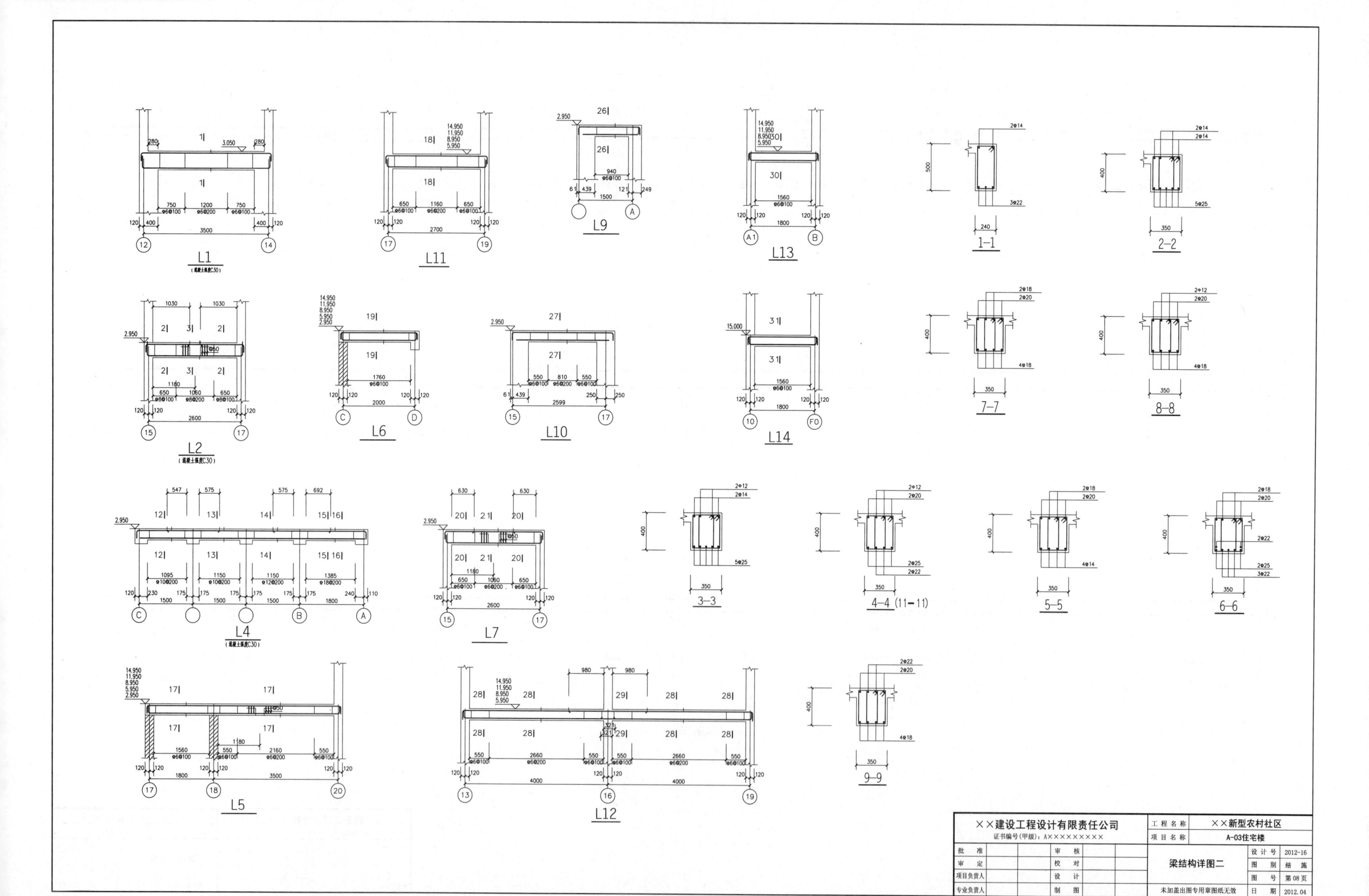
L1
（混凝土强度C30）
L11
L9
L13
1–1
2–2
L2
（混凝土强度C30）
L6
L10
L14
7–7
8–8
L4
（混凝土强度C30）
L7
3–3
4–4 (11–11)
5–5
6–6
L5
L12
9–9
××建设工程设计有限责任公司
证书编号(甲级)：A××××××××××
工程名称 ××新型农村社区
项目名称 A-03住宅楼
批准
审定
项目负责人
专业负责人
审核
校对
设计
制图
梁结构详图二
未加盖出图专用章图纸无效
设计号 2012-16
图别 结施
图号 第08页
日期 2012.04

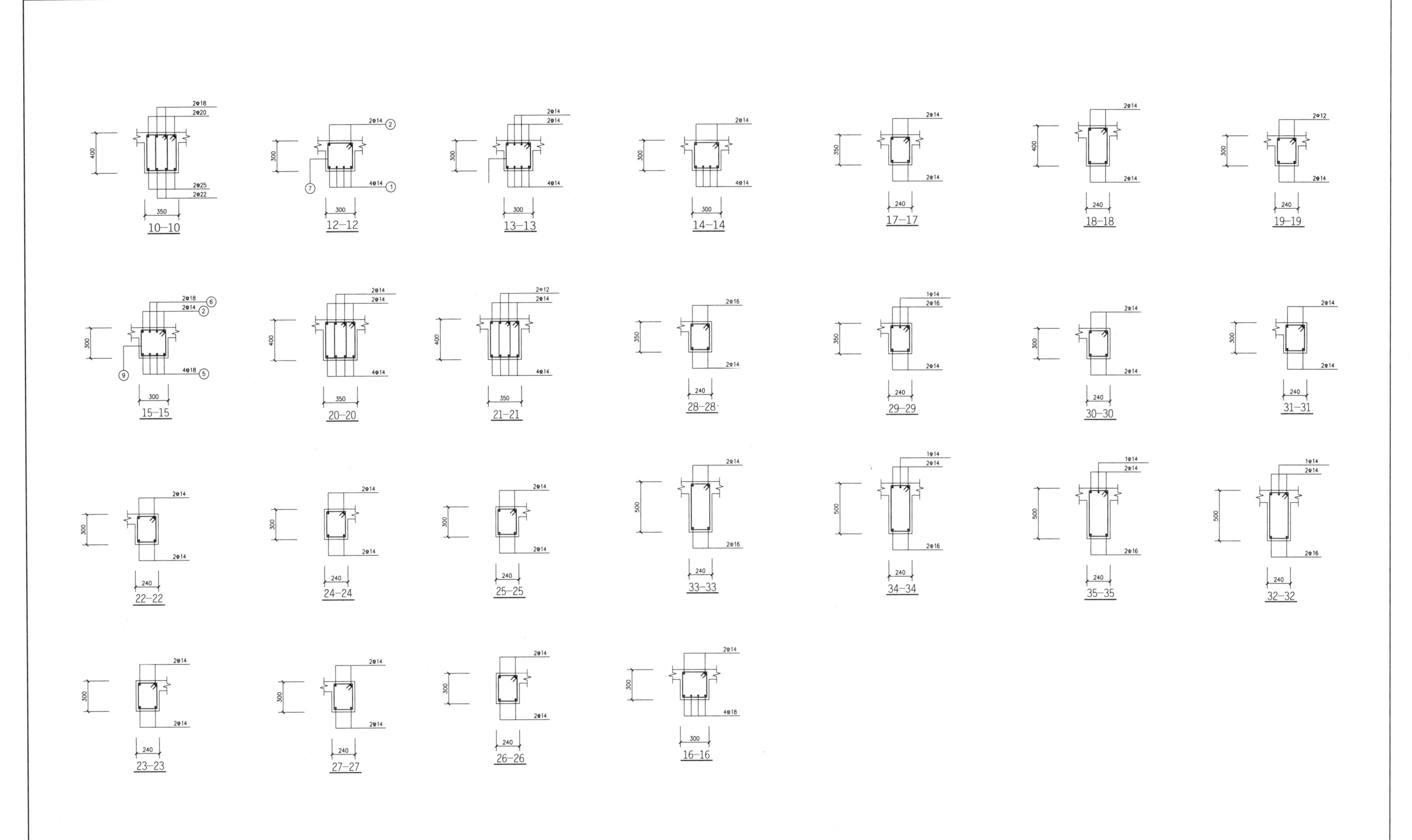

××建设工程设计有限责任公司 证书编号(甲级)：A×××××××××						工程名称	××新型农村社区		
						项目名称	A-03住宅楼		
批　准			审　核			梁结构详图三		设计号	2012-16
审　定			校　对					图　别	结　施
项目负责人			设　计					图　号	第09页
专业负责人			制　图			未加盖出图专用章图纸无效		日　期	2012.04

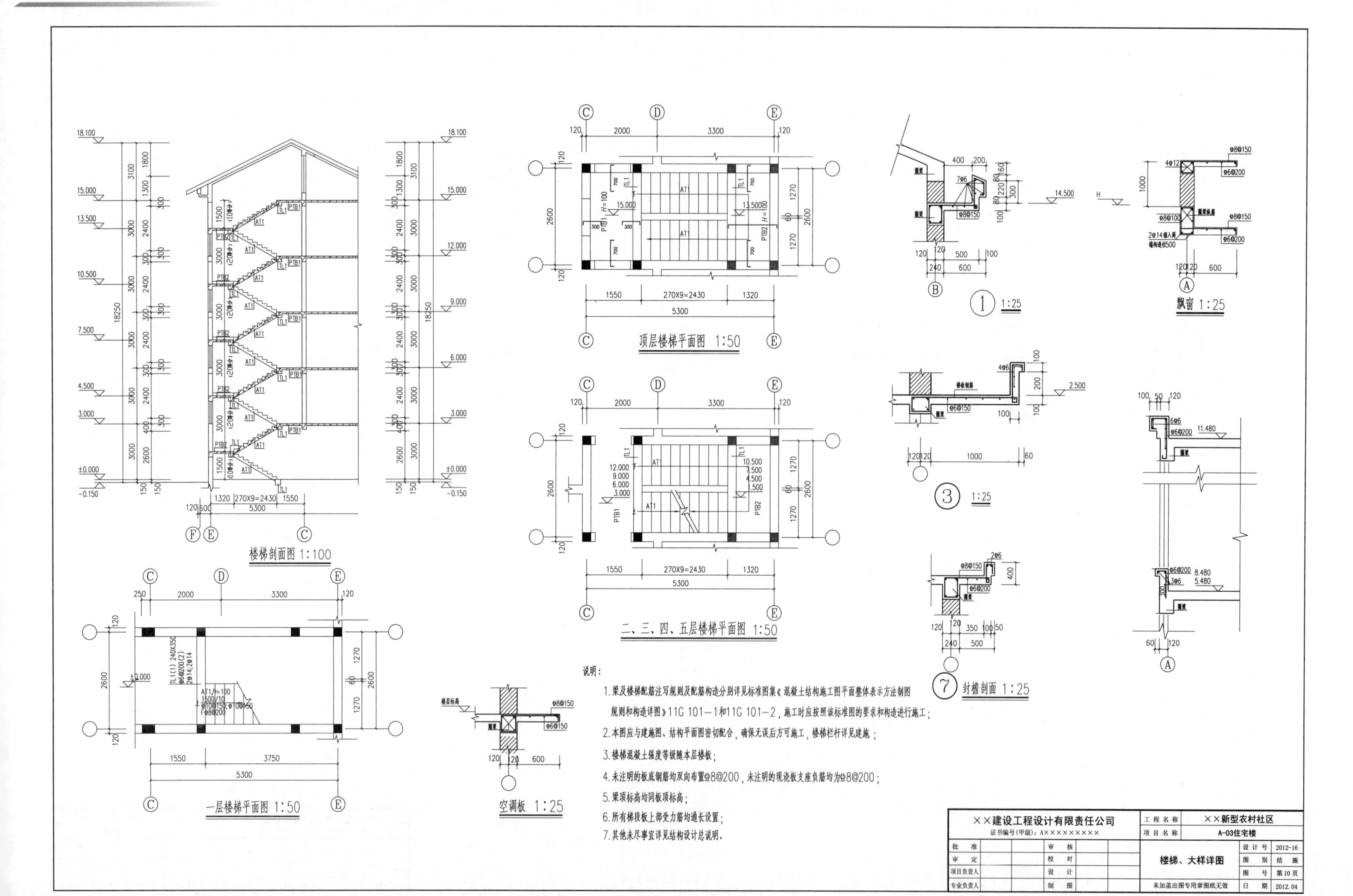
楼梯剖面图 1:100
顶层楼梯平面图 1:50
二、三、四、五层楼梯平面图 1:50
一层楼梯平面图 1:50
空调板 1:25
① 1:25
飘窗 1:25
③ 1:25
⑦ 封檐剖面 1:25
说明：
1.梁及楼梯配筋注写规则及配筋构造分别详见标准图集《混凝土结构施工图平面整体表示方法制图规则和构造详图》11G 101—1和11G 101—2，施工时应按照该标准图的要求和构造进行施工；
2.本图应与建施图、结构平面图密切配合，确保无误后方可施工，楼梯栏杆详见建施；
3.楼梯混凝土强度等级随本层楼板；
4.未注明的板底钢筋均双向布置⌀8@200，未注明的现浇板支座负筋均为⌀8@200；
5.梁顶标高均同板顶标高；
6.所有梯段板上部受力筋均通长设置；
7.其他未尽事宜详见结构设计总说明。
××建设工程设计有限责任公司
证书编号(甲级)：A×××××××××
工程名称 ××新型农村社区
项目名称 A-03住宅楼
批准 审定 项目负责人 专业负责人
审核 校对 设计 制图
楼梯、大样详图
设计号 2012-16
图别 结施
图号 第10页
日期 2012.04
未加盖出图专用章图纸无效

设计总说明

一、设计说明

（一）设计依据

1.住宅建筑规范(GB 50368—2005)。

2.建筑设计防火规范(GB 50016—2006)。

3.建筑给水排水设计规范(GB 50015—2003，2009年版)。

4.建设单位提供的相关资料和要求。

5.建筑专业提供的本工程建筑设计图。

6.与业主达成的有关设计共识。

（二）设计范围

建筑室内给水排水管道系统。

（三）管道系统

本工程设有生活给水系统、生活排水系统。

1.生活给水系统：

1）本工程最高日用水量150L/（人·d）。

2）每户设一个水表，集中设在室外水表井中。

2.生活排水系统：

1）本工程污、废水采用合流制。室内污、废水重力自流排入室外水管。

2）污水经化粪池处理后，排入市政污水管。

二、施工说明

（一）管材

1.生活给水管：生活给水管采用PP-R管，热熔连接，冷水管壁厚采用S4系列，做法见05YS1第P258～260页。

2.生活排水管：排水立管采用PVC-U螺旋消音管，其余采用普通PVC-U管，管件采用PVC-U配套管件，粘结，做法见05YS1第322和324页。

（二）阀门及附件

1.阀门：生活给水管上采用全铜芯闸阀，工作压力为1.0MPa。

2.附件：

1）排水地漏的顶面应低于成品地面5～10mm，地面应有不小于0.01的坡度坡向地漏。所有卫生器具（包括地漏）必须自带或配套的存水弯，其水封深度不得小于50mm，洗衣机采用洗衣机专用地漏。

2）室外水表安装及水表井制作按照05YS10《住宅供水“一户一表、计量出户”设计和安装》执行。

（三）卫生洁具

1.本工程所有卫生洁具均采用陶瓷制品，洁具规格可作为参考，具体由甲方定。

2.卫生洁具给水及排水五金配件应采用与卫生洁具配套的节水型产品。

（四）管道敷设

1.给水管道均明设，给水立管敷设在塑料扣槽内。室外给水管应作保温，保温材料采用岩棉，厚度40mm，做法参照05YS8第2(5)页。

2.给水立管穿楼板时，应设套管。安装在楼板内的套管，其顶部应高出装饰地面20mm；安装在卫生间及厨房内的套管，其顶部高出装饰地面50mm，底部应与楼板底面相平；套管与管道之间缝隙应用阻燃密实材料和防水油膏填实，端面光滑。给水管穿楼面、地面、墙体时，做法参照05YS2第277和278页。

3.排水管穿楼板应预留孔洞，管道安装完后将孔洞严密捣实，立管周围应设高出楼板面设计标高10～20mm的阻水圈。

4.每层排水立管上均应设一个伸缩节。DN110的明设排水立管在穿越楼层和防火墙时设阻火圈或防火套管等阻火装置。

5.管道穿基础、楼板、墙基及屋面板时，应根据图中所注管道标高、位置配合土建工种预留孔洞或预埋套管，做法参照05YS1第314和315页。

6.管道坡度：

1）排水管道的坡度水平支管采用i=0.026，出户水平干管采用i=0.012。

2）给水管按0.002的坡度坡向立管或泄水装置。

7.管道支架：

1）管道支架或管卡应固定在楼板上或承重结构上。

2）管道支吊架做法见05YS1第279和280页。

8.排水管上的吊钩或卡箍应固定在承重结构上，固定件间距：横管不得大于2m，立管不得大于3m，层高小于或等于4m，立管中部可安一个固定件。

9.排水立管检查口距地面或楼板面1.00m。

10.管道连接：

1）卫生器具排水管与排水横管垂直连接，应采用90°斜三通。

2）排水管道的横管与立管连接，宜采用45°斜三通或45°斜四通和顺水三通或顺水四通。

3）污水立管与横管及排出管连接时应采用2个45°弯头，立管底部弯管处应设支墩。

11.卫生器具固定做法见05YS1第239，240，241页。

（五）管道试压、冲洗

1.给水系统安装完毕，需做0.9MPa的水压实验；排水系统安装完毕，需做通球及闭水试验。

2.给水系统在系统运行前须用水冲洗和消毒。

3.排水管冲洗以管道畅通为合格。

（六）其他

1.图中所注尺寸除管长、标高以m计外，其余以mm计。图中给水引入管和排水排出管标高均为参考，具体标高可根据实际情况调整。

2.本图所注管道标高：给水管等压力管指管中心；污水、废水和通气管指管内底。

3.本设计施工说明与图纸具有同等效力，二者有矛盾时，业主及施工单位应及时提出，并以设计单位解释为准。

4.施工中应与土建和其他专业密切合作，合理安排施工进度，及时预留孔洞及预埋套管，以防碰撞和返工。

5.除本设计说明外，施工中还应遵守《建筑给水排水及采暖工程施工及质量验收规范》(GB 50242—2002)及《给水排水构筑物施工及验收规范》(GB 50141—2002)。

水施图纸目录

序号	图号	图纸名称	图纸规格	备注
1	水施-1	设计总说明,图例及图纸目录	A2	
2	水施-2	一层给排水总平面图	A2加长	
3	水施-3	二层给排水立管位置图	A2加长	
4	水施-4	三～五层给排水立管位置图	A2加长	
5	水施-5	闷顶排水立管位置图	A2加长	
6	水施-6	厨房,卫生间,阳台给排水平面详图及系统图	A2	

设备和主要器材表

序号	设备器材名称	规格型号	安装作法参照	数量	备注
1	洗涤槽	市售	05YS1 —/4	32	包括配套五金
2	洗脸盆	台式540X490X200	05YS1 —/39	32	包括配套五金
3	坐便器	一体710X420X370	05YS1 —/119	32	包括配套五金
4	地漏	De50	05YS1 —/248	64	普通地漏
5	洗涤池	白瓷400X600	05YS1 —/3	32	包括配套五金
6	带洗衣机插口地漏	De50	04S301 —/19	32	洗衣机专用地漏

图 例

图例	名称	图例	名称
	立管检查口		供水管
	清扫口		污水管
	通气帽		水龙头
	圆形地漏		S形存水弯
	带洗衣机插口地漏		P形存水弯
	闸阀		洗脸盆（台式）
	截止阀		坐式大便器
	角阀		洗涤盆（池）
	法兰堵盖		厨房洗涤槽
	淋浴喷头		

××建设工程设计有限责任公司 证书编号（甲级）：A××××××××××						工程名称	××新型农村社区		
						项目名称	A-03住宅楼		
院长			审核			设计总说明、图例及图纸目录		设计号	2012-16
审定			校对					图别	水施
项目负责人			设计					图号	第01页
专业负责人			制图			未加盖出图专用章图纸无效		日期	2012.04

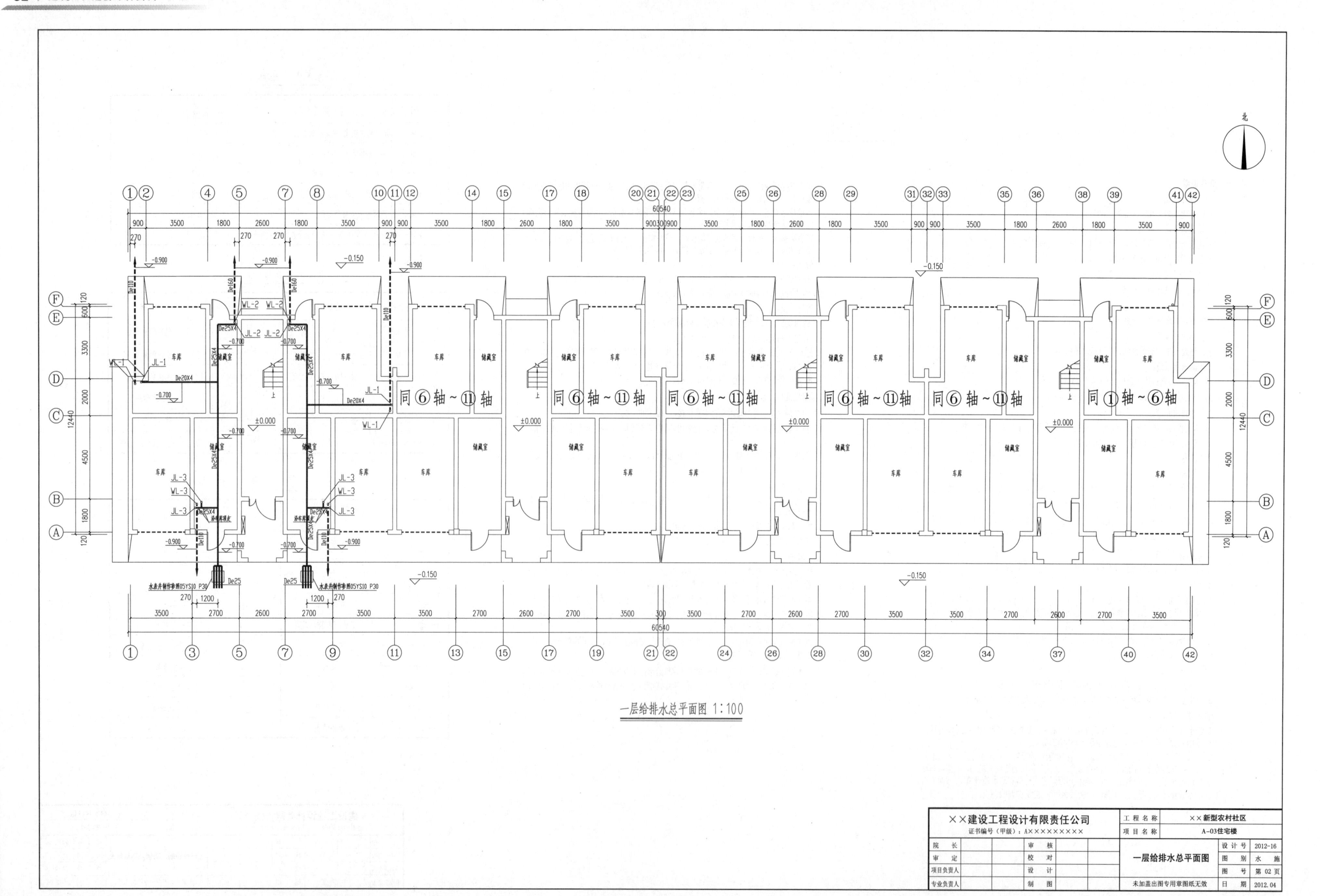

一层给排水总平面图 1:100
××建设工程设计有限责任公司
证书编号（甲级）：A××××××××××
工程名称 ××新型农村社区
项目名称 A-03住宅楼
一层给排水总平面图
设计号 2012-16
图别 水施
图号 第02页
日期 2012.04
未加盖出图专用章图纸无效
院长
审定
项目负责人
专业负责人
审核
校对
设计
制图

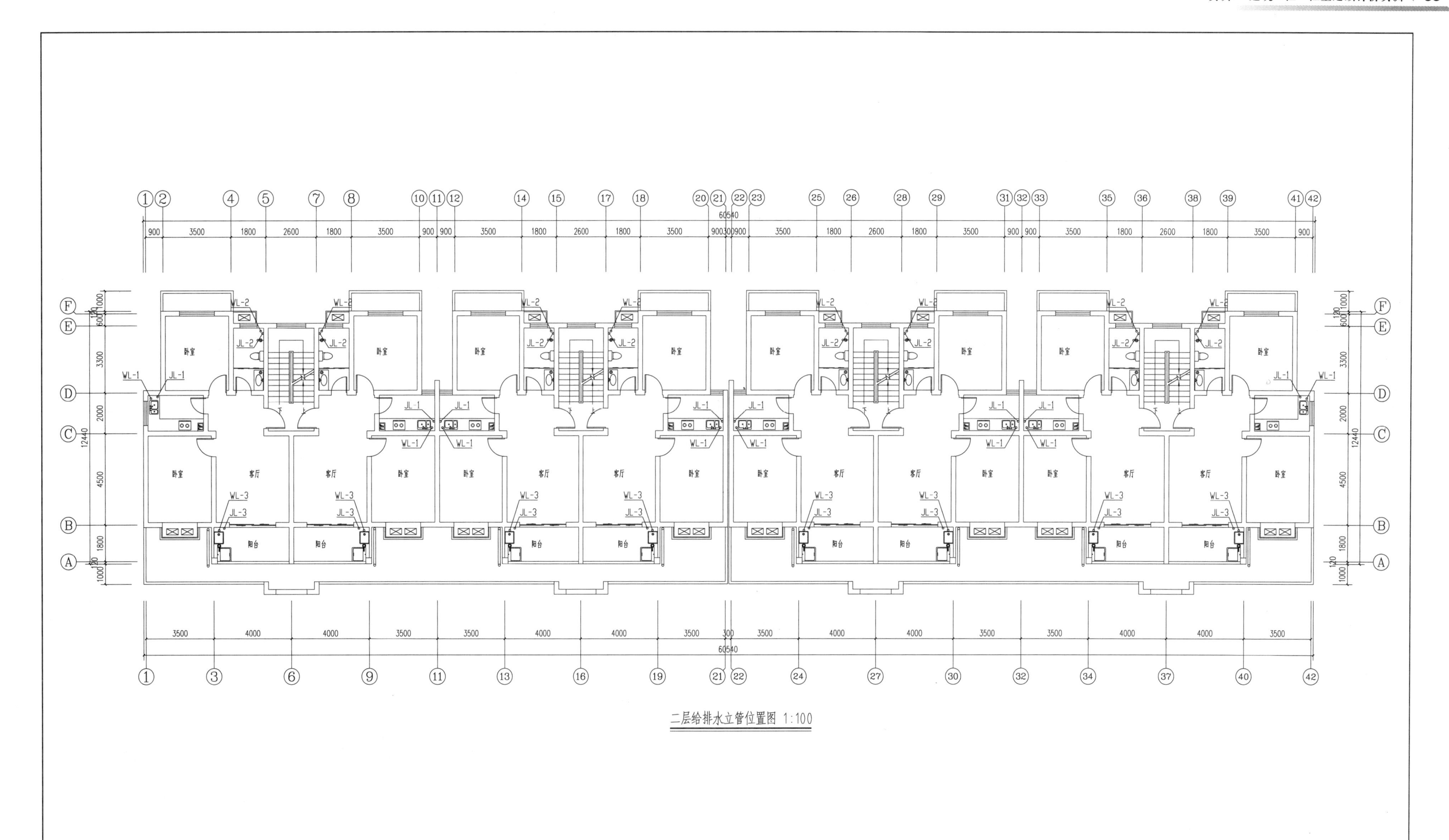
卧室
客厅
阳台
WL-1
WL-2
WL-3
JL-1
JL-2
JL-3
60540
12440
二层给排水立管位置图 1:100
××建设工程设计有限责任公司
证书编号（甲级）：A××××××××××
院　长
审　定
项目负责人
专业负责人
审　核
校　对
设　计
制　图
工程名称
××新型农村社区
项目名称
A-03住宅楼
二层给排水立管位置图
未加盖出图专用章图纸无效
设计号
2012-16
图　别
水　施
图　号
第03页
日　期
2012.04

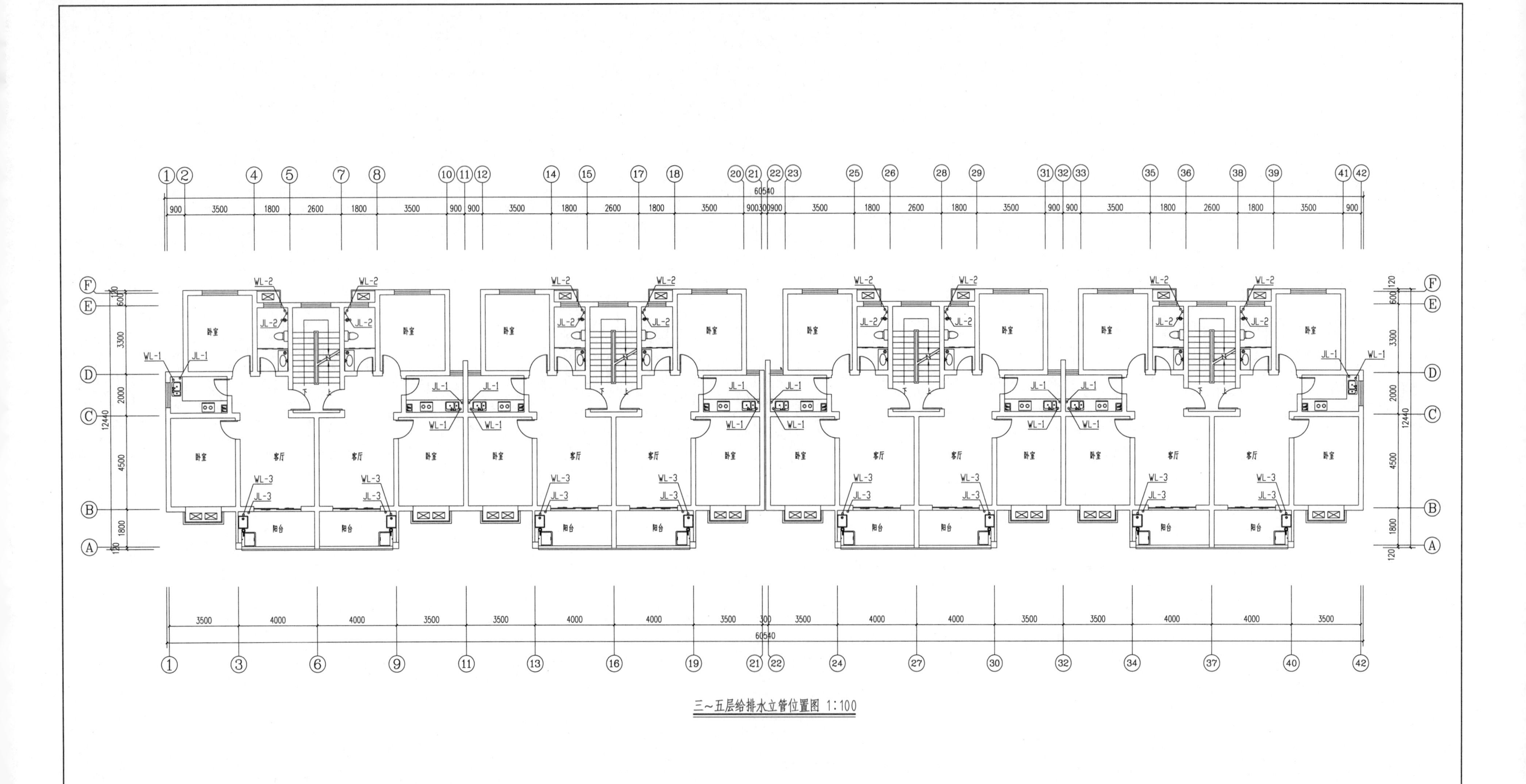

三~五层给排水立管位置图 1:100

××建设工程设计有限责任公司 证书编号（甲级）：A×××××××××						工程名称	××新型农村社区	
						项目名称	A-03住宅楼	
院长			审核			三~五层给排水立管位置图	设计号	2012-16
审定			校对				图别	水施
项目负责人			设计				图号	第04页
专业负责人			制图			未加盖出图专用章图纸无效	日期	2012.04

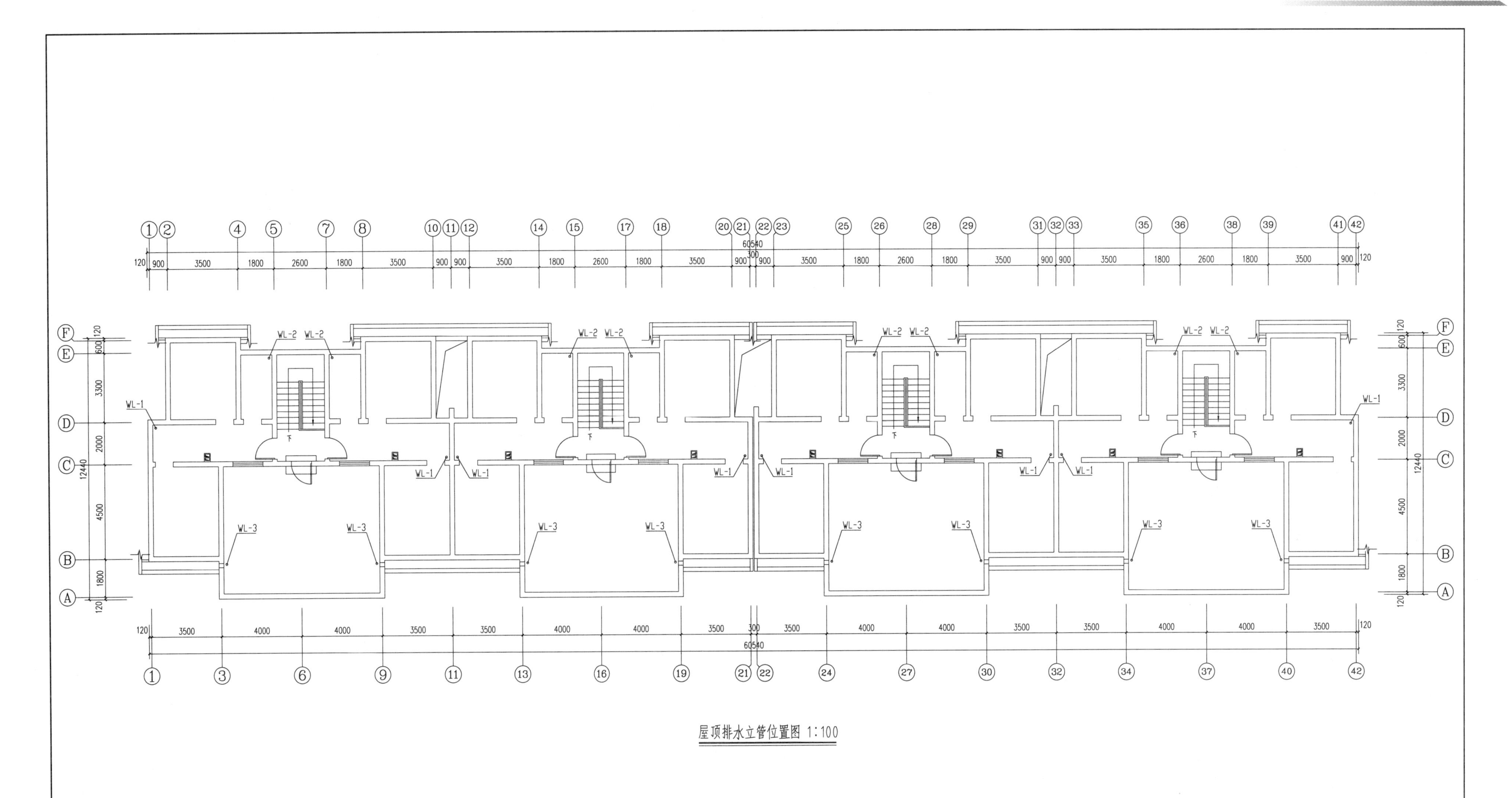

屋顶排水立管位置图 1:100

××建设工程设计有限责任公司 证书编号（甲级）：A×××××××××						工程名称	××新型农村社区	
						项目名称	A-03住宅楼	
院　长			审　核			屋顶排水立管位置图	设计号	2012-16
审　定			校　对				图　别	水　施
项目负责人			设　计				图　号	第05页
专业负责人			制　图			未加盖出图专用章图纸无效	日　期	2012.04

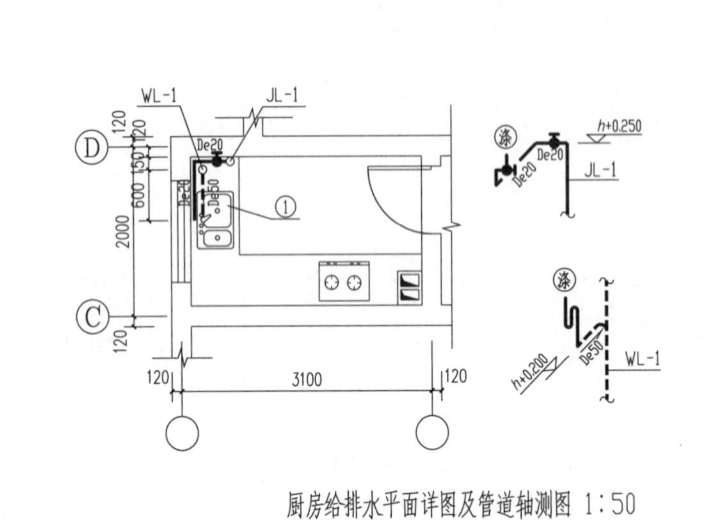

厨房给排水平面详图及管道轴测图 1:50

（包含对称相似的）

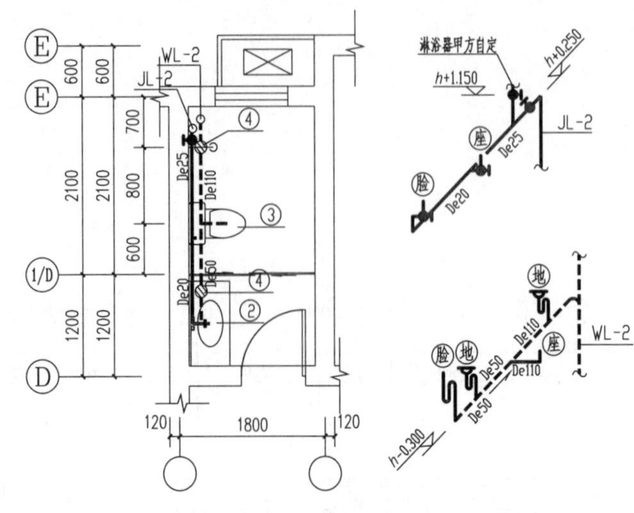

卫生间给排水平面详图及管道轴测图 1:50

（包含对称相同的）

阳台给排水平面详图及管道轴测图 1:50

（包含对称相同的）

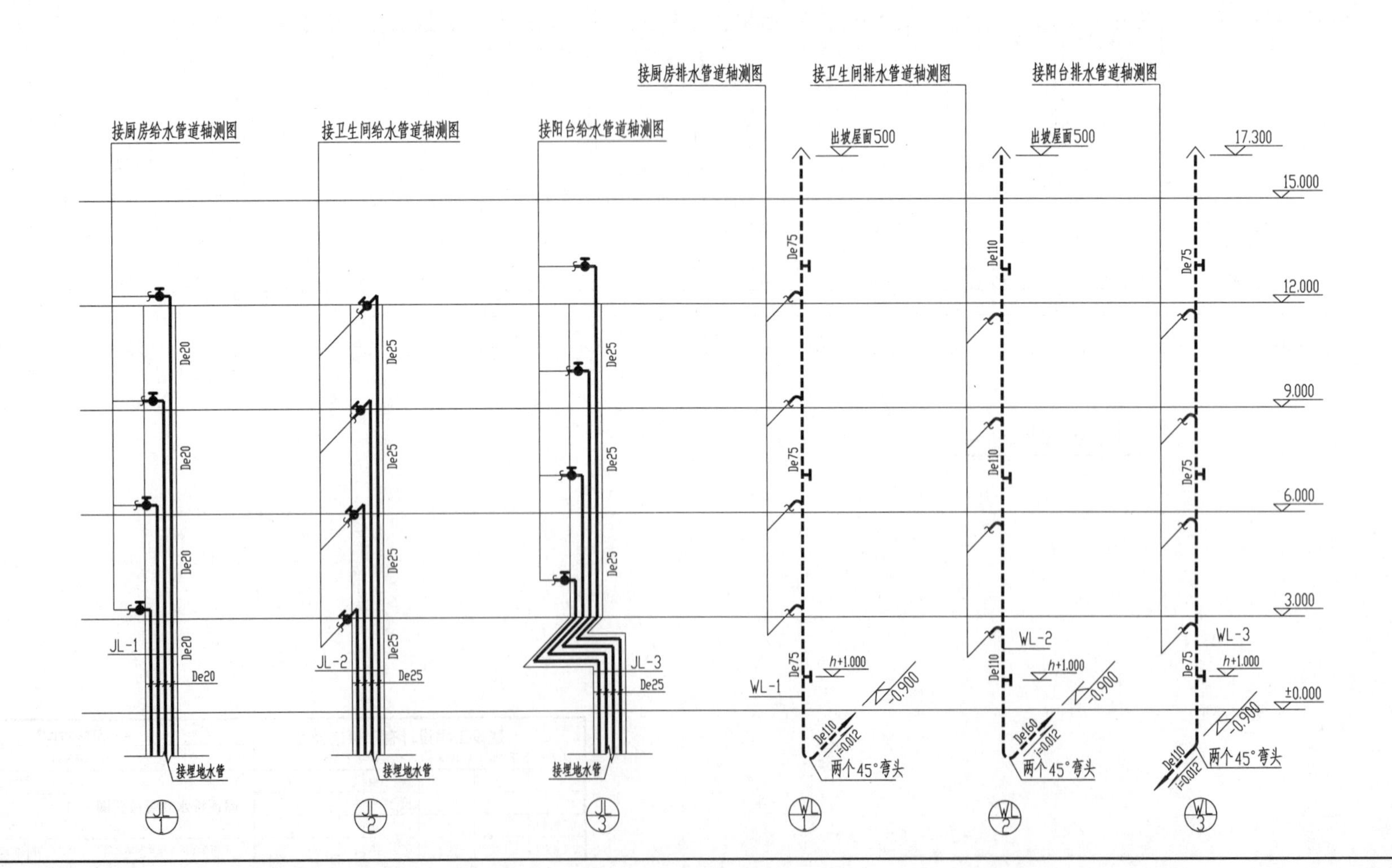

××建设工程设计有限责任公司				工程名称	××新型农村社区		
证书编号（甲级）：A×××××××××				项目名称	A-03住宅楼		
院　长		审　核		厨房、卫生间、阳台给排水平面详图及系统图		设计号	2012-16
审　定		校　对				图　别	水　施
项目负责人		设　计				图　号	第06页
专业负责人		制　图		未加盖出图专用章图纸无效		日　期	2012.04

设计说明

一、设计依据

《住宅设计规范》 GB 50096—1999

《低压配电设计规范》GB 50054—95

《综合布线系统工程设计规范》 GB 50311—2007

《民用建筑电气设计规范》JGJ 16—2008

《建筑电气设计技术规程》

《建筑安装工程施工图集》

《05系列工程建设标准设计图集》

二、设计内容

配电、防雷、接地、等电位、电话、有线电视、信息网络、楼宇对讲。

三、配电

1. 本工程属三类综合楼。其中楼梯间应急为二级负荷，其余用电为三级负荷。电源由室外采用电缆埋地引进。电源电压220/38V。建筑物散水以外的电缆为直埋敷设，散水以内应穿SC钢管保护。穿管管径为不小于电缆外径(*D*)*d*的1.5倍。电缆穿线管应从散水外300mm开始。

   电缆的弯曲半径为：

   a. 电缆外径(*D*)25mm以下者：≥4D；

   b. 电缆外径(*D*)25mm以上者：≥6D。

2. 依据业主的设计任务书要求，每套住户设计安装容量按二室4kW/户；房间插座数量按《住宅设计规范》（GB 50096—1999）6.5.4条要求设计。
3. 导线型号、截面及安装敷设方式：所有线路均为暗配，除图中标明外引入单个灯具的导线采用BV-2.5铜塑线，单个插座(除柜机插座)引入线采用BV—4.0铜塑线，均穿PC管暗配，穿管管径见《05系列工程建设标准设计图集》，插座回路不可共管。
4. 设备安装要求：电表集装箱、照明配电箱均采用铁质、有门，电表集装箱上锁并留玻璃观察孔。楼梯间及走道灯采用声光控制式节能灯。所有电气安装必须注意与暖气片及管道的相互间距，其余设备安装要求见图中标注及设备图例表备注栏说明。
5. 因考虑住户对房间后期的装修各有不同，故本设计对房间灯具的选型上只供参考，待后期装修时根据装修要求可进行调整。营业房灯具应自带电子镇流器，功率因数大于0.9。安装高度低于2.4m时应加PE线。
6. 采用TN-C-S接地保护系统，接地装置的做法见图集03D501—4，接地电阻不得大于1Ω，不满足要求时，应当补打接地极。各住户电源均为单相三线制。
7. 等电位施工要求按《等电位联结安装》02D501—2进行施工。要求所有进出建筑物的金属管道、配线钢管和电气设备的金属外壳均应与总等电位连接端子箱引出的镀锌扁钢连接。总等电位联结箱安装在室外配电箱附近，距地0.5m。

四、弱电部分(电话、有线电视、信息网络、楼宇对讲)

1. 该弱电部分电话、电视、信息网络系统、楼宇对讲的室内线路设计，室外线路由有关系统的部门负责考虑，每户进电话、电视、信息网络、楼宇对讲各一路引至各户。所有室外引进弱电线路应由系统供应商设SPD保护装置。
2. 室内弱电线路均穿PC管沿墙或楼板暗配，穿线管径除注明外，电视、信息网络线路1～2根采用PC16；电话：1～2对穿PC16、3～4对穿PC20、5～6对，穿PC25、7～8对穿PC32。对讲系统采用SC40。

五、线路敷设

详细标注见平面布置图及系统图。

六、防雷、接地、等电位

防雷、接地、等电位的具体要求见屋面防雷装置平面布置图及防雷设计说明。

七、声明

1. 配电箱、电线、电缆等电器产品必须符合国家有关规定要求。
2. 施工时应与其他专业密切配合。
3. 本图与现场实际不符之处应及时与设计人联系，协商解决，不得私自更改设计，否则由此引起的质量事故自行承担。

八、其余未尽事宜按现行有关电气施工及验收规范执行。

图纸目录

序号	图 别	图 纸 内 容	图 幅
1	电施-01	设计说明、图例	A2
2	电施-02	配电箱系统图	A2
3	电施-03	单元弱电系统图	A2
4	电施-04	接地平面图	A2
5	电施-05	一层照明平面图	A2
6	电施-06	一层弱电平面图	A2
7	电施-07	二～四层照明平面图 二～四层弱电平面图	A2
8	电施-08	五层照明平面图 五层弱电平面图	A2
9	电施-09	阁楼层照明平面图	A2
10	电施-10	屋面防雷平面图，防雷及接地说明	A2

设备材料表

序号	图例	名 称	规 格	备 注
1	LEB	局部等电位联结箱	135×75×60	安装高度为0.5m
2		动力照明配电箱(明装)	PZ30	安装高度为1.8m 明装
3	RDX	弱电智能箱	PB6011B	安装高度为1.8m 暗装
4		明装电度表箱	HXJ	安装高度为1.5m 明装
5		照明配电箱	PZ30	安装高度为1.8m 暗装
6	H	单元呼叫对讲系统电源箱	300×300×120	大门内墙上距地1.6m 暗装
7	VP	分支分配器箱	300×400×120(参考，专业公司定)	安装高度为1.6m 暗装
8	CX	网络配线架箱	400×500×120(参考，专业公司定)	安装高度为1.6m 暗装
9		壁龛交接线箱	400×650×120(参考，专业公司定)	安装高度为1.6m 暗装
10		单元呼叫对讲系统门口机	JB-2000	
11	⊗	白炽灯	1×40W(客厅100W)	吸顶安装
12		声光控制式吸顶灯	1×15W	吸顶安装
13		双联二三极防溅暗装插座	L426/10USL(加防溅盒)	安装高度为1.6m
14	K	分体空调专用插座	L15/15CN	安装高度为1.8m
15	G	柜体空调专用插座	L15/15CS	安装高度为0.3m
16		安全型双联二三极暗装插座	L426/10USL	安装高度为0.3m
17	R	热水器专用插座	L426/10S	安装高度为2.0m
18	y	油烟机专用插座	L426/10S	安装高度为2.0m
19		暗装双极开关	L32/1/2A	安装高度为1.4m
20		暗装单极开关	L31/1/2A	安装高度为1.4m
21		对讲器	JB—200111	安装高度为 1.6m
22	TP	电话插座	LT01	安装高度为0.3m
23	TD	电脑插座	LC01	安装高度为0.3m
24	TV	电视插座	L31VTV75	安装高度为0.3m
25	MEB	总等电位联结箱	450×150×90	安装高度为0.5m

注：所有插座应带保护门。

××建设工程设计有限责任公司 证书编号(甲级)：A×××××××××						工程名称	××新型农村社区		
						项目名称	A-03住宅楼		
批准			审核			设计说明 图纸目录 设备材料表		设计号	2012-16
审定			校对					图别	电施
项目负责人			设计					图号	第01页
专业负责人			制图			未加盖出图专用章图纸无效		日期	2012.04

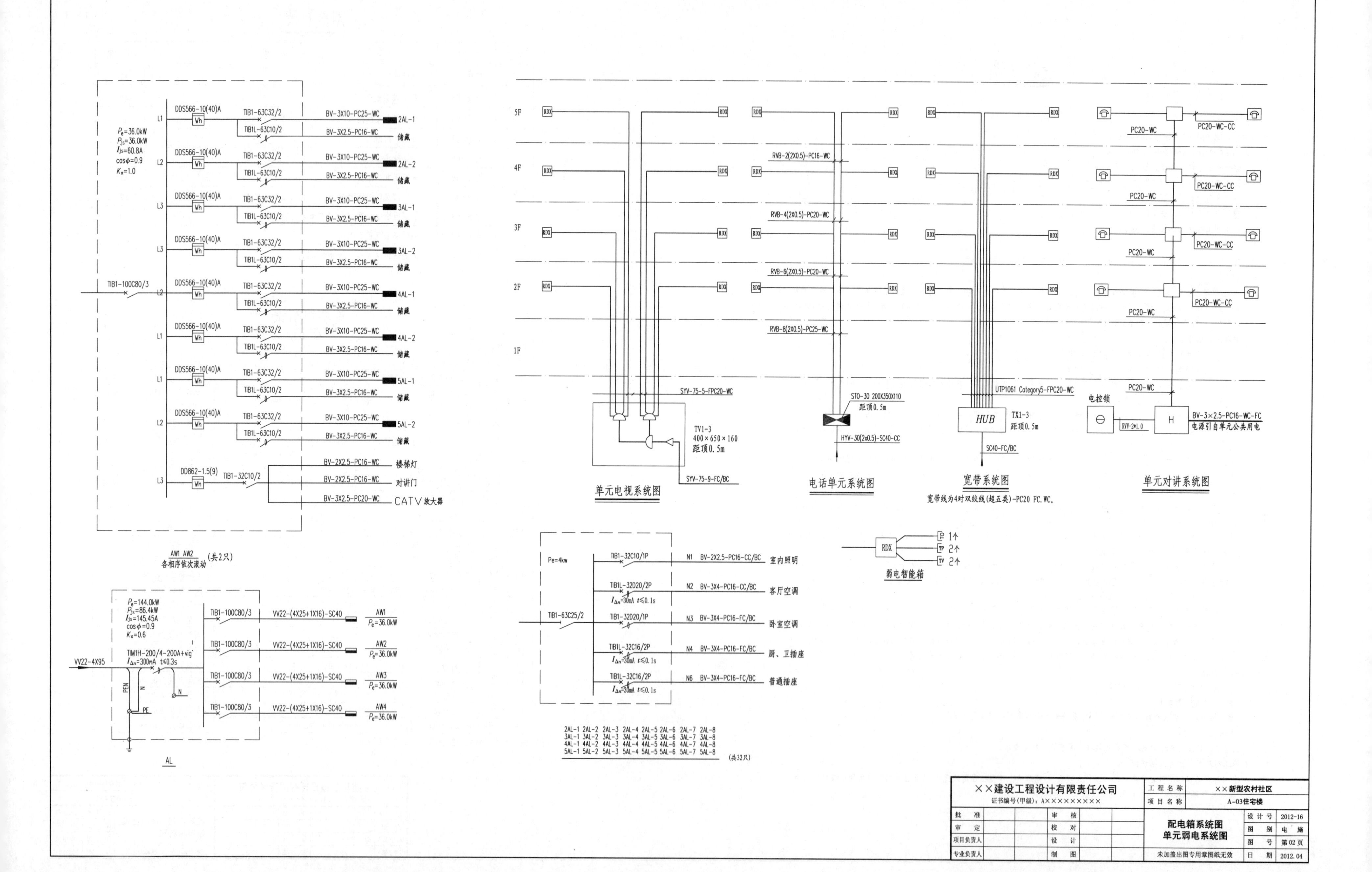
单元电视系统图
电话单元系统图
宽带系统图
宽带线为4对双绞线(超五类)-PC20 FC.WC.
单元对讲系统图
弱电智能箱
AW1 AW2 各相序依次滚动 (共2只)
AL
××建设工程设计有限责任公司
工程名称 ××新型农村社区
项目名称 A-03住宅楼
配电箱系统图
单元弱电系统图
设计号 2012-16
图别 电施
图号 第02页
日期 2012.04
未加盖出图专用章图纸无效

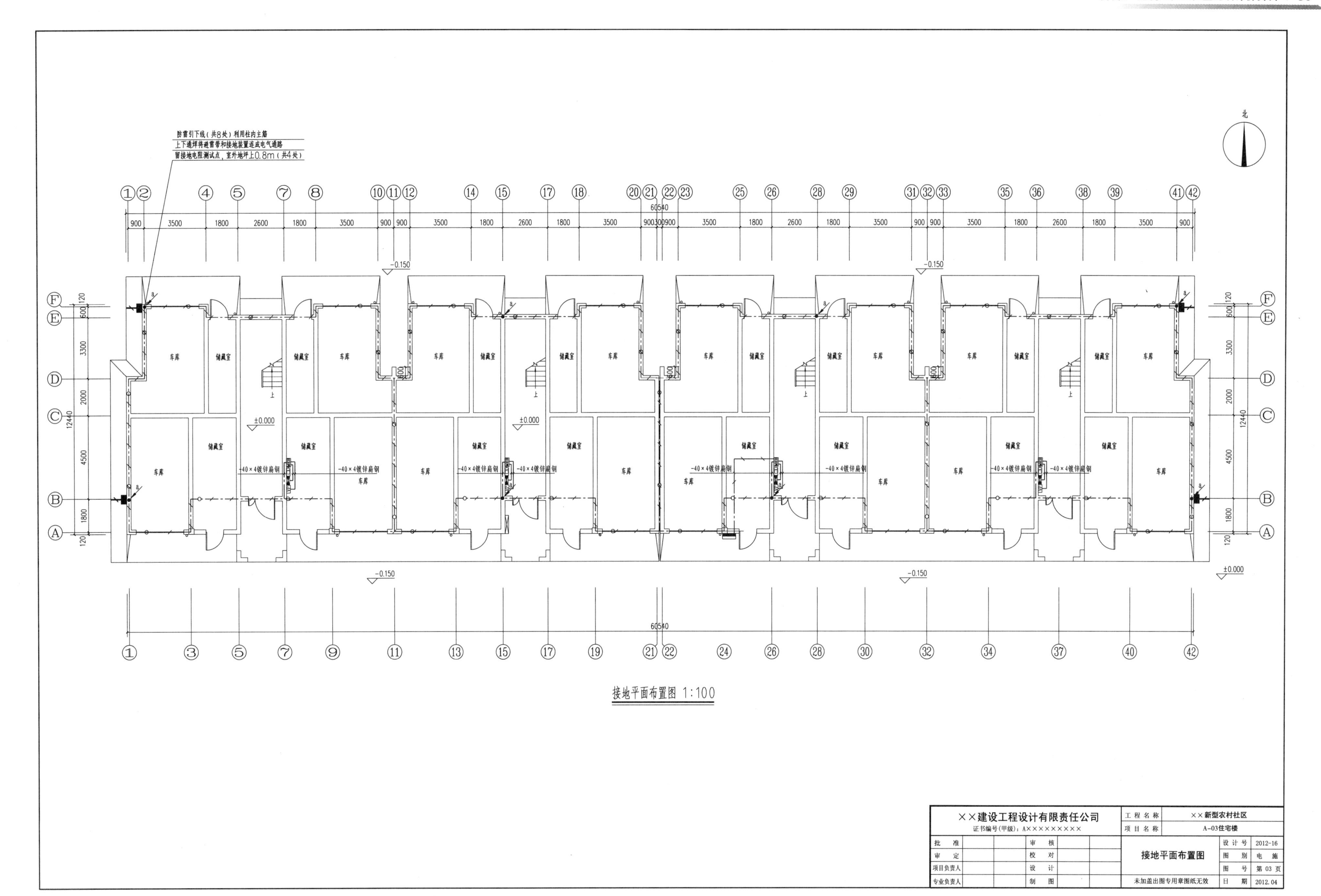
防雷引下线（共8处）利用柱内主筋
上下通焊将避雷带和接地装置连成电气通路
留接地电阻测试点，室外地坪上0.8m（共4处）
60540
车库
储藏室
-40×4镀锌扁钢
±0.000
-0.150
接地平面布置图 1:100
××建设工程设计有限责任公司
工程名称 ××新型农村社区
项目名称 A-03住宅楼
接地平面布置图
设计号 2012-16
图别 电施
图号 第03页
日期 2012.04
未加盖出图专用章图纸无效

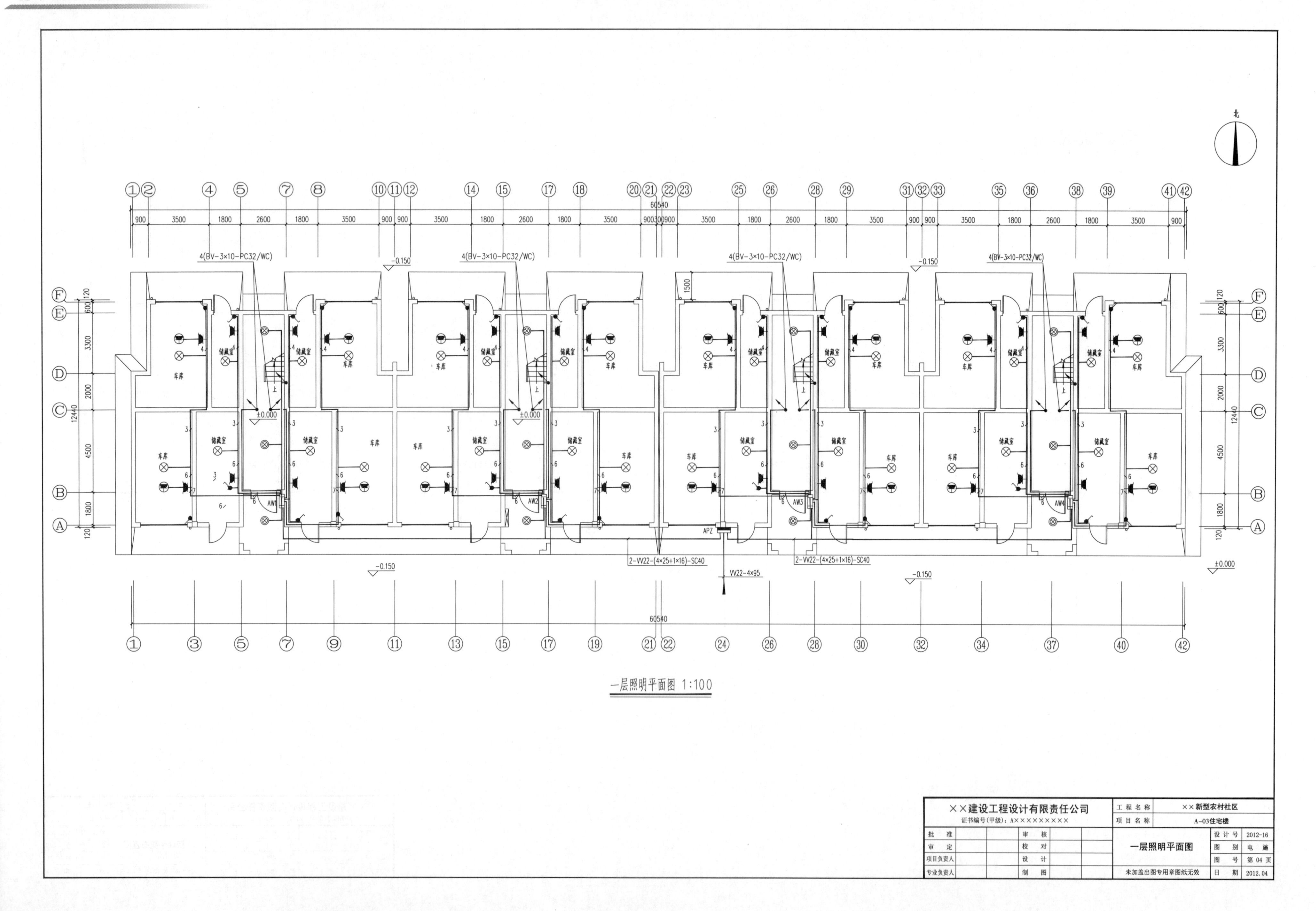
一层照明平面图 1:100
4(BV-3×10-PC32/WC)
2-VV22-(4×25+1×16)-SC40
VV22-4×95
APZ
AW1
AW2
AW3
AW4
车库
储藏室
60540
12440
±0.000
-0.150
××建设工程设计有限责任公司
证书编号(甲级)：A××××××××××
工程名称
××新型农村社区
项目名称
A-03住宅楼
批准
审定
项目负责人
专业负责人
审核
校对
设计
制图
一层照明平面图
设计号
2012-16
图别
电施
图号
第04页
日期
2012.04
未加盖出图专用章图纸无效

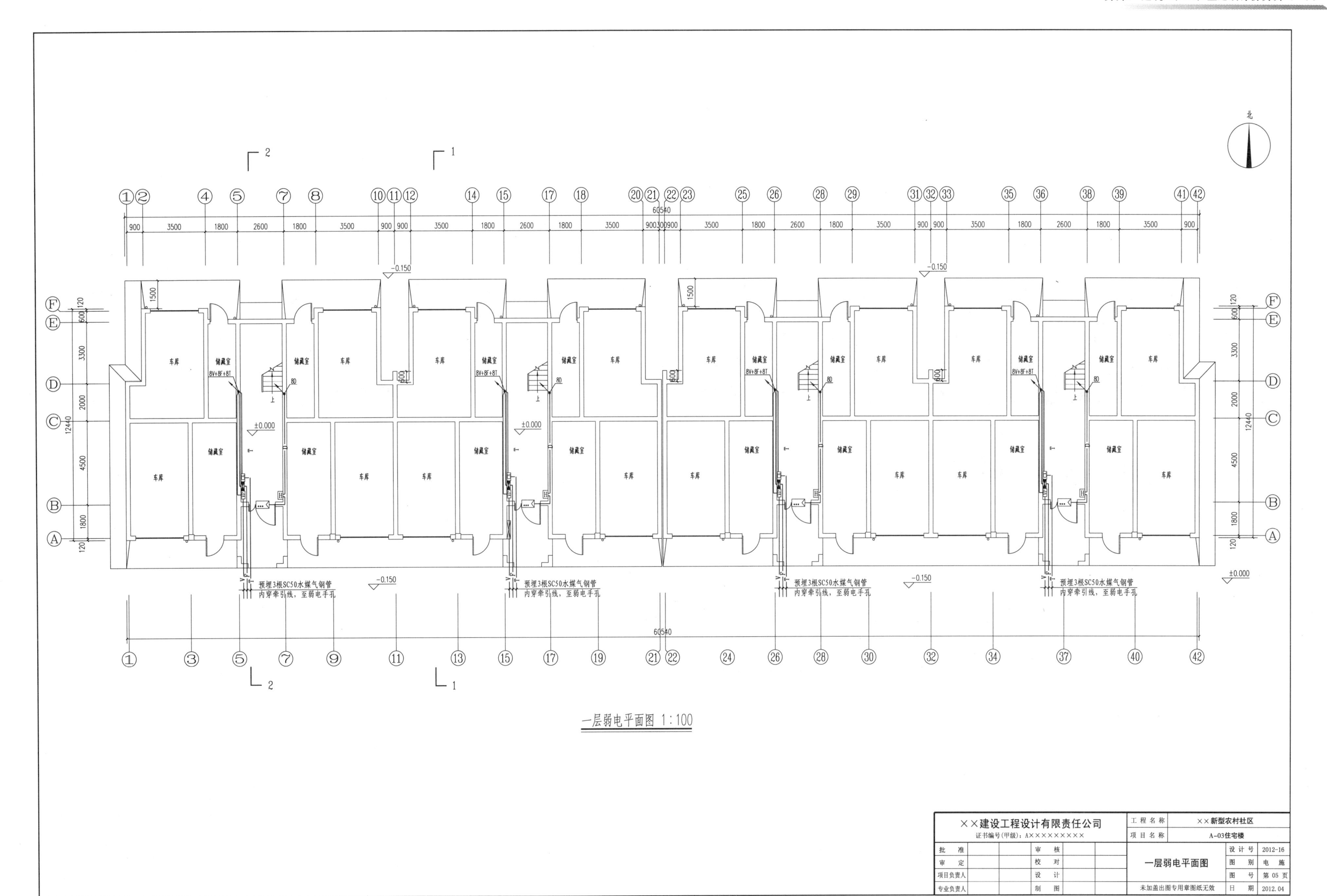

预埋3根SC50水煤气钢管
内穿牵引线，至弱电手孔
一层弱电平面图 1:100
××建设工程设计有限责任公司
证书编号(甲级)：A×××××××××
工程名称
××新型农村社区
项目名称
A-03住宅楼
一层弱电平面图
设计号 2012-16
图别 电施
图号 第05页
日期 2012.04
未加盖出图专用章图纸无效

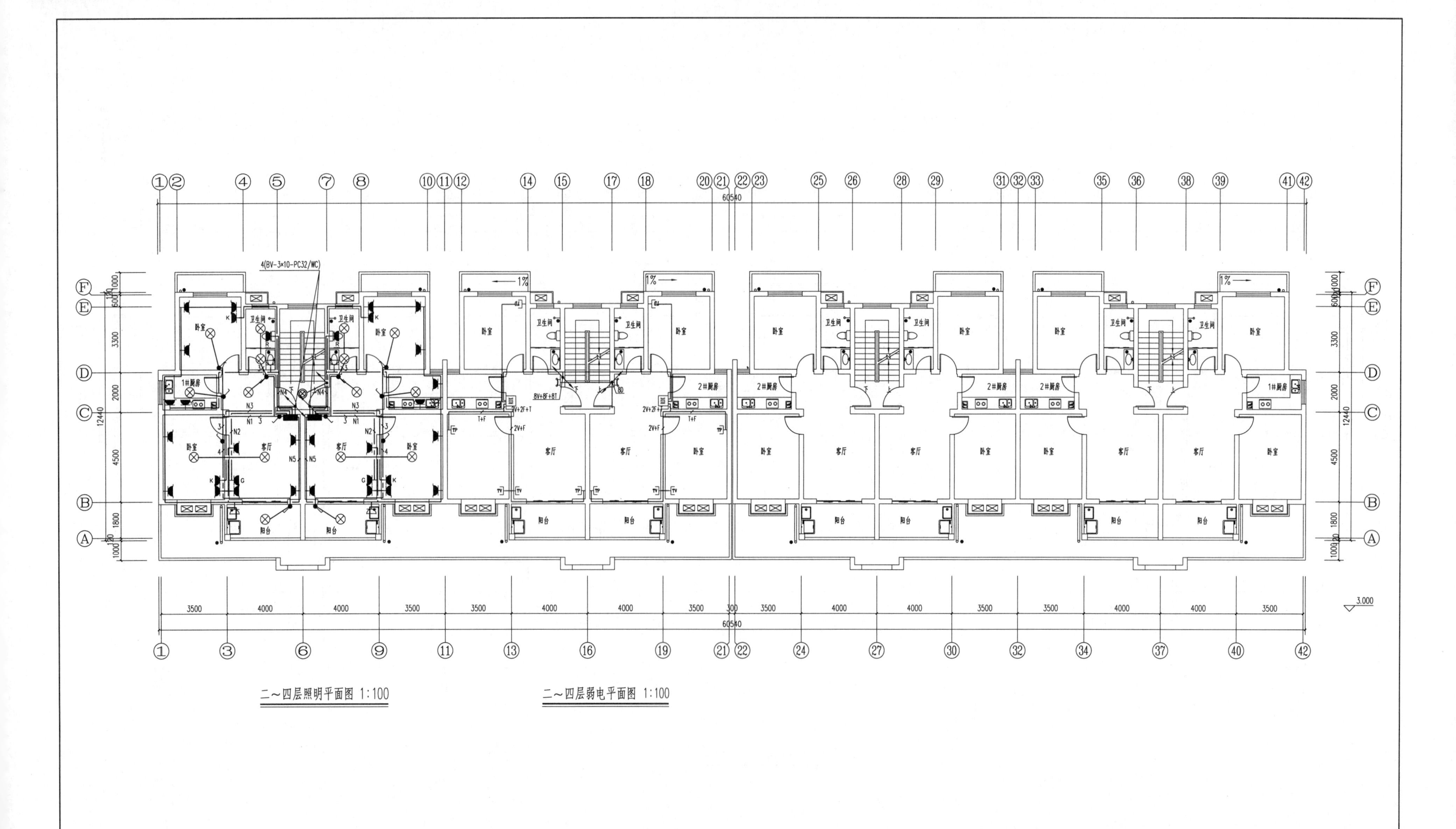
二～四层照明平面图 1:100
二～四层弱电平面图 1:100
××建设工程设计有限责任公司
证书编号(甲级)：A×××××××××
工程名称 ××新型农村社区
项目名称 A-03住宅楼
二～四层照明平面图
二～四层弱电平面图
设计号 2012-16
图别 电施
图号 第06页
日期 2012.04
未加盖出图专用章图纸无效

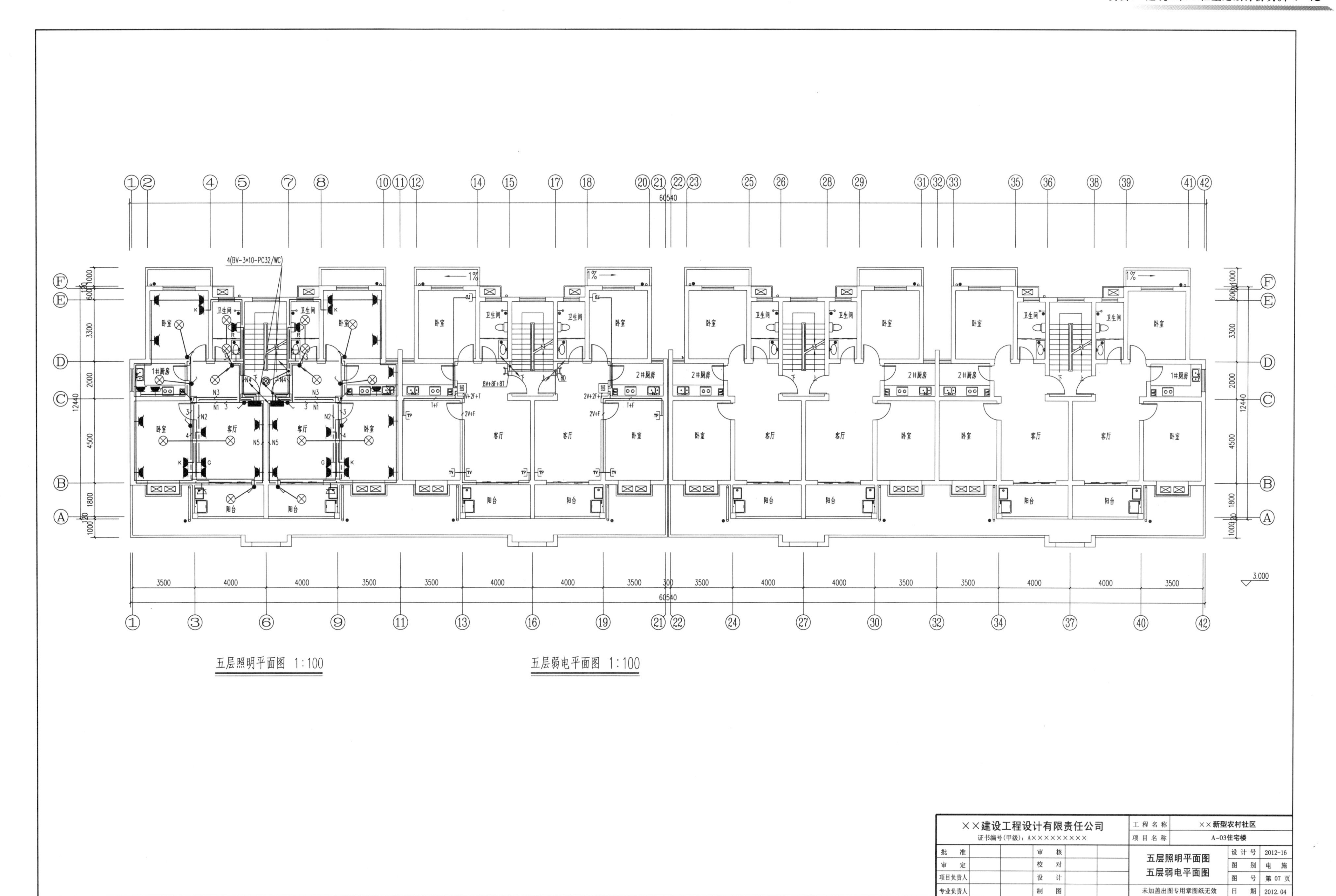
4(BV-3×10-PC32/WC)
卧室
卫生间
1#厨房
2#厨房
客厅
阳台
60540
3500
4000
3000
12440
五层照明平面图 1:100
五层弱电平面图 1:100
××建设工程设计有限责任公司
证书编号(甲级)：A××××××××××
批 准
审 定
项目负责人
专业负责人
审 核
校 对
设 计
制 图
工程名称
××新型农村社区
项目名称
A-03住宅楼
五层照明平面图
五层弱电平面图
未加盖出图专用章图纸无效
设计号
2012-16
图 别
电 施
图 号
第07页
日 期
2012.04

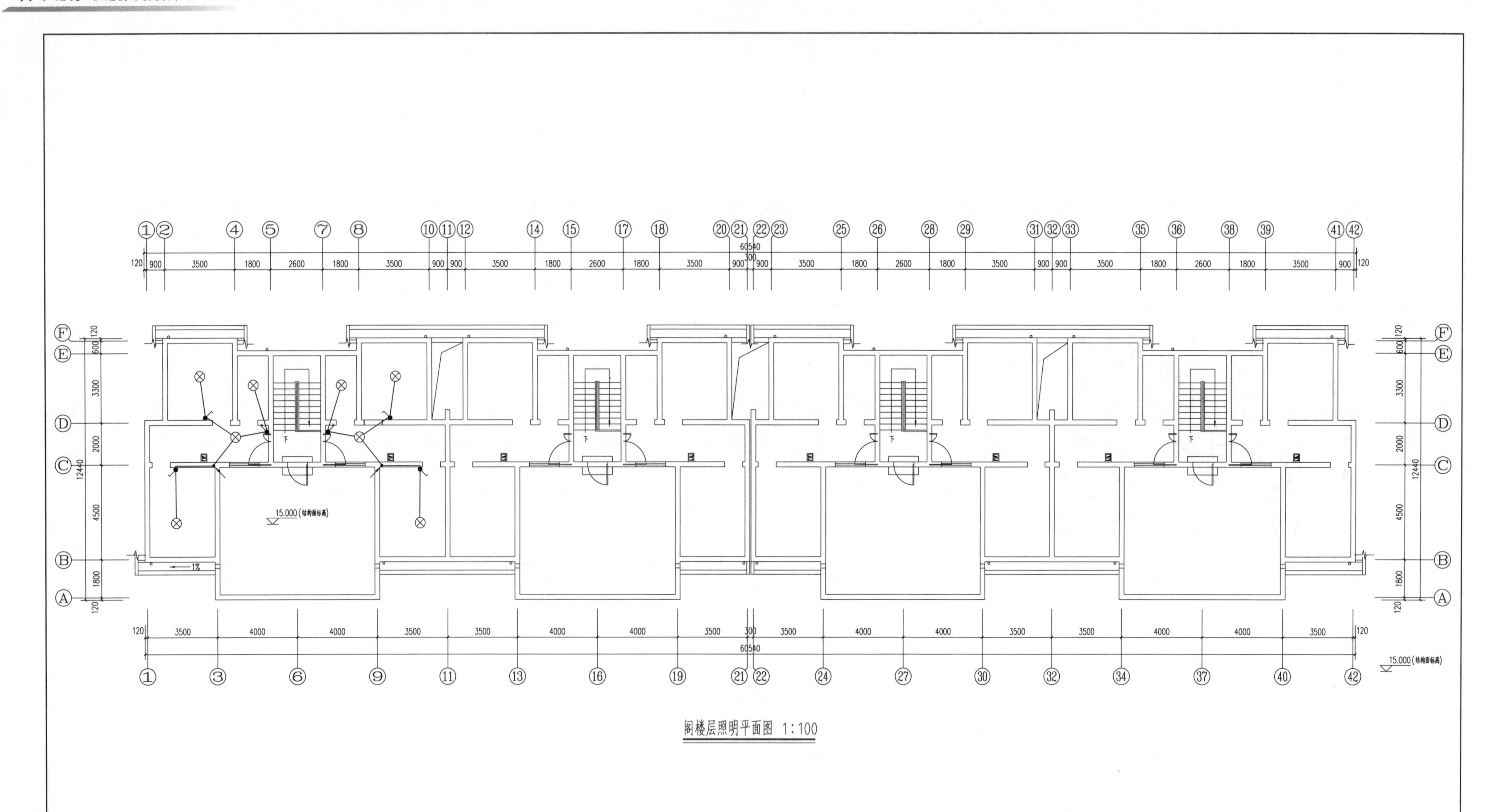

阁楼层照明平面图 1:100

××建设工程设计有限责任公司 证书编号(甲级)：A××××××××××						工程名称	××新型农村社区	
						项目名称	A-03住宅楼	
批准			审核			阁楼层照明平面图	设计号	2012-16
审定			校对				图别	电施
项目负责人			设计				图号	第 08 页
专业负责人			制图			未加盖出图专用章图纸无效	日期	2012.04

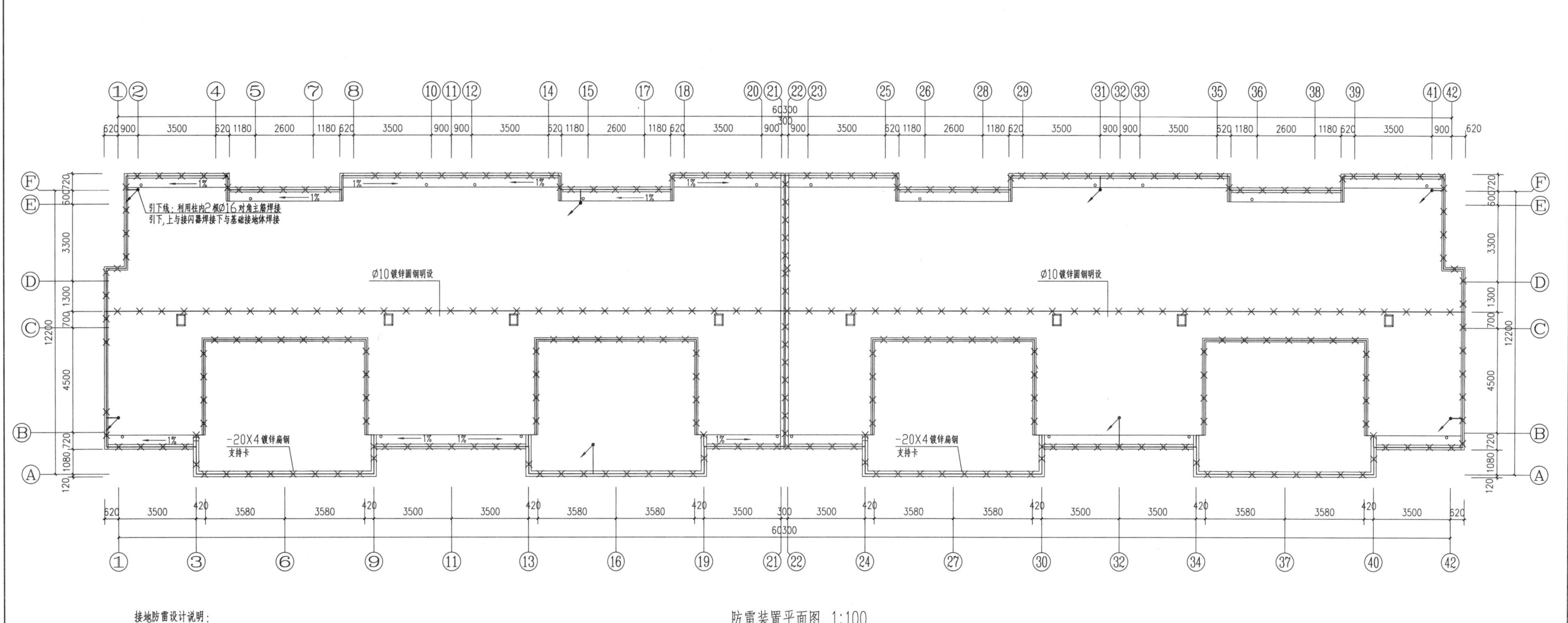

防雷装置平面图 1:100

接地防雷设计说明：

1. 本工程按照三级防雷建筑物设置防雷保护措施。
2. 本工程采用避雷带（网）作为防雷接闪器。在屋顶沿女儿墙、屋檐，装饰架等易受雷击的部位设置避雷带，避雷带采用Ø10镀锌圆钢，并在屋面组成不大于18m×18m的网格。
3. 本工程利用结构基础作为防雷接地装置。并利用墙身转角处的构造柱的对角主钢筋作防雷引下线，要求接地电阻小于1欧姆，本工程防雷接地与电气设备及弱电系统共用同一接地极，当不能满足要求时，应补打接地极。
4. 作为引下线的柱内主钢筋二根（Ø≥16mm）的连接及它和接地底板接地网钢筋的连接处均可靠焊，接钢筋的焊接长度大于钢筋直径的6倍（钢筋直径不等时以较大的为准）。
5. 部分引下线距地0.5m处做接地测试卡（具体位置见图）。
6. 屋顶所有金属设备、金属围栏、金属架及正常运行不带电的金属部分均应和综合接地装置有可靠的连接，竖直敷设的金属管道及金属物体的顶端和底端与防雷装置连接。
7. 弱电箱的接地采用40×4 镀锌钢与综合接地装置可靠焊接。
8. 本工程在总配电箱处设总等电位联结，凡引入建筑物内的各种金属管道均应与综合接地装置可靠连接。
9. 在住宅卫生间设置局部等电位联结，其具体作法可参见《等电位联结安装》97SD567。

××建设工程设计有限责任公司 证书编号(甲级)：A××××××××××						工程名称	××新型农村社区	
						项目名称	A-03住宅楼	
批准			审核			防雷装置平面图	设计号	2012-16
审定			校对				图别	电施
项目负责人			设计				图号	第09页
专业负责人			制图			未加盖出图专用章图纸无效	日期	2012.04

实训2　建筑工程工程量清单计价实训

【学习总目标】

通过实训2学习，培养学生系统全面地总结、运用所学的建筑工程清单计价办法编制建筑工程量清单和计价的能力，使学生能够做到理论联系实际、产学结合，进一步培养学生独立分析问题和解决问题的能力。

【能力目标】

(1)具备基本识图能力。能正确识读工程图纸，理解建筑、结构做法和详图。

(2)具备分部分项工程项目的划分能力。能根据清单计算规则和图纸内容正确划分各分部分项工程项目。

(3)具备正确运用工程量计算方法的能力。能以建筑工程清单工程量的计算规则，正确计算各分部分项工程量。

(4)具备正确套用清单子目的能力。能按照图纸的做法，套用最恰当的清单子目。

(5)具备分部分项工程量清单、措施项目清单、其他项目清单、规费项目清单及税金项目清单计价表的编制能力。能确定综合单价、措施项目费、暂列金额、暂估价、计日工、总承包服务费、规费、税金等。

【知识目标】

(1)掌握制图规范、建筑图例、结构构件、节点做法。

(2)掌握清单子目的组成、工程量计算规则、工程具体内容。

(3)掌握工程量计算规则的运用。

(4)掌握通用措施项目、专业措施项目、暂列金额、暂估价、计日工、总承包服务费、规费、税金等计算方法。

【素质目标】

(1)培养严肃认真的工作态度，细致严谨的工作作风。

(2)培养理论与实际相结合，独立分析问题和解决问题的能力。

2.1　建筑工程工程量清单计价实训任务书

2.1.1　实训目的和要求

1)实训目的

①通过建筑工程工程量清单及计价编制的实际训练，提高学生正确贯彻执行国家建设工程的相关法律、法规，并正确应用国家现行的《建设工程工程量清单计价规范》、《××省建筑工程工程量清单计价办法》、建筑工程设计和施工规范、标准图集等的基本技能。

②提高学生运用所学的专业理论知识解决工程实际问题的能力。

③使学生熟练掌握建筑工程工程量清单及计价的编制方法和技巧，培养学生编制建筑工程工程量清单及计价的专业技能。

2)实训具体要求

①要求完成该工程建筑物的建筑工程部分的工程量清单及计价的全部内容。主要内容包括：分部分项工程量清单及计价、措施项目清单及计价、其他项目清单及计价、规费项目清单及计价、税金项目清单及计价。

②学生在实训结束后，所完成的建筑工程工程量清单及计价必须满足以下要求：

a. 建筑工程工程量清单及计价的内容必须完整、正确；

b. 采用现行《建设工程工程量清单计价规范》(GB 50500—2013)统一的表格，规范填写建筑工程工程量清单及计价的各项内容，且要求字迹工整、清晰；

c. 按规定的顺序装订成册。

③课程实训期间，要求通过教师指导，独立编制，严禁捏造、抄袭等，发扬实事求是的精神，力争通过实训使自己具备独立完成建筑工程工程量清单计价工作的能力。

2.1.2　实训内容

1)工程资料

已知某工程资料如下(见2.5节)：

①建筑施工图、结构施工图。

②建筑设计总说明、建筑做法说明、结构设计说明。

③其他未尽事项，可根据规范、图集及具体情况讨论后由指导老师统一确定选用，并在编制说明中注明。

2)编制内容

根据现行的《建设工程工程量清单计价规范》《××省建筑工程工程清单计价办法》《××省建筑工程消耗量定额》《××省建筑工程价目表》和指定的施工图设计文件等资料，编制以下内容：

(1)建筑工程工程量清单文件

①列项目计算工程量，编制分部分项工程量清单。

②编制措施项目清单。

③编制其他项目清单，包括以下内容：

a. 其他项目清单与计价汇总表；

b. 暂列金额明细表；

c. 材料暂估单价表；

d. 专业工程暂估价表；

e. 计日工表；

f. 总承包服务费计价表。

④编制规费、税金项目清单。

⑤编制总说明。

⑥填写封面，整理装订成册。

(2)建筑工程工程量清单计价文件

①编制“分部分项工程量清单与计价表”。

②编制“工程量清单综合单价分析表”。

③编制“措施项目清单与计价表”。

④编制“其他项目清单与计价表”,包括以下内容:

a. 其他项目清单与计价汇总表;

b. 暂列金额明细表;

c. 材料暂估单价表;

d. 专业工程暂估价表;

e. 计日工表;

f. 总承包服务费计价表。

⑤编制“规费、税金项目清单与计价表”。

⑥编制“单位工程投标报价汇总表”。

⑦编制“单项工程投标报价汇总表”。

⑧编制总说明。

⑨填写封面,整理装订成册。

2.1.3 实训时间安排

实训时间安排如表2.1所示。

表2.1 实训时间安排表

序 号	实训内容		时间(d)
1	实训准备工作,熟悉图纸、清单计价规范,了解工程概况,进行项目划分		0.5
2	编制工程量清单	列项进行工程量计算,编制分部分项工程量清单与计价表,编制措施项目清单与计价表	1.0
		编制其他项目清单与计价表,编制规费、税金项目清单与计价表	1.0
3	编制工程量清单计价表	编制分部分项工程量清单与计价表,编制工程量清单综合单价分析表	1.0
		编制其他项目清单与计价表,编制规费、税金项目清单与计价表,编制单位工程投标报价汇总表,编制单项工程投标报价汇总表	1.0
4	复核,编制总说明,填写封面并整理装订成册		0.5
5	成绩考核		1.0
6	合 计		6

2.1.4 实训成绩考核

(1)成绩评定内容

①作业检查。检查预算书是否完整、形式是否规范、格式是否正确、书写是否工整、计算过程是否清晰、结果是否正确。

②面试答辩。通过查阅预算书,提出问题由学生答辩,根据答辩情况评定成绩。

③出勤考核。根据平时出勤情况进行考核。

(2)成绩评定方法

按照作业检查占40%、面试答辩占40%、出勤占20%评定成绩。

(3)成绩评定等级

按照总分30分确定成绩,并计入总成绩。捏造数据、抄袭他人者,成绩计零分。

2.2 建筑工程工程量清单计价实训指导书

2.2.1 编制依据

建筑工程工程量清单计价编制依据如下:

①××工程施工图设计文件。

②《建设工程工程量清单计价规范》《××省建筑工程工程量清单计价办法》《××省建筑工程费用项目组成及计算规则》等。

③现行的建筑规范、工程验收规范等。

④现行的《××省建筑工程消耗量定额》及《××省建筑工程价目表》。

⑤工程所在地的一般施工单位就该类工程常规的施工方法。

⑥建筑工程招标条件。

⑦有关造价政策及文件。

2.2.2 编制步骤和内容

1)编制工程量清单

①熟悉施工图设计文件。熟悉图纸、设计说明,了解工程性质,对工程情况有一个初步了解;熟悉平面图、立面图和剖面图,核对尺寸;查看详图和做法说明,了解细部做法。

②熟悉施工组织设计资料。了解施工方法、施工机械的选择、工具设备的选择、运输距离的远近。

③熟悉建筑工程工程量清单计价办法。了解清单各项目的划分、工程量计算规则,掌握各清单项目的项目编码、项目名称、项目特征、计量单位及工作内容。

④列项目计算工程量并编制工程量计算书。工程量计算必须根据设计图纸和说明提供的工程构造、设计尺寸和做法要求,结合施工组织设计和现场情况,按照清单的项目划分、工程量计算规则和计量单位的规定,对每个分项工程的工程量进行具体计算。它是工程量清单编制工作中一个非常细致和重要的环节。

为了做到计算准确，便于审核，工程量计算的总体要求有以下几点：

a. 根据设计图纸、施工说明书和预算定额的规定要求，先列出本工程的分部工程和分项工程项目顺序表，再逐项计算，对定额缺项需要调整换算的项目要注明，以便作补充换算计算表。

b. 计算工程量所取定的尺寸和工程量计量单位要符合预算定额的规定。

c. 尽量按照"一数多用"的计算原则，以加快计算速度。

d. 门窗、洞口、预制构件要结合建筑平面图、立面图对照清点，也可列出数量、面积、体积明细表，以备扣除门窗、洞口面积和预制构件体积之用。

本环节主要内容有：基数计算、编制基数计算表、编制门窗孔洞工程量计算表、划分计算项目，编制工程量计算表。

⑤编制分部分项工程量清单。

⑥编制措施项目清单。

⑦编制其他项目清单。

⑧编制规费、税金项目清单。

⑨编制总说明。

⑩填写封面。

⑪整理装订成册。

2）编制工程量清单计价表

①编制工程量清单综合单价分析表。分部分项工程量清单计价，其核心是综合单价的确定。综合单价的计算一般按以下内容及步骤进行：

确定工程内容→计算工程数量→计算单位含量→选择定额→选择单价→计算清单项目每计量单位所含某项工程内容的人工、材料、机械台班价款→选定费率→计算综合单价→合价。

②编制分部分项工程量清单与计价表。

③编制措施项目清单与计价表。

④编制其他项目清单与计价表。

⑤编制规费、税金项目清单与计价表。

⑥编制单位工程投标报价汇总表。

⑦编制单项工程投标报价汇总表。

⑧编制总说明。

⑨填写封面。

⑩整理装订成册。

2.2.3 工程量清单报价编制程序

工程量清单报价编制程序如图2.1所示。

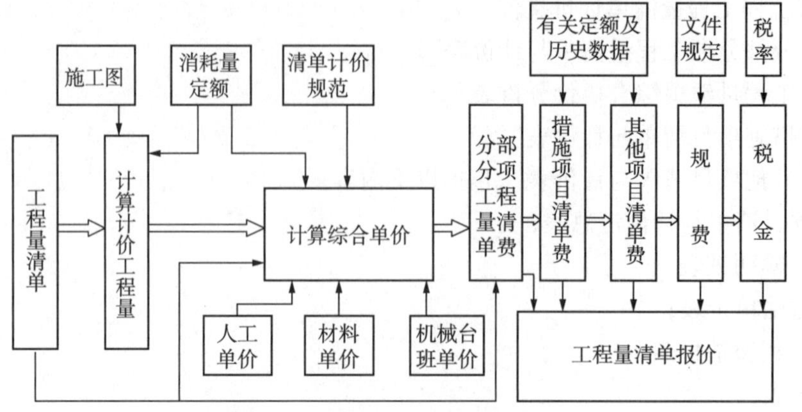

图2.1 工程量清单报价编制程序

2.3 建筑工程工程量清单计价实训内容分析指导

2.3.1 熟悉建设工程工程量清单计价规范

1）主要内容

《建设工程工程量清单计价规范》（GB 50500—2013）主要包括工程量清单、招标控制价、投标报价、工程价款结算等工程造价文件的编制。

《建设工程工程量清单计价规范》（GB 50500—2013）还包括：01-房屋建筑与装饰工程计量规范；02-仿古建筑工程计量规范；03-通用安装工程计量规范；04-市政工程计量规范；05-园林绿化工程计量规范；06-矿山工程计量规范；07-构筑物工程计量规范；08-城市轨道交通工程计量规范；09-爆破工程计量规范。

工程量清单及清单报价应由分部分项工程量清单、措施项目清单、其他项目清单、规费项目清单、税金项目清单组成。

2）编制工程量清单的依据

①《建设工程工程量清单计价规范》（GB 50500—2013）。

②国家或省级、行业建设主管部门颁发的计价依据和办法。

③建设工程设计文件。

④与建设工程项目有关的标准、规范、技术资料。

⑤招标文件及其补充通知、答疑纪要。

⑥施工现场情况、工程特点及常规施工方案。

⑦其他相关资料。

3）分部分项工程量清单要求

分部分项工程量清单应载明项目编码、项目名称、项目特征、计量单位和工程量。分部分项工程量清单应根据相关工程现行国家计量规范规定的项目编码、项目名称、项目特征、计量单位和工程量计算规则进行编制。分部分项工程量清单的项目编码，应采用前12位阿拉伯数字表示。1至9位应按附录的规定设置，10至12位应根据拟建工程的工程量清单项目名称设置，同一招标工程的项目编码不得有重码。分部分项工程量清单的项目名称应按规范中规定的项目名称结合拟建工程的实际确定。分部分项工程量清单中所列工程量应按规范中规定的工程量计算规则计算。分部分项工程量清单的计量单位应按规范中规定的计量单位确定。分部分项工程量清单项目特征应按规范中规定的项目特征,结合拟建工程项目的实际予以描述。

4)措施项目清单要求

措施项目清单应根据拟建工程的实际情况列项。通用措施项目可按通用措施项目一览表(见表2.2)选择列项,专业工程的措施项目可按规范中规定的项目选择列项,若出现《建设工程工程量清单计价规范》未列的项目,可根据工程实际情况进行补充。

表2.2 通用措施项目一览表

序 号	项目名称
1	安全文明施工(含环境保护、文明施工、安全施工、临时设施)
2	夜间施工
3	二次搬运
4	冬雨期施工
5	大型机械设备进出场及安拆
6	施工排水
7	施工降水
8	地上、地下设施,建筑物的临时保护设施
9	已完工程及设备保护

措施项目中可以计算工程量的项目清单宜采用分部分项工程量清单的方式编制,列出项目编码、项目名称、项目特征、计量单位和工程量计算规则;不能计算工程量的项目清单,以"项"为计量单位。

5)其他项目清单要求

其他项目清单宜按照下列内容列项:暂列金额;暂估价:包括材料暂估价、专业工程暂估价;计日工;总承包服务费。

6)规费项目清单要求

规费项目清单应按照下列内容列项:工程排污费;工程定额测定费;社会保障费:包括养老保险费、失业保险费、医疗保险费;住房公积金;危险作业意外伤害保险。

7)税金项目清单要求

税金项目清单应包括下列内容:营业税;城市建设维护税;教育费附加。

2.3.2 建筑工程清单工程量计算

1)土(石)方工程

(1)平整场地

①工程内容包括:土方挖填、场地找平、土方运输等。

②项目特征:

a. 土的类别按《建设工程工程量清单计价规范》的"土及岩石(普氏)分类表"和施工场地的实际情况确定;

b. 弃土运距按施工现场的实际情况和当地弃土地点确定;

c. 取土运距按施工现场的实际情况和当地取土地点确定;

③计算规则:平整场地按设计图示尺寸以建筑物首层面积计算。

(2)挖一般土方

①工作内容包括:排地表水、土方开挖、支拆挡土板、土方运输等。

②项目特征:

a. 土壤类别;

b. 挖土深度。

③计算规则:挖土方工程量按设计图示尺寸以体积计算。

(3)挖沟槽土方、挖基坑土方

①工作内容包括:排地表水、土方开挖、围护(挡土板)、支撑、基底钎探、土方运输等。

②项目特征:

a. 土壤类别;

b. 挖土深度。

③计算规则:

a. 房屋建筑按设计图示尺寸以基础垫层底面积乘以挖土深度计算;

b. 构筑物按最大水平投影面积乘以挖土深度(原地面平均标高至坑底高度)以体积计算。

④计算方法:

方法1: 挖沟槽或基坑土方工程量=基础垫层底面积×挖土深度

方法2: 挖沟槽或基坑土方工程量=构筑物的最大水平投影面积×挖土深度

⑤有关说明:

a. 桩间挖土方不扣除桩所占体积;

b. 不考虑施工方案要求的放坡宽度、操作工作面等因素,只按垫层底面积和挖土深度计算。

(4)管沟土方

①工程内容包括:排地表水、土方开挖、围护(挡土板)、支撑、运输、回填。

②项目特征:

a. 土壤类别;

b. 管外径;

c. 挖沟深度;

d. 回填要求。

③计算规则:

a. 以米计量,按设计图示以管道中心线长度计算;

b. 以立方米计量,按设计图示管底垫层面积乘以挖土深度计算,无管底垫层按管外径的水平投影面积乘以挖土深度计算。

④有关说明:工程量计算不考虑施工方案规定的放坡、工作面和接头处理加宽工作面的土方。

(5)挖一般石方

①工作内容包括:排地表水、凿石、运输。

②项目特征：

a. 岩石类别；

b. 开凿深度；

c. 弃渣运距。

③计算规则：石方开挖按设计图示尺寸以体积计算。

(6)回填

①工作内容包括：运输、回填、压实。

②项目特征：

a. 密实度要求；

b. 填方材料品种；

c. 填方粒径要求；

d. 填方来源、运距。

③计算规则：回填按设计图示尺寸以体积计算。

④计算方法：

基础土(石)方回填工程量=挖方体积-自然地坪以下埋设的基础体积(包括基础垫层及其他构筑物)

(7)有关规定

①土石方体积折算系数。土石方体积应按挖掘前的天然密实度体积计算。如需按天然密实度体积折算时，应按表2.3规定的系数计算。

表2.3 土方体积折算系数表 单位：m^3

天然密实度体积	虚方体积	夯实后体积	松填体积
0.77	1.00	0.67	0.83
1.00	1.30	0.87	1.08
1.15	1.50	1.00	1.25
0.92	1.20	0.80	1.00

②挖基础土方清单项目内容。项目编码为010101003的挖基础土方工程量清单项目包括：条形基础、独立基础、满堂基础(包括地下室基础)及设备基础、人工挖孔桩等的土方。条形基础应按不同底宽和深度编码列项，独立基础和满堂基础应按不同底面积和深度分别编码列项。

③管沟土(石)方工程量应按设计图示尺寸以管道中心线长度计算。当有管沟设计时，平均深度以沟垫层底表面标高至交付施工场地标高计算；无管沟设计时，直埋管深度应按管底外表面标高至交付施工场地标高的平均高度计算。

④湿土划分。湿土划分应按地质资料提供的地下常水位为界，地下常水位以下为湿土。

⑤出现流沙、淤泥的处理方法。挖方出现流沙、淤泥时，可根据实际情况由发包人与承包人双方认证。

2)桩与地基基础工程

(1)预制钢筋混凝土方桩

①工作内容包括：工作平台搭拆、桩机竖拆、移位、沉桩、接桩、送桩。

②项目特征：

a. 地层情况；

b. 送桩深度、桩长；

c. 桩截面；

d. 桩倾斜度；

e. 混凝土强度等级。

③计算规则：预制钢筋混凝土方桩工程量按设计图示尺寸以桩长(包括桩尖)或根数计算，计量单位为米或根。

④有关说明：

a. 预制钢筋混凝土桩项目适用于预制钢筋混凝土方桩、管桩和板桩等。

b. 试桩与打桩之间的间歇时间，机械在现场的停滞也应包括在打试桩报价内。

c. 打钢筋混凝土预制板桩是指留滞原位(即不拔出)的板桩。板桩应在工程量清单中描述其单桩垂直投影面积。

d. 预制桩刷防护材料应包括在报价内。

(2)预制钢筋混凝土管桩

①工作内容包括：工作平台搭拆、桩机竖拆、移位、沉桩、接桩、送桩、填充材料、刷防护材料。

②项目特征：

a. 地层情况；

b. 送桩深度、桩长；

c. 桩外径、壁厚；

d. 桩倾斜度；

e. 混凝土强度等级；

f. 填充材料种类；

g. 防护材料种类。

③计算规则：预制钢筋混凝土管桩工程量按设计图示尺寸以桩长(包括桩尖〉或根数计算。计量单位为米或根。

(3)钢管桩

①工作内容包括：工作平台搭拆、桩机竖拆、移位、沉桩、接桩、送桩、切割钢管、精割盖帽、管内取土、填充材料、刷防护材料。

②项目特征：

a. 地层情况；

b. 送桩深度、桩长；

c. 材质；

d. 管径、壁厚；

e. 桩倾斜度；

f. 填充材料种类；

g. 防护材料种类。

③有关说明：

a. 混凝土灌注桩项目适用于人工挖孔灌注桩、钻孔灌注桩、爆扩灌注桩、打管灌注桩、振动管灌注桩等。

b. 人工挖孔时采用的护壁，如砖砌护壁、预制混凝土护壁、现浇混凝土护壁、钢模周转护壁、竹笼护壁等应包括在报价内。

c. 钻孔灌注桩泥浆的搅拌运输，泥浆池、泥浆沟槽的砌筑、拆除所发生的费用，应该包括在内。

(4)截(凿)桩头

①打桩一般比设计标高高出50cm，截桩头是锯掉50cm以达到设计标高，但有时截的不一定规矩，或高于设计标高，就需要凿桩头了。

②工作内容包括：截桩头、凿平、废料外运。

③项目特征：

a. 桩头截面、高度；

b. 混凝土强度等级；

c. 有无钢筋。

④计算规则：截(凿)桩头工程量按设计桩截面乘以桩头长度以体积计算；按设计图示数量按根计算。

(5)泥浆护壁成孔灌注桩

①泥浆护壁成孔灌注桩又称湿作业成孔灌注桩，当地下水位较高或土质较差容易塌孔时采用。

②工作内容包括：护筒埋设、成孔、固壁，混凝土制作、运输、灌注、养护，土方、废泥浆外运，打桩场地硬化及泥浆池、泥浆沟。

③项目特征：

a. 地层情况；

b. 空桩长度、桩长；

c. 桩径；

d. 成孔方法；

e. 护筒类型、长度；

f. 混凝土类别、强度等级。

④计算规则：

a. 泥浆护壁成孔灌注桩按设计图示尺寸以桩长(包括桩尖)计算；

b. 按不同截面在桩上范围内以体积计算；

c. 按设计图示数量以根计算。

(6)沉管灌注桩

①工作内容包括：打(沉)拔钢管，桩尖制作、安装，混凝土制作、运输、灌注、养护。

②项目特征：

a. 地层情况；

b. 空桩长度、桩长；

c. 复打长度；

d. 桩径；

e. 沉管方法；

f. 桩尖类型；

g. 混凝土类别、强度等级。

③计算规则：

a. 泥浆护壁成孔灌注桩按设计图示尺寸以桩长(包括桩尖)计算；

b. 按不同截面在桩上范围内以体积计算；

c. 按设计图示数量以根计算。

(7)干作业成孔灌注桩

①工作内容包括：成孔、扩孔，混凝土制作、运输、灌注、振捣、养护。

②项目特征：

a. 地层情况；

b. 空桩长度、桩长；

c. 桩径；

d. 扩孔直径、高度；

e. 成孔方法；

f. 混凝土类别、强度等级。

③计算规则：

a. 泥浆护壁成孔灌注桩按设计图示尺寸以桩长(包括桩尖)计算；

b. 按不同截面在桩上范围内以体积计算；

c. 按设计图示数量以根计算。

(8)挖孔桩土(石)方

①工作内容包括：排地表水、挖土、凿石、基底钎探、运输。

②项目特征：

a. 土(石)类别；

b. 挖孔深度；

c. 弃土(石)运距。

③计算规则：挖孔桩土(石)方按设计图示尺寸截面乘以挖孔深度以立方米计算。

(9)桩底注浆

①工作内容包括：注浆导管制作、安装，浆液制作、运输，压浆。

②项目特征：

a. 注浆导管材料、规格；

b. 注浆导管长度；

c. 单孔注浆量；

d. 水泥强度等级。

③计算规则：按设计图示以注浆孔数计算。

3)砌筑工程

(1)砖基础

①工程内容包括：砂浆制作、运输，砌砖，防潮层铺设，材料运输。

②项目特征：

a. 砖品种、规格、强度等级；

b. 基础类型；

c. 砂浆强度等级；

d. 防潮层材料种类。

③计算规则:砖基础工程量按设计图示尺寸以体积计算,应扣除地梁(圈梁)、构造柱等所占体积,不扣除基础大放脚T形接头处重叠部分等所占体积。基础长度的确定:外墙按中心线长,内墙按净长计算。

④有关说明:砖基础类型包括柱基础、墙基础、烟囱基础、水塔基础、管道基础等,具体是何种类型,应在工程量清单的项目特征中详细描述。

(2)实心砖墙

①工程内容包括:砂浆制作、运输,砌砖、刮缝,砖压顶砌筑,材料运输。

②项目特征:

a. 砖品种、规格、强度等级;

b. 墙体类型;

c. 砂浆强度等级、配合比。

③计算规则:实心砖墙工程量按设计图示尺寸以体积计算,应扣除门窗洞口、过人洞等所占面积,还应扣除嵌入墙内的钢筋混凝土柱、梁、圈梁、挑梁、过梁及凹进墙内的壁龛、暖气槽、消火栓箱等所占体积,不扣除梁头、板头、门窗走头及墙内加固钢筋等所占体积。凸出墙面的腰线、压顶、窗台线、门窗套的体积亦不增加。

a. 墙长的确定:外墙按中心线长,内墙按净长计算。

b. 墙高的确定:基础与墙身使用同一种材料时,以设计室内地面为界,以下为基础,以上为墙身。当为平屋面时,外墙高度算至钢筋混凝土板底;当有钢筋混凝土楼板隔层者,内墙高度算至楼板顶。

④有关说明:实心砖墙类型包括外墙、内墙、围墙、双面混水墙、双面清水墙、单面清水墙、直形墙、弧形墙等,具体是何种类型,应在工程量清单的项目特征中详细描述。

(3)空斗墙

①空斗墙是以普通蒙古土砖砌筑而成的空心墙体,民居中常采用。墙厚一般为240mm,采取无眠空斗、一眠一斗、一眠三斗等几种砌筑方法。所谓“斗”是指墙体中由两皮侧砌砖与横向拉结砖所构成的空间,而“眠”则是墙体中沿纵向平砌的一皮丁砖。

一砖厚的空斗墙与同厚度的实体墙相比,可节省砖20%左右,可减轻自重,常在三层及三层以下的民用建筑中采用,但下列情况又不宜采用:土质软弱可能引起建筑物不均匀沉陷的地区;建筑物有振动荷载时;地震烈度在7度及7度以上的地区。

②工作内容包括:砂浆制作、运输,砌砖,装填充料,刮缝,材料运输。

③项目特征:

a. 砖品种、规格、强度等级;

b. 墙体类型;

c. 砂浆强度等级、配合比。

④计算规则:空斗墙工程量按设计图示尺寸以墙的外形体积计算,墙角、内外墙交接处、门窗洞口立边、窗台砖、屋檐处的实砌部分体积并入空斗墙体积内。

⑤有关说明:空斗墙项目适用于各种砌法的空斗墙,应注意窗间墙、窗台下、楼板下、梁头下的实砌部分,应按零星砌砖项目另行列项计算。

(4)砖散水、地坪

①工作内容包括:土方挖、运,地基找平、夯实,铺设垫层,砌砖散水,地坪,抹砂浆面层。

②项目特征:

a. 砖品种、规格、强度等级;

b. 垫层材料种类、厚度;

c. 散水、地坪厚度;

d. 面层种类、厚度;

e. 砂浆强度等级。

③计算规则:砖散水、地坪工程量按设计图示尺寸以面积计算。

(5)砖地沟、明沟

①工作内容包括:土方挖、运,铺设垫层,底板混凝土制作、运输、浇筑、振捣、养护,砌砖,刮缝,抹灰,材料运输。

②项目特征:

a. 砖品种、规格、强度等级;

b. 沟截面尺寸;

c. 垫层材料种类、厚度;

d. 混凝土强度等级;

e. 砂浆强度等级。

③计算规则:砖地沟、明沟的工程量按设计图示以中心线长度(米)计算。

4)混凝土及钢筋混凝土工程

(1)条形基础

①当建筑物上部结构采用墙承重时,基础沿墙设置多做成长条形,这时称为条形基础。

②工作内容包括:铺设垫层,混凝土制作、运输、浇筑、振捣、养护等。

③项目特征:

a. 垫层材料种类、厚度;

b. 混凝土强度等级;

c. 混凝土拌和料要求;

d. 砂浆强度等级。

④计算规则:条形混凝土基础按设计图示尺寸以体积计算,不扣除构件内钢筋、预埋铁件和伸入承台基础的桩头所占体积。

(2)独立基础

①当建筑物上部结构采用框架结构或单层排架结构承重时,基础常采用矩形的单独基础,这类基础称为独立基础。常见的独立基础有阶梯形、锥形、杯口形基础等。

②工作内容:独立基础的工程内容同条形基础。

③项目特征:独立基础的项目特征同条形基础。

④计算规则:独立基础的计算规则同条形基础。

(3)桩承台基础

桩承台基础项目适用于浇筑在组桩上(如梅花桩)的承台。计算工程量时,不扣除浇入承台体积内的桩头所占体积。桩承台基础的工程内容、项目特征、计算规则同条形混凝土基础。

(4)满堂基础

满堂基础指用板、梁、墙、柱组合浇筑而成的基础。一般有板式满堂基础、梁板式满堂基础和箱形满堂基础3种形式。满堂基础的工程内容、项目特征、计算规则同条形混凝土基础。

(5)现浇矩形柱、异形柱

①工程内容包括:混凝土制作、运输、浇筑、振捣、养护等。

②项目特征:

a. 柱高度;

b. 柱截面尺寸;

c. 混凝土强度等级;

d. 混凝土拌和料要求。

③计算规则:现浇矩形柱、异形柱工程量按设计图示尺寸以体积计算,不扣除构件内钢筋、预埋铁件所占体积。

(6)现浇矩形梁

①工程内容包括:混凝土制作、运输、浇筑、振捣、养护等。

②项目特征:

a. 梁底标高;

b. 梁截面;

c. 混凝土强度等级;

d. 混凝土拌和料要求。

③计算规则:现浇混凝土矩形梁工程量按设计图示尺寸以体积计算,不扣除构件内钢筋、预埋铁件所占体积,伸入墙内的梁头、梁垫并入梁体积内。梁长计算的规定是:梁与柱连接时,梁长算至柱侧面;主梁与次梁连接时,梁长算至主梁侧面。

(7)直形墙

①工程内容包括:混凝土制作、运输、浇筑、振捣、养护等。

②项目特征:

a. 墙类型;

b. 墙厚度;

c. 混凝土强度等级;

d. 混凝土拌和料要求。

③计算规则:现浇直形墙工程量按设计图示尺寸以体积计算,不扣除构件内钢筋、预埋铁件所占体积,扣除门窗洞口及单个面积在0.3m^2以外的孔洞所占体积,墙垛及突出墙面部分并入墙体体积内计算。

④有关说明:直形墙项目也适用于电梯井。

(8)有梁板

①现浇有梁板是指在同一平面内相互正交式的密肋板,或者由主梁、次梁相交的井字梁板。

②工程内容包括:混凝土制作、运输、浇筑、振捣、养护等。

③项目特征:

a. 板底标高;

b. 板厚度;

c. 混凝土强度等级;

d. 混凝土拌和料要求。

④计算规则:现浇有梁板工程量按设计图示尺寸以体积计算,不扣除构件内钢筋、预埋铁件及单个面积在0.3m^2以内的孔洞所占体积。有梁板(包括主梁、次梁与板)按梁、板体积之和计算。无梁板按板和柱帽体积之和计算。各类板伸入墙内的板头并入板体积内计算,薄壳板的肋、基梁并入薄壳体积内计算。

⑤有关说明:项目特征内的梁底标高、板底标高,不需要每个构件都标注,而是要求选择关键部件的梁、板构件,以便投标人在投标时选择吊装机械和垂直运输机械。

(9)现浇直形楼梯

①工程内容包括:混凝土制作、运输、浇筑、振捣、养护等。

②项目特征:

a. 混凝土强度等级;

b. 混凝土拌和料要求。

③计算规则:现浇直形楼梯按设计图示尺寸以水平投影面积计算,不扣除宽度小于500mm的楼梯井,伸入墙内部分不计算。

④有关说明:

a. 整体楼梯水平投影面积包括休息平台、平台梁、斜梁及与楼梯连接的梁。当整体楼梯与现浇板无梯梁连接时,以楼梯的最后一个踏步边缘加300mm计算。

b. 单跑楼梯如果无休息平台的,应在工程量清单项目中进行描述。

(10)散水、坡道

①工程内容包括:地基夯实,铺设垫层,混凝土制作、运输、浇筑、振捣、养护,变形缝填塞等。

②项目特征:

a. 垫层材料种类、厚度;

b. 面层厚度;

c. 混凝土强度等级;

d. 混凝土拌和料要求;

e. 填塞材料种类。

③计算规则:散水、坡道工程量按设计图示尺寸以面积计算,不扣除单个在0.3m^2以内的孔洞所占面积。

④有关说明:如果散水、坡道需抹灰时,应在项目特征中表达清楚。

(11)后浇带

①后浇带是在现浇钢筋混凝土施工过程中,克服由于温度、收缩而可能产生有害裂缝而设置的临时施工缝。该缝需要根据设计要求保留一段时间后再浇筑,将整个结构连成整体。

②工程内容包括:混凝土制作、运输、浇筑、振捣、养护等。

③项目特征:

a. 部位;

b. 混凝土强度等级;

c. 混凝土拌和料要求。

④计算规则:后浇带工程量按设计图示尺寸以体积计算。

⑤有关说明:后浇带项目适用于梁、墙、板的后浇带。

(12)预制矩形柱、异形柱

①工程内容包括:混凝土制作、运输、浇筑、振捣、养护,构件制作、运输、安装,砂浆制作、运

输,接头灌浆、养护等。

②项目特征:

a. 柱类型;

b. 单件体积;

c. 安装高度;

d. 混凝土强度等级。

③计算规则:预制矩形柱、异形柱工程量计算有两种方式,一是按设计图示尺寸以体积计算,不扣除构件内钢筋、预埋铁件所占体积;二是按设计图示尺寸以根计算。

④有关说明:有相同截面、长度的预制混凝土柱的工程量可按根数计算。

(13)预制折线形屋架

①工程内容包括:混凝土制作、运输、浇筑、振捣、养护,构件制作、运输、安装,砂浆制作、运输,接头灌浆、养护等。

②项目特征:

a. 屋架的类型、跨度;

b. 单件体积;

c. 安装高度;

d. 混凝土强度等级;

e. 砂浆强度等级。

③计算规则:预制折线形屋架的工程量计算有两种方式,一是按设计图示尺寸以体积计算,不扣除构件内钢筋、预埋铁件所占体积;二是按设计图示尺寸以榀计算。

④有关说明:同类型、相同跨度的预制混凝土屋架工程量可按榀数计算。

(14)预制混凝土楼梯

①工程内容包括:混凝土制作、运输、浇筑、振捣、养护,构件制作、运输、安装,砂浆制作、运输,接头灌浆、养护等。

②项目特征:

a. 楼梯类型;

b. 单件体积;

c. 混凝土强度等级;

d. 砂浆强度等级。

③计算规则:预制混凝土楼梯工程量按设计图示尺寸以体积计算,不扣除构件内钢筋、预埋铁件所占体积,应扣除空心踏步板的空洞体积。

(15)其他构件

①工程内容包括:构件安装,砂浆制作、运输,接头灌缝、养护、酸洗、打蜡。

②项目特征:

a. 单体体积;

b. 混凝土强度等级;

c. 砂浆强度等级。

③计算规则:按设计图示尺寸以体积计算,不扣除构件内钢筋、预埋铁件及单个面积≤300mm×300mm 的孔洞所占体积,扣除烟道、垃圾道、通风道的孔洞所占体积。

5)金属结构工程

(1)实腹柱

①工程内容包括:钢柱的制作、运输、拼装、安装、探伤、刷油漆等。

②项目特征:

a. 钢材品种、规格;

b. 单根柱质量;

c. 探伤要求;

d. 油漆品种、刷漆遍数。

③计算规则:实腹柱工程量按设计图示尺寸以质量计算,不扣除孔眼的质量,焊条、铆钉、螺栓等不另增加质量,依附在钢柱上的牛腿及悬臂梁等并入钢柱工程量内。

④有关说明:实腹柱项目适用于实腹钢柱和实腹式型钢混凝土柱。型钢混凝土柱是指由混凝土包裹型钢组成的柱。

(2)压型钢板楼板

①工程内容包括:楼板的制作、运输、安装、刷油漆等。

②项目特征:

a. 钢材品种、规格;

b. 压型钢板厚度;

c. 油漆品种、刷漆遍数。

③计算规则:压型钢板楼板工程量是按设计图示尺寸以铺设水平投影面积计算,不扣除柱、垛及单个在 0.3m^2 以内孔洞所占面积。

④有关说明:压型钢板楼板项目适用于现浇混凝土楼板,使用压型钢板作永久性模板,并与混凝土叠合后组成共同受力的构件。压型钢板采用镀锌或经防腐处理的薄钢板。

6)木结构工程

(1)木屋架

①工程内容包括:制作、运输、安装、刷防护材料。

②项目特征:

a. 跨度;

b. 材料品种、规格;

c. 刨光要求;

d. 拉杆及夹板种类;

e. 防护材料种类。

③计算规则:

a. 木屋架按设计图示数量以榀计算;

b. 按设计图示的规格尺寸以体积计算。

(2)木楼梯

①工程内容包括:木楼梯的制作、运输、安装,刷防护材料、油漆等。

②项目特征:

a. 木材种类;

b. 刨光要求;

c. 防护材料种类；

d. 油漆品种、刷油遍数。

③计算规则：木楼梯工程量按设计图示尺寸以水平投影面积计算，不扣除宽度小于300mm的楼梯井，伸入墙内部分不计算。

7)门窗工程

(1)实木装饰门

①工程内容包括：门制作、运输、安装，五金、玻璃安装，刷防护材料、油漆等。

②项目特征：

a. 木类型；

b. 框截面尺寸、单扇面积；

c. 骨架材料种类；

d. 面层材料品种、规格、品牌、颜色；

e. 玻璃品种、厚度，五金材料的品种、规格；

f. 防护层材料种类；

g. 油漆品种、刷油遍数。

③计算规则：实木装饰门工程量按设计图示数量以樘为单位计算。

④有关说明：

a. 实木装饰门项目也适用于竹压板装饰门；

b. 框截面尺寸(或面积)指边立挺截面尺寸或面积；

c. 木门窗五金包括：折页、插锁、风钩、弓背拉手、搭扣、弹簧折页、管子拉手、地弹簧、滑轮、滑轨、门轧头、铁角、木螺钉等。

(2)彩板门

①彩板门亦称彩板组角门，是以0.7～1.1mm厚的彩色镀锌卷板和4m厚平板玻璃或中空玻璃为主要原料，经机械加工制成的钢门窗。门窗四角用插接件、螺钉连接，门窗全部缝隙用橡胶密封条和密封膏密封。

②工程内容包括：门制作、运输、安装，五金、玻璃安装，刷防护材料、油漆等。

③项目特征：

a. 门类型；

b. 框材质、外围尺寸；

c. 扇材质、外围尺寸；

d. 玻璃品种、厚度，五金材料的品种、规格；

e. 防护材料种类。

④计算规则：彩板门工程量按设计图示数量以樘为单位计算。

(3)金属卷闸门

①工程内容包括：门制作、运输、安装，启动装置、五金安装，刷防护料、油漆等。

②项目特征：

a. 门材质、框外围尺寸；

b. 启动装置品种、规格、品牌；

c. 五金材料品种、规格；

d. 刷防护材料种类；

e. 油漆品种、刷漆遍数。

③计算规则：金属卷闸门工程量按设计图示数量以樘为单位计算。

(4)石材门窗套

①工程内容包括：清理基层，底层抹灰，立筋制作、安装，基层板安装，面层铺贴，刷防护材料、油漆等。

②项目特征：

a. 底层厚度、砂浆配合比；

b. 立筋材料种类、规格；

c. 基层材料种类；

d. 面层材料品种、规格、品牌、颜色；

e. 防护材料种类。

③计算规则：石材门窗套工程量按设计图示尺寸以展开面积计算。

④有关说明：防护材料分防火、防腐、防潮、耐磨等材料。

8)屋面及防水工程

(1)膜结构屋面

①膜结构，也称索膜结构，是一种以膜布与支撑(柱、网架等)和拉接结构(拉杆、钢丝绳等)组成的屋盖、篷顶结构。

②工程内容包括：膜布热压胶结，支柱(网架)制作、安装，膜布安装，穿钢丝绳，锚头锚固，刷油漆等。

③项目特征

a. 膜布品种、规格、颜色；

b. 支柱(网架)钢材品种、规格；

c. 钢丝绳品种、规格；

d. 油漆品种、刷漆遍数。

④计算规则：膜结构屋面工程量按设计图示尺寸以需要覆盖的水平面积计算。

⑤有关说明：需要覆盖的水平面积是指屋面本身的面积，不是指膜布的实际水平投影面积。

(2)屋面卷材防水

①工程内容包括：基层处理，抹找平层，刷底油，铺油毡卷材，接缝、嵌缝，铺保护层等。

②项目特征：

a. 卷材品种、规格；

b. 防水层做法；

c. 嵌缝材料种类；

d. 防护材料种类。

③计算规则：屋面卷材防水工程量按设计图示尺寸以面积计算，斜屋顶按斜面积计算，平屋顶按水平投影面积计算，不扣除房上烟囱、风帽底座、风道、屋面透气窗和斜沟所占面积。屋面的女儿墙、伸缩缝和天窗等处的弯起部分，并入屋面工程量内。

④有关说明：屋面卷材防水项目适用于利用胶结材料粘贴卷材进行防水的屋面。

9)防腐、隔热、保温工程

(1)防腐砂浆面层

①工程内容包括:基层处理,基层刷稀胶泥,砂浆制作、运输、摊铺、养护等。

②项目特征:

a. 防腐部位;

b. 面层厚度;

c. 砂浆种类。

③计算规则:防腐砂浆面层工程量按设计图示尺寸以面积计算。平面防腐应扣除凸出地面的构筑物、设备基础等所占面积;立面防腐应将砖垛等突出部分按展开面积并入墙面积内计算。

④有关说明:防腐砂浆面层项目适用于平面或立面抹沥青砂浆、沥青胶泥、树脂砂浆、树脂胶泥以及聚合物水泥砂浆等防腐工程。

(2)保温隔热顶棚

①工程内容包括:基层清理、铺设保温层、刷防护材料等。

②项目特征:

a. 保温隔热部位;

b. 保温隔热方式(内保温、外保温、夹心保温);

c. 保温隔热面层材料品种、规格、性能;

d. 保温隔热材料品种、规格;

e. 粘结材料种类;

f. 防护材料种类。

③计算规则:保温隔热顶棚工程量按设计图示尺寸以面积计算,不扣除柱、垛所占面积。

④有关说明:保温隔热顶棚项目适用于各种材料的下贴式或吊顶上搁式的保温隔热顶棚。

2.3.3 装饰装修工程清单工程量计算

1)楼地面工程

(1)石材楼地面

①工程内容包括:基层清理,铺设垫层,抹找平层,防水层铺设、填充层铺设、面层铺设,嵌缝,刷防护材料,酸洗、打蜡,材料运输等。

②项目特征:

a. 垫层材料的种类、厚度;

b. 找平层厚度、砂浆配合比;

c. 防水层材料种类;

d. 填充材料种类、厚度;

e. 结合层厚度、砂浆配合比;

f. 面层材料品种、规格、品牌、颜色;

g. 嵌缝材料种类;

h. 防护材料种类;

i. 酸洗、打蜡要求。

③计算规则:石材楼地面工程量按设计图示尺寸以面积计算,应扣除凸出地面的构筑物、设备基础、室内铁道、地沟等所占面积,不扣除间壁墙和 $0.3m^2$ 以内的柱、垛、附墙烟囱及孔洞所占面积,门洞、空圈、暖气包槽、壁龛的开口部分不增加面积。

④有关说明:防护材料是指耐酸、耐碱、耐臭氧、耐老化、防火、防油渗等材料。

(2)块料台阶面

①工程内容主要包括:基层清理,抹找平层,面层铺贴,贴嵌防滑条,勾缝,刷防护材料,材料运输等。

②项目特征:

a. 找平层厚度,砂浆配合比;

b. 粘结层材料种类;

c. 面层材料品种、规格、品牌、颜色;

d. 勾缝材料种类;

e. 防滑条材料种类、规格;

f. 防护材料种类。

③计算规则:块料台阶面工程量按设计图示尺寸以台阶(包括最上层踏步边增加 300mm)水平投影面积计算。

④有关说明:台阶侧面装饰,可按零星装饰项目编码列项。

2)墙、柱面工程

(1)块料墙面

①工程内容包括:基层清理,砂浆制作、运输,底层抹灰,结合层铺贴,面层铺贴、挂贴或干挂,嵌缝,刷防护材料,磨光、酸洗、打蜡。

②项目特征:

a. 墙体种类;

b. 底层厚度、砂浆配合比;

c. 粘结层厚度、材料种类;

d. 挂贴方式;

e. 干挂方式(膨胀螺栓、钢龙骨);

f. 面层材料品种、规格、品牌、颜色;

g. 缝宽、嵌缝材料种类;

h. 防护材料种类;

i. 磨光、酸洗、打蜡要求。

③计算规则:块料墙面工程量按设计图示尺寸以面积计算。

④有关说明:

a. 墙体种类是指砖墙、石墙、混凝土墙、砌块墙及内墙、外墙等。

b. 块料饰面板是指石材饰面板、陶瓷面砖、玻璃面砖、金属饰面板、塑料饰面板、木质饰面板等。

c. 挂贴是指对大规格的石材(大理石、花岗石、青石等)使用铁件先挂在墙面后灌浆的方法固定。

d. 干挂有两种:一种是直接干挂法,通过不锈钢膨胀螺栓、不锈钢挂件、不锈钢连接件、不锈钢钢针等将外墙饰面板连接在外墙面；第二种是间接干挂法，是通过固定在墙上的钢龙骨，再用各种挂件固定外墙饰面板。

e. 嵌缝材料是指砂浆、油膏、密封胶等材料。

f. 防护材料是指石材正面的防酸涂剂和石材背面的防碱涂剂等。

(2)干挂石材钢骨架

①工程内容包括：钢骨架制作、运输、安装、油漆等。

②项目特征：

a. 钢骨架种类、规格；

b. 油漆品种、刷油遍数。

③计算规则：干挂石材钢骨架工程量按设计图示尺寸以质量计算。

(3)全玻幕墙

①工程内容包括：玻璃幕墙的安装、嵌缝、塞口、清洗等。

②项目特征：

a. 玻璃品种、规格、品牌、颜色；

b. 粘结塞口材料种类；

c. 固定方式。

③计算规则：全玻幕墙按设计图示尺寸以面积计算，带肋全玻幕墙按展开面积计算。

3)天棚工程

(1)格栅吊顶

①工程内容包括：基层清理，底层抹灰，安装龙骨，基层板铺贴，面层铺贴，刷防护材料、油漆等。

②项目特征：

a. 龙骨类型、材料种类、规格、中距；

b. 基层材料种类、规格；

c. 面层材料品种、规格、品牌、颜色；

d. 防护材料种类；

e. 油漆品种、刷漆遍数。

③计算规则：格栅吊顶工程量按设计图示尺寸以水平投影面积计算。

④有关说明：格栅吊顶适用于木格栅、金属格栅、塑料格栅等。

(2)灯带

①工程内容主要包括：灯带的安装和固定。

②项目特征：

a. 灯带形式、尺寸；

b. 格栅片材料品种、规格、品牌、颜色；

c. 安装固定方式。

③计算规则：灯带工程量按设计图示尺寸以框外围面积计算。

(3)送风口、回风口

①工程内容包括：送风口、回风口的安装和固定，刷防护材料。

②项目特征：

a. 风口材料品种、规格、品牌、颜色；

b. 安装固定方式；

c. 防护材料种类。

③计算规则：送风口、回风口工程量按设计图示数量以个为单位计算。

4)油漆、涂料、裱糊工程

(1)门油漆

①工程内容包括：基层清理，刮腻子，刷防护材料、油漆等。

②项目特征：

a. 门类型；

b. 腻子种类；

c. 刮腻子要求；

d. 防护材料种类；

e. 油漆品种、刷漆遍数。

③计算规则：门油漆项目工程量按设计图示数量以樘为单位计算。

④有关说明：

a. 门类型应分为镶板门、木板门、胶合板门、装饰实木门、木纱门、木质防火门、连窗门、平开门、推拉门、单扇门、双扇门、带纱门、全玻门、半玻门、半百叶门、全百叶门，以及带亮子、不带亮子，有门框、无门框和单独门框等。

b. 腻子种类分石膏油腻子、胶腻子、漆片腻子、油腻子等。

c. 刮腻子要求分刮腻子遍数以及是满刮还是找补腻子等。

(2)窗油漆

①工程内容包括：基层清理，刮腻子，刷防护材料、油漆等。

②项目特征：

a. 窗类型；

b. 腻子种类；

c. 刮腻子要求；

d. 防护材料种类；

e. 油漆品种、刷漆遍数。

③计算规则：窗油漆项目的工程量按设计图示数量以窗为单位计算。

④有关说明：窗类型分为平开窗、推拉窗、提拉窗、固定窗、空花窗、百叶窗以及扇窗、双扇窗、多扇窗、单层窗、双层窗、带亮子、不带亮子窗等。

(3)木扶手油漆

①工程内容包括：基层清理，刮腻子，刷防护材料、油漆等。

②项目特征：

a. 腻子种类；

b. 刮腻子要求；

c. 防护材料种类；

d. 油漆部位单位展开面积；

e. 油漆长度；

f. 油漆品种、刷漆遍数。

③计算规则：木扶手油漆工程量按设计图示尺寸以长度计算。

④有关说明：木扶手油漆应区分带托板与不带托板分别编码列项。

(4)墙纸裱糊

①工程内容包括：基层清理，刮腻子，面层铺粘，刷防护材料等。

②项目特征：

a. 基层类型；

b. 裱糊部位；

c. 腻子种类；

d. 刮腻子要求；

e. 粘结材料种类；

f. 防护材料种类；

g. 面层材料品种、规格、品牌、颜色。

③计算规则：墙纸裱糊工程量按设计图示尺寸以面积计算。

④有关说明：墙纸裱糊应注意对花与不对花的要求。

5)其他工程

(1)收银台

①工程内容包括：台柜制作、运输、安装，刷防护材料、油漆等。

②项目特征：

a. 台柜规格；

b. 材料种类、规格；

c. 五金种类、规格；

d. 防护材料种类；

e. 油漆品种、刷漆遍数。

③计算规则：收银台项目工程量按设计图示数量以个为单位计算。

④有关说明：台柜的规格以能分离的成品单体长、宽、高表示。

(2)金属字

①工程内容包括：字的制作、运输、安装、刷油漆等。

②项目特征：

a. 基层类型；

b. 金属字材料、品种、颜色；

c. 字体规格；

d. 固定方式；

e. 油漆品种、刷漆遍数。

③计算规则：金属字项目工程量按设计图示数量以个为单位计算。

④有关说明：

a. 基层类型是指金属字依托体的材料，如砖墙、木墙、石墙、混凝土墙、钢支架等。

b. 字体规格以字的外接矩形长、宽和字的厚度表示。

c. 固定方式是指粘贴、焊接及铁钉、螺栓、铆钉固定等方式。

2.3.4 安装工程清单工程量计算

1)电气设备安装工程清单工程量计算

(1)电力电缆

①工程内容包括：揭盖板，电缆敷设，电缆头制作、安装，过路保护管敷设，防火堵洞，电缆防护，电缆防火隔板，电缆防火涂料等。

②项目特征：

a. 电缆型号；

b. 电缆规格；

c. 电缆敷设方式。

③计算规则：电力电缆敷设工程量按设计图示尺寸以长度计算。

(2)接地装置

①工程内容包括：接地极(板)制作、安装，接地母线敷设，换土或化学处理，接地跨接线，构架接地等。

②项目特征：

a. 接地母线材质、规格；

b. 接地极材质、规格。

③计算规则：接地装置工程量按设计图示尺寸以项为单位计算。

(3)电气配管

①工程内容包括：刨沟槽，钢索架设(拉紧装置安装)，支架制作、安装，电线管敷设，接线盒(箱)、灯头盒、开关盒、插座盒安装，防腐油漆，接地等。

②项目特征：

a. 配管名称；

b. 配管材质；

c. 配管规格；

d. 配置形式及部位。

③计算规则：电气配管工程量按设计图示尺寸以延长米计算，不扣除管路中间的接线箱(盒)、灯头盒、开关盒所占长度。

(4)高杆灯安装

①工程内容包括：基础土石方及混凝土浇筑，立灯杆，灯架安装，引下线支架制作、安装，焊压接线端子，铁构件制作、安装，除锈、刷油，灯杆编号，升降机构接线调试、接地等。

②项目特征：

a. 灯杆高度；

b. 灯架形式(成套或组装、固定或升降)；

c. 灯头数量；

d. 基础形式及规格。

③计算规则：高杆灯安装工程量按设计图示数量以套为单位计算。

2)工业管道安装工程清单工程量计算

(1)低压碳钢管

①工程内容包括:钢管安装,套管制作、安装,压力试验、系统吹扫、系统清洗、油清洗、脱脂,除锈、刷油、防腐、绝热及保护层安装、除锈、刷油等。

②项目特征:

a. 钢管材质;

b. 钢管连接方式;

c. 钢管规格;

d. 套管形式、材质、规格;

e. 压力试验、吹扫、清洗的设计要求;

f. 除锈、刷油、防腐、绝热及保护层设计要求。

③计算规则:低压碳钢管安装工程量按管道中心线长度以延长米计算,不扣除阀门、管件所占长度;遇弯管时,按两管交叉的中心线交点长度计算;方形补偿器以其所占长度按管道安装工程量计算。

(2)低压碳钢管件

①工程内容包括:管件安装,三通补强圈制作、安装等。

②项目特征:

a. 管件的材质;

b. 管件的连接方式;

c. 管件的型号、规格;

d. 补强圈的材质、规格。

③计算规则:管件安装工程量按设计图示数量以个为单位计算。

3)给排水、采暖、燃气安装工程清单工程量计算

(1)给排水、采暖、燃气管道安装

①概况:给排水、采暖、燃气管道安装是按安装部位、输送介质管径、管道材质、连接方式、接口材料及除锈标准、刷油、防腐、绝热保护层等不同特征设置清单项目。

②有关说明:

a. 安装部位应按室内、室外不同部位编制清单项目。

b. 输送介质指给水管道、排水管道、采暖管道、雨水管道、燃气管道等。

c. 材质应按焊接钢管、镀锌钢管、无缝钢管、铸铁管(一般铸铁、球墨铸铁)、铜管(T1、T2、T3)、不锈钢管(1Cr18Ni9)、非金属管(PVC、UPVC、PPC、PPR、PE、铝塑复合、水泥、陶土、缸瓦管)等不同特征分别编制清单项目。

d. 连接方式应按接口形式不同,如螺纹连接、焊接(电弧焊、氧乙炔焊)承插、卡接、热熔、粘结等不同特征分别列项。

e. 接口材料指承插连接管道的接口材料,如铅、膨胀水泥、石棉水泥、水泥砂浆等。

f. 除锈要求采用人工除锈、机械除锈、化学除锈、喷砂除锈等不同特征分别描述。

g. 套管形式是指铁皮套管、防水套管、一般套管等。

(2)镀锌钢管安装举例

①项目名称:室内给水镀锌钢管安装。

②项目编码:030801001001。

③计量单位:m。

④项目特征:

安装部位:室内;

输送介质:给水;

材　质:镀锌钢管;

型号规格:DN32;

连接方式:螺纹连接;

套管形式、材质、规格:DN40 铁皮套管。

⑤工程内容:DN32 镀锌钢管安装;DN40 铁皮套管制安。

4)卫生、供暖、燃气器具安装工程清单工程量计算

(1)概况

卫生器具主要包括浴盆、净身盆、洗脸盆、洗涤盆、化验盆、沐浴器、烘干器、大便器、小便器、排水栓、扫除口、地漏,各种热水器、消毒器、饮水器等。

供暖器具主要包括各类型散热器、光排管、暖风机、空气幕等。

燃气器具主要包括燃气开水器、燃气采暖器、燃气热水器、燃气灶具、气嘴等项目。

上述内容按材质及组装形式、型号、规格、开关种类、连接方式等不同特征编制清单项目。

(2)有关说明

①卫生器具中浴盆的材质应分搪瓷、铸铁、玻璃钢、塑料等,规格分 1400mm、1650mm、1800mm 等,组装形式分冷水、冷热水、冷热水幕喷头等;洗脸盆的型号分为立式、台式、普通等,组装形式分为冷水、冷热水等,开关种类分肘式、脚踏式等;沐浴器的组装形式分钢管组成、铜管组成;大便器型号、规格分蹲式、坐式、低水箱、高水箱等,开关及冲洗形式分普通冲洗阀、手押冲洗阀、脚踏冲洗、自闭式冲洗等;小便器规格、型号分挂斗式、立式等。

②供暖器具的铸铁散热器的规格、型号应分长翼、圆翼、M132、柱形等;光排散热器型号应分 A 型、B 型及长度等。

③燃气器具的灶具应分煤气、天然气、民用灶具、公用灶具、单眼、双眼、三眼等。

(3)浴盆安装举例

①项目名称:浴盆安装。

②项目编码:030804001001。

③计量单位:组。

④项目特征:

材　质:塑料;

组装形式:冷热水幕喷头;

规　格:1650mm×700mm×350mm。

⑤工程内容:塑料浴盆安装;冷热水开关幕喷头安装。

2.3.5 综合单价编制

1)人工单价的编制

(1)人工单价的概念

人工单价是指工人一个工作日应该得到的劳动报酬。一个工作日一般指工作 8 小时。

(2)人工单价的内容

人工单价一般包括基本工资、工资性津贴、养老保险费、失业保险费、医疗保险费、住房公积金等。

基本工资是指完成基本工作内容所得的劳动报酬。工资性津贴是指流动施工津贴、交通补贴、物价补贴、煤(燃)气补贴等。养老保险费、失业保险费、医疗保险费、住房公积金分别指工人在工作期间交养老保险、失业保险、医疗保险、住房公积金所发生的费用。

(3)人工单价的编制方法

人工单价的编制方法主要有3种:

①根据劳务市场行情确定人工单价。目前,根据劳务市场行情确定人工单价已经成为计算工程劳务费的主流,采用这种方法确定人工单价应注意以下几个方面的问题:一是要尽可能掌握劳动力市场价格中长期历史资料,这使以后采用数学模型预测人工单价将成为可能;二是在确定人工单价时要考虑用工的季节性变化,当大量聘用农民工时,要考虑农忙季节时人工单价的变化;三是在确定人工单价时要采用加权平均的方法综合各劳务市场或各劳务队伍的劳动力单价;四是要分析拟建工程的工期对人工单价的影响,如果工期紧,那么人工单价按正常情况确定后要乘以大于1的系数,如果工期有拖长的可能,那么也要考虑工期延长带来的风险。

根据劳务市场行情确定人工单价的数学模型描述如下:

$$人工单价 = \sum(某劳务市场人工单价 \times 权重)_i \times 季节变化系数 \times 工期风险系数$$

②根据以往承包工程的情况确定。如果在本地以往承包过同类工程,可以根据以往承包工程的情况确定人工单价。

③根据预算定额规定的工日单价确定。凡是分部分项工程项目含有基价的预算定额,都明确规定了人工单价,可以以此为依据确定拟投标工程的人工单价。

2)材料单价的编制

(1)材料单价的概念

材料单价是指材料从采购起运到工地仓库或堆放场地后的出库价格。

(2)材料单价的费用构成

由于其采购和供货方式不同,构成材料单价的费用也不相同,一般有以下几种:

①材料供货到工地现场:当材料供应商将材料供货到施工现场或施工现场的仓库时,材料单价由材料原价、采购保管费构成。

②在供货地点采购材料:当需要派人到供货地点采购材料时,材料单价由材料原价、运杂费、采购保管费构成。

③需二次加工的材料:当某些材料采购回来后,还需要进一步加工的,材料单价除了上述费用外,还包括二次加工费。

(3)材料原价的确定

材料原价是指付给材料供应商的材料单价,当某种材料有两个或两个以上的材料供应商供货且材料原价不同时,要计算加权平均材料原价。加权平均材料原价的计算公式为:

$$加权平均材料原价 = \frac{\sum(材料原价 \times 材料数量)_i}{\sum(材料数量)_i}$$

式中 i 是指不同的材料供应商;包装费及手续费均已包含在材料原价中。

(4)材料运杂费计算

材料运杂费是指在材料采购后运至工地现场或仓库所发生的各项费用,包括装卸费、运输费和合理的运输损耗费等。

①材料装卸费按行业市场价支付。

②材料运输费按行业运输价格计算,供货来源不同且供货数量不同时,需要计算加权平均运输费。计算公式为:

$$加权平均运输费 = \frac{\sum(运输单价 \times 材料数量)_i}{\sum(材料数量)_i}$$

③材料运输损耗费是指在运输和装卸材料过程中,不可避免产生的损耗所发生的费用。一般按下列公式计算:

$$材料运输损耗费 = (材料原价 + 装卸费 + 运输费) \times 运输损耗率$$

(5)材料采购保管费

材料采购保管费是指施工企业在组织采购材料和保管材料过程中发生的各项费用,包括采购人员的工资、差旅交通费、通信费、业务费、仓库保管费等各项费用。采购保管费一般按前面计算的与材料有关的各项费用之和乘以一定的费率计算,费率通常取1% ~3%。计算公式为:

$$材料采购保管费 = (材料原价 + 运杂费) \times 采购保管费率$$

(6)材料单价确定

通过上述分析,我们知道材料单价的计算公式为:

$$材料单价 = 加权平均材料原价 + 加权平均材料运杂费 + 采购保管费材料$$

或

$$材料单价 = (加权平均材料原价 + 加权平均材料运杂费) \times (1 + 采购保管费率)$$

3)机械台班单价的编制

(1)机械台班单价的概念

机械台班单价是指在单位工作班中为使机械正常运转所分摊和支出的各项费用。

(2)机械台班单价的费用构成

按有关规定机械台班单价由7项费用构成。这些费用按其性质划分为第一类费用和第二类费用。

①第一类费用亦称不变费用,是指属于分摊性质的费用,包括折旧费、大修理费、经常修理费、安拆及场外运输费等。

②第二类费用亦称可变费用,是指属于支出性质的费用,包括燃料动力费、人工费、养路费及车船使用税等。

(3)机械台班单价的费用计算

①第一类费用计算。从简化计算的角度出发,我们提出以下计算方法:

a. 折旧费:

$$台班折旧费 = \frac{购置机械全部费用 \times (1 - 残值率)}{耐用总台班}$$

其中,购置机械全部费用是指机械从购买地运到施工单位所在地所发生的全部费用,包括原价、购置税、保险费及牌照费、运费等。耐用总台班计算方法为:

$$耐用总台班 = 预计使用年限 \times 年工作台班$$

机械设备的预计使用年限和年工作台班可参照有关部门的指导性意见，也可根据实际情况自主确定。

b. 大修理费：是指机械设备按规定的大修理间隔台班进行必要的大修理，以恢复正常使用功能所需支出的费用。计算公式为：

$$台班大修理费 = \frac{一次大修理费 \times (大修理周期 - 1)}{耐用总台班}$$

c. 经常修理费：是指机械设备除大修理外的各级保养及临时故障所需支出的费用，包括为保障机械正常运转所需替换设备，随机配置的工具、附具的摊销及维护费用，机械正常运转及日常保养所需润滑、擦拭材料费用和机械停置期间的维护保养费用等。台班经常修理费可以用下列简化公式计算：

$$台班经常修理费 = 台班大修理费 \times 经常修理费系数$$

d. 安拆费及场外运输费：安拆费是指机械在施工现场进行安装、拆卸所需人工、材料、机械费和试运转费，以及机械辅助设施(如行走轨道、枕木等)的折旧、搭设、拆除费用；场外运输费是指机械整体或分体自停置地点运至施工现场或由一工地运至另一工地的运输、装卸、辅助材料以及架线费用。

该项费用在实际工作中可以采用两种方法计算：一种是当发生时在工程报价中已经计算了这些费用，那么编制机械台班单价就不再计算；另一种是根据往年发生费用的年平均数除以年工作台班计算，计算公式为：

$$台班安拆及场外运输费 = \frac{历年统计安拆费及场外运输费的年平均数}{年工作台班}$$

②第二类费用计算。

a. 燃料动力费：是指机械设备在运转中所耗用的各种燃料、电力、风力等的费用。计算公式为：

$$台班燃料动力费 = 每台班耗用的燃料或动力数量 \times 燃料或动力单价$$

b. 人工费：是指机上司机、司炉和其他操作人员的工日工资。计算公式为：

$$台班人工费 = 机上操作人员人工工日数 \times 人工单价$$

c. 养路费及车船使用税：是指按国家规定应缴纳的机动车养路费、车船使用税、保险费及年检费。计算公式为：

$$台班养路费及车船使用税 = \frac{核定吨位 \times \{养路费[元/(t \cdot 月)] \times 12 + 车船使用税[元/(t \cdot 年)]\}}{年工作台班} + 保险费及年检费$$

其中：

$$保险费及年检费 = \frac{年保险费及年检费}{年工作台班}$$

4) 综合单价的计算

(1) 综合单价的概念

综合单价是相对各分项单价而言，是在分部分项清单工程量以及相对应的计价工程量项目乘以人工单价、材料单价、机械台班单价、管理费费率、利润率的基础上综合而成的。形成综合单价的过程不是简单地将其汇总的过程，而是根据具体分部分项清单工程量和计价工程量以及工料机单价等要素的结合，通过具体计算后综合而成的。

(2) 综合单价的编制方法

① 计价定额法：是以计价定额为主要依据计算综合单价的方法。该方法是根据计价定额分部分项的人工费、机械费、管理费和利润来计算综合费，其特点是能方便地利用计价定额的各项数据。该方法采用《建设工程工程量清单计价规范》(GB 50500—2013) 推荐的“工程量清单综合单价分析表”(称为用“表式一”计算) 的方法计算综合单价。

② 消耗量定额法：是以企业定额、预算定额等消耗量定额为主要依据计算的方法。该方法只采用定额的工料机消耗量，不用任何货币量，其特点是较适合于由施工企业自主确定工料机单价，自主确定管理费、利润的综合单价确定。该方法称为用“表式二” 计算综合单价。

③ 采用消耗量定额法确定综合单价的数学模型：清单工程量乘以综合单价等于该清单工程量对应各计价工程量发生的全部人工费、材料费、机械费、管理费、利润、风险费之和，其数学模型如下：

$$\begin{aligned}清单工程量 \times 综合单价 = \Big[& \sum(计价工程量 \times 定额用工量 \times 人工单价)_i + \\ & \sum(计价工程量 \times 定额材料量 \times 材料单价)_j + \\ & \sum(计价工程量 \times 定额台班量 \times 台班单价)_k \Big] \times \\ & (1 + 管理费率 + 利润率) \times (1 + 风险率)\end{aligned}$$

上述公式整理后，变为综合单价的数学模型：

$$\begin{aligned}综合单价 = \Big\{ \Big[& \sum(计价工程量 \times 定额用工量 \times 人工单价)_i + \\ & \sum(计价工程量 \times 定额材料量 \times 材料单价)_j + \\ & \sum(计价工程量 \times 定额台班量 \times 台班单价)_k \Big] \times \\ & (1 + 管理费率 + 利润率) \times (1 + 风险率) \Big\} / 清单工程量\end{aligned}$$

以上综合单价计算方法可表达成图 2.2 所示的关系。

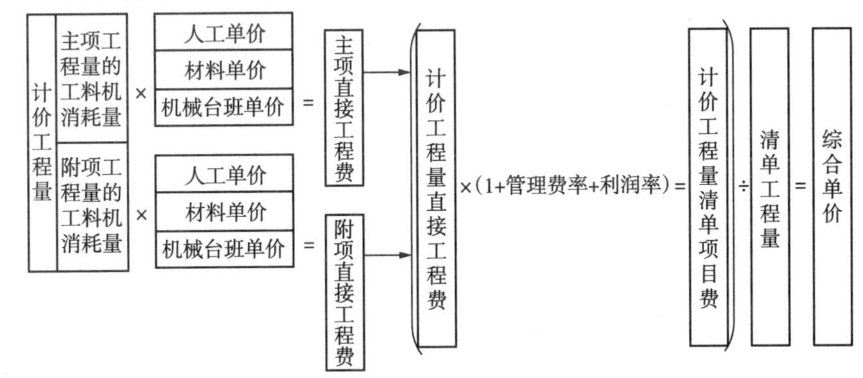

图 2.2 综合单价计算方法示意图

2.3.6 措施项目清单费的计算

1) 定额分析法

定额分析法是指凡是可以套用定额的项目，通过先计算工程量，然后再套用定额分析出工料机消耗量，最后根据各项单价和费率计算出措施项目费的方法。例如，脚手架搭拆费可以根据施工图算出的搭设工程量,然后套用定额,选定单价和费率,计算出除规费和税金之外的全部费用。

2)系数计算法

系数计算法是采用与措施项目有直接关系的分部分项清单项目费为计算基础,乘以措施项目费系数,求得措施项目费。例如,临时设施费可以按分部分项清单项目费乘以选定的系数(或百分率)计算出该项费用。计算措施项目费的各项系数是根据已完工程的统计资料,通过分析计算得到的。

3)方案分析法

方案分析法是通过编制具体的措施实施方案,对方案所涉及的各项费用进行分析计算后,汇总成某个措施项目费。

2.3.7 其他项目清单费的计算

1)其他项目清单费的概念

其他项目清单费是指暂列金额、材料暂估价、总承包服务费、计日工项目费等估算金额的总和,包括人工费、材料费、机械台班费、管理费、利润和风险费。

2)暂列金额

暂列金额主要指考虑可能发生的工程量变化和费用增加而预留的金额。引起工程量变化和费用增加的原因有很多,一般主要有以下几个方面:

①清单编制人员错算、漏算引起的工程量增加。

②设计深度不够、设计质量较低造成的设计变更引起的工程量增加。

③在施工过程中应业主要求,经设计或监理工程师同意的工程变更增加的工程量。

④其他原因引起应由业主承担的增加费用,如风险费用和索赔费用。暂列金额由招标人根据工程特点,按有关计价规范规定进行估算确定,一般可以按分部分项工程量清单费的10%～15%作为参考。

暂列金额作为工程造价的组成部分计入工程造价。但暂列金额应根据发生的情况,且必须通过监理工程师批准方能使用,未使用部分归业主所有。

3)暂估价

暂估价根据发布的清单计算,不得更改。暂估价中的材料必须按照暂估单价计入综合单价;专业工程暂估价必须按照其他项目清单中列出的金额填写。

4)计日工

计日工应按照其他项目清单列出的项目和估算的数量,自主确定各项综合单价并计算费用。

5)总承包服务费

总承包服务费应该依据招标人在招标文件列出的分包专业工程内容和供应材料、设备情况,按照招标人提出的协调、配合与服务要求和施工现场管理需要自主确定。

2.3.8 清单计价方式工程造价计算程序

清单计价方式工程造价计算程序如表2.4所示。

表2.4 清单计价方式工程造价计算程序表

费用名称	序号	费用项目	计算式	
			以人工费为计算基础	以定额人工费加机械费为计算基础
分部分项工程清单费	(1)	人工费	$\sum$(分项工程量×人工单价)	$\sum$(分项工程量×人工单价)
	(2)	材料费	$\sum$(分项工程量×材料单价)	$\sum$(分项工程量×材料单价)
	(3)	机械使用费	$\sum$(分项工程量×台班单价)	$\sum$(分项工程量×台班单价)
	(4)	管理费	(1)×费率	[(1)+(3)]×费率
	(5)	利润	(1)×费率	[(1)+(3)]×费率
	(6)	风险费	按有关方法确定	按有关方法确定
	(7)	小计	(1)～(6)之和或 $\sum$(分项工程量×综合单价)	(1)～(6)之和或 $\sum$(分项工程量×综合单价)
措施项目清单费	(8)	安全施工	(1)×费率	[(1)+(3)]×费率
	(9)	文明施工	(1)×费率	[(1)+(3)]×费率
	(10)	临时设施	(1)×费率	[(1)+(3)]×费率
	(11)	夜间施工	(1)×费率	[(1)+(3)]×费率
	(12)	二次搬运	(1)×费率	[(1)+(3)]×费率
	(13)	脚手架	(1)×费率或 脚手架工程量×综合单价	[(1)+(3)]×费率或 脚手架工程量×综合单价
		……	……	……
	(14)	小计	(8)～(13)之和	(8)～(13)之和
其他项目清单费	(15)	暂列金额	招标文件确定	招标文件确定
	(16)	暂估价	招标文件确定	招标文件确定
	(17)	计日工	招标文件确定或投标人报价	招标文件确定或投标人报价
	(18)	总承包服务费	总承包且可以分包时计算	总承包且可以分包时计算
		……	……	……
	(19)	小计	(15)～(18)之和	(15)～(18)之和
规费	(20)	工程排污费	按规定计算	按规定计算
	(21)	社会保障费	定额人工费×费率	定额人工费×费率
	(22)	住房公积金	定额人工费×费率	定额人工费×费率
		……	……	……
	(23)	小计	(20)～(22)之和	(20)～(22)之和
税金	(24)	营业税	[(7)+(14)+(19)+(23)]×营业税率/(1-营业税率)	[(7)+(14)+(19)+(23)]×营业税率/(1-营业税率)
	(25)	城市建设维护税	营业税×税率	营业税×税率
	(26)	教育费附加	营业税×税率	营业税×税率
	(27)	小计	(24)～(22)之和	(24)～(26)之和
工程造价	(28)	工程造价	(7)+(14)+(19)+(23)+(27)	(7)+(14)+(19)+(23)+(27)

2.3.9 编制总说明

1)工程量清单编制总说明

工程量清单编制总说明如表2.5所示。

表2.5 工程量清单编制总说明

工程名称： 第 页共 页

总说明应按以下内容填写：
1. 工程概况、建设规模、工程特征、计划工期、施工现场实际情况、自然地理条件、环境保护要求等； 2. 工程招标和分包范围； 3. 工程量清单编制依据； 4. 工程质量、材料、施工等的特殊要求； 5. 其他需要说明的问题

2)工程量清单投标报价编制总说明

工程量清单投标报价编制总说明如表2.6所示。

表2.6 工程量清单投标报价编制总说明

工程名称： 第 页共 页

总说明应按以下内容填写：
1. 工程概况、建设规模、工程特征、计划工期、合同工期、实际工期、施工现场及变化情况、自然地理条件、环境保护要求等； 2. 编制依据、清单计价范围等

2.3.10 编制封面

工程量清单封面如下：

________工程 **工程量清单**	
招标人：____（单位盖章）____	工程造价咨询人：____（单位资质专用章）____
法定代表人 或其授权人：____（签字或盖章）____	法定代表人 或其授权人：____（签字或盖章）____
编制人：____（造价人员签字盖专用章）____	复核人：____（造价工程师签字盖专用章）____
编制时间： 年 月 日	复核时间： 年 月 日

工程量清单投标报价封面如下：

招标人：________
工程名称：________
投标总价：（小写）________ （大写）________
投标人：（单位盖章）________
法定代表人或其授权人：____（签字或盖章）____
编制人：____（造价人员签字盖专用章）____
编制时间： 年 月 日

2.4 某幼儿园施工图设计文件

某幼儿园施工图设计文件如下所示。

××新型农村社区幼儿园 施工图 ××建设工程设计有限责任公司 2012.04 证书编号(甲级)：A×××××××××

建筑设计说明

一、设计依据

1.甲方所提供的设计资料、设计要求。
2.规划部门审批的建筑方案。
3.现行的国家有关建筑设计规范、规程、规定及标准。
《房屋建筑制图统一标准》 GB/T 50001—2010
《建筑制图标准》 GB/T 50104—2010
《民用建筑设计通则》 GB 50352—2005
《建筑设计防火规范》 GB 50016—2006
《公共建筑节能设计标准》 GB 50189—2005
《托儿所、幼儿园建筑设计规范》 JGJ 39—87
4.各有关专业提出的施工图设计资料。

二、建筑概况

1. 本工程为××新型农村社区幼儿园,地点位于××县××新型社区内。
2. 本工程总建筑面积2689.9m²。
3. 本建筑层数主体三层,层高3.60m。建筑高度为12.450m(从屋面女儿墙顶到室外自然地坪)。
4. 本工程结构形式为框架结构。
5. 本建筑合理使用年限50年,建筑抗震设防烈度为7度。
6. 本工程建筑类别为多层公建,耐火等级为二级。
7. 本工程屋面防水等级为二级。

三、设计标高

1. 本工程标高以m为单位,平面及其他尺寸以mm为单位。
2. 各层标注标高为完成面标高(建筑面标高),屋面标高为结构面标高。
3. 建筑相对标高±0.000对应之绝对标高待施工时由甲方及设计、施工单位三方共同决定。

四、墙体

1. 图中墙体为200厚加气混凝土砌块墙。
2. 所有未注明的墙均为200厚,门垛尺寸未注明者均为100mm。
3. 墙身防潮层,在室内地坪下约60mm处做20厚1:2水泥砂浆内加3%~5%防水剂的墙身防潮层(在此标高为钢筋混凝土构造,或下为砌石构造时可不做)。当室内地坪变化时防潮层应重叠搭接600mm,并在高低差埋土一侧墙身做20厚1:2水泥砂浆防潮层,如埋土侧为室外,还应刷1.5厚聚氨酯防水涂料。
4. 设备留洞主要详见结施图,未尽之处按设备施工图相应预留,并按需要进行结构处理。
5. 基础及门窗过梁设置详见结构图。

五、楼面、地面

1. 所有穿楼、地面管线,均需加设150mm高套管,在管线安装完毕后用1:3水泥砂浆打底,再用防水油膏嵌缝,最后用相同楼、地面的材料做面层。
2. 出屋面管井及管道参见02J916第10页、第11页。
3. 防水材料应选用国家批准生产的厂家产品更新换代,除图纸明确规定以外,如改变应由甲乙双方共同协商调研后,根据防水性能确定。
4. 卫生间及阳台间楼地面比同层楼地面面层低0.020m,在地漏周围1m范围内做1%坡度坡向地漏。
5. 卫生间楼地面四周除门洞外,做混凝土翻边,高度为120mm。

六、门窗立樘及材料

1. 除图中特别注明外,所有门均立樘墙中。
2. 外窗采用88系列中空双玻塑钢窗,5厚净白色玻璃,保温性为5级,隔声性为5级,气密性能指标达到6级,抗风压性能指标达到4级 水密性为3级。
3. 本工程所有门窗须经制作厂家现场复核尺寸后方可制作安装。
4.单块玻璃面积大于1.5m²的应采用安全玻璃。

七、节能设计

节能设计表								
执行《××公共建筑节能设计标准》(GBJ 50189—2005)规定								
工程名称	××新型农村社区幼儿园				节能标准	节能50%		
节能部分面积	2689.9m²	体型系数	0.28	窗墙比	东:0.17 西:0.20 南:0.27 北:0.25			

主要节能措施(传热系数单位:W/(m²·K))

部位	节能措施及厚度(mm)	传热系数限值	传热系数设计值	备注
屋顶	挤塑聚苯板60厚	0.55	0.41	
外墙	半硬质矿(岩)棉30厚	0.6	0.54	
外窗	塑钢低辐射中空玻璃窗(6+12A+6)气密性等级为6级	3.0	2.7	
底面接触室外空气的架空或外挑楼板	半硬质矿(岩)棉60厚	0.6	0.42	
非采暖空间房间与采暖空间房间的隔墙或楼板	半硬质矿(岩)棉60厚	≤1.5	0.7	
非周边地面	挤塑聚苯板50厚	≥1.5	2.15	
周边地面	挤塑聚苯板50厚	≥1.5	2.15	
外墙采用外保温做法为 05YJ3-1-E3-4,饰面详见立面标注				

八、消防设计

1.本工程属于高度小于24m的教学建筑,执行《建筑设计防火规范》(GB 50016—2006)。
2.每层建筑面积小于2500m²,每层设一个防火分区。
3.其他方面设计均符合《建筑设计防火规范》(GB 50016—2006)要求。

九、其他

1.施工时应与各专业密切配合,注意各种预埋件和墙体留洞的位置及尺寸,避免以后打洞,影响工程质量。
2.本工程所用材料、半成品、成品均需经过建设单位认定合格后方可施工。
3.所有外露铁件及预埋铁件均需表面除锈后,红丹打底,防锈漆两遍。所有预埋木砖及木门与墙体接触部分均需刷防腐沥青。
4.所有钢构件、玻璃幕墙均有专业厂家设计施工。
5.防火门窗由专业厂家制作,经设计及建设单位认可后施工安装。
6.图中未尽事宜,施工时须严格遵照国家现行的施工及验收规范进行施工。

图纸目录

图别	图号	图纸内容
建施	建施-01	设计说明 图纸目录 装修构造表
	建施-02	门窗表 门窗分格图 节点详图
	建施-03	一层平面图
	建施-04	二层平面图
	建施-05	三层平面图
	建施-06	屋面排水示意图
	建施-07	①—⑪立面图 ⑪—①立面图
	建施-08	Ⓐ—Ⓗ立面图 Ⓗ—Ⓐ立面图
	建施-09	1—1剖面图 2—2剖面图
	建施-10	1#楼梯平面图 节点详图 活动室基本单元组合图 2#楼梯平面图

装修构造表

分部工程	分项工程	构造做法	选用图集	备注
室外装修	外墙1		05YJ1外墙24	彩色涂料(见立面标注) 主体完工后现场定
屋面	屋面1		05YJ1屋1(B1-40-F4)	用于不上人屋面
	屋面2		05YJ1屋12	用于雨篷
室内装修	内墙	贴面砖	05YJ1内墙9	用于卫生间、盥洗间,面砖(250×340)(1.8m高)
		贴面砖	05YJ1裙6	用于走道 白色面砖(250×340)(1.3m高)
		混合砂浆(外罩乳胶漆)	05YJ1内墙5	用于其余墙面
	地面	贴地板砖	05YJ1地19	用于其他地面,规格600×600,白色
		贴防滑地板砖	05YJ1地52	用于走道、卫生间、盥洗间,规格400×400
	楼面	贴防滑地板砖	05YJ1楼10	用于楼梯,规格300×150
		贴地板砖	05YJ1楼10	用于其余楼面,规格600×600,白色
		贴防滑地板砖	05YJ1楼28	用于卫生间,楼面活动场地50厚C15细石混凝土取消
	踢脚	地砖	05YJ1踢24	用于地砖楼地面
	顶棚	水泥砂浆	05YJ1顶4	卫生间、盥洗间
		混合砂浆(外罩乳胶漆)	05YJ1顶1	用于其余顶面
油漆	木门	调和漆	05YJ1涂1	内门乳白色外门深棕色
	木扶手	调和漆	05YJ1涂1	深棕色
	铁栏杆、窗护栏	磁漆	05YJ1涂15	黑色
标准做法	散水		05YJ9—1第51页3	宽1000
	坡道		05YJ9—1第53页6	
	室外台阶		05YJ9—1第61页2E	
	泛水		05YJ5—1第10页D	
	女儿墙压顶及泛水		05YJ5—1第9页B	
	屋面雨水口		05YJ5—1第17页2(1)	
	屋面雨水管		05YJ5—1第21页3(1)	所有落屋面雨水管均加水簸箕05YJ5-1第23页4
	屋面检修孔		05YJ5—1第13页	
	楼梯栏杆扶手		05YJ8第32页2	或按装修设计(竖杆净距≤110)
	护窗栏杆		参05YJ8第32页A	(竖杆净距≤110)用于窗台高低于1000的外窗
	室内栏杆		05YJ7第27页	或按装修设计
	滴水		05YJ6第27页B.C	用于所有外墙凸出线脚
	内墙护角平顶角线		05YJ7第14页1.3	

××建设工程设计有限责任公司 证书编号(甲级):A××××××××××						工程名称	××新型农村社区	
						项目名称	幼儿园	
院长			审核			建筑设计说明 图纸目录 装修构造表	设计号	2012-12
审定			校对				图别	建施
项目负责人			设计				图号	第01页
专业负责人			制图			未加盖出图专用章图纸无效	日期	2012.04

门窗表

类别	编号	洞口尺寸 (mm) 宽	洞口尺寸 (mm) 高	数量	选型	备注
门	M3233	3200	3300	1	木夹板门 800 高玻璃亮子	平开门
	M1529	1500	2900	9	木夹板门 800 高玻璃亮子	平开门
	M1221	1200	2100	28	木夹板门	平开门
	M0921	900	2100	4	木夹板门	平开门
	M0821	800	2100	9	木夹板门	平开门
	M1521	1500	2100	9	木夹板门	平开门
	M1821	1800	2100	1	木夹板门	平开门
	M1021	800	2100	9	木夹板门	平开门
窗	C1212	1200	1200	3	88系列塑钢中空玻璃窗(5厚白玻)	见本图 圆形窗
	C1215	1200	1500	10	88系列塑钢中空玻璃窗(5厚白玻)	见本图
	C1520	1500	2000	54	88系列塑钢中空玻璃窗(5厚白玻)	见本图
	HC1523	1500	2300	8	88系列塑钢中空玻璃窗(5厚白玻)	见本图 弧形窗
	HC3023	3000	2300	2	88系列塑钢中空玻璃窗(5厚白玻)	见本图 弧形窗
	C4224	4200	2400	9	88系列塑钢中空玻璃窗(5厚白玻)	分格参立面图
	HC4824	3000	2400	3	88系列塑钢中空玻璃窗(5厚白玻)	分格参立面图
	HC2130	2100	3000	1	88系列塑钢中空玻璃窗(5厚白玻)	分格参立面图
	HC2113	2100	1300	1	88系列塑钢中空玻璃窗(5厚白玻)	分格参立面图

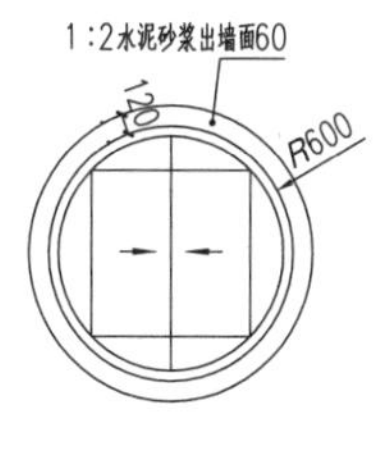

C1212立面图 1:50

圆形窗

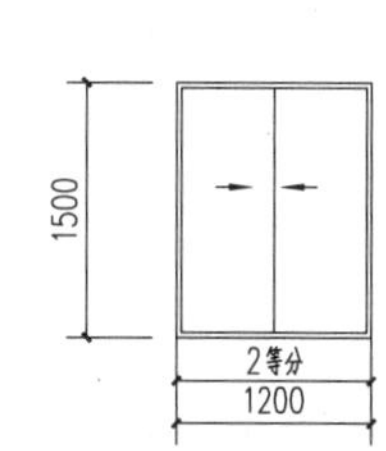

C1215立面图 1:50

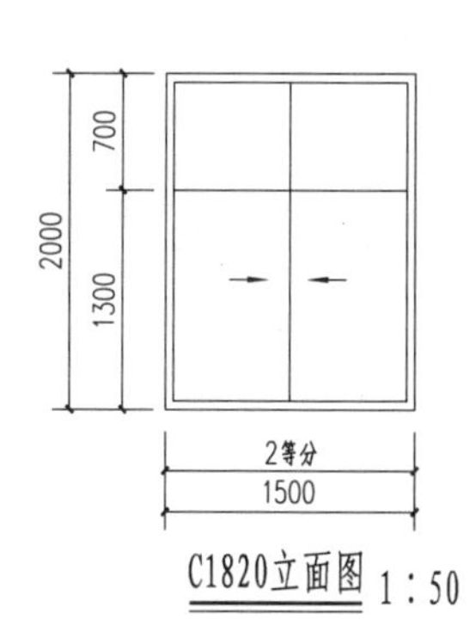

C1820立面图 1:50

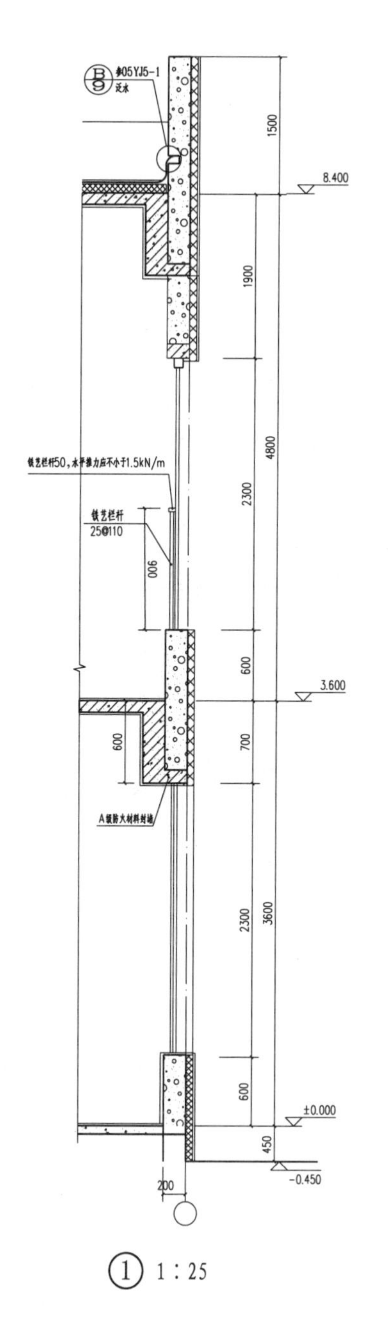

① 1:25

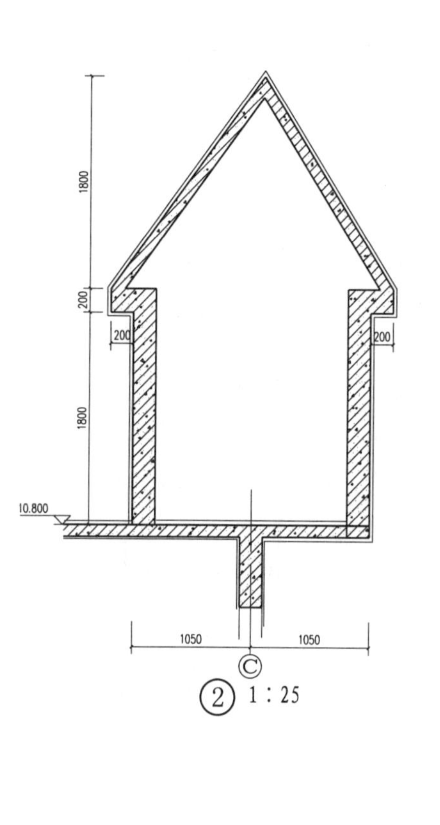

② 1:25

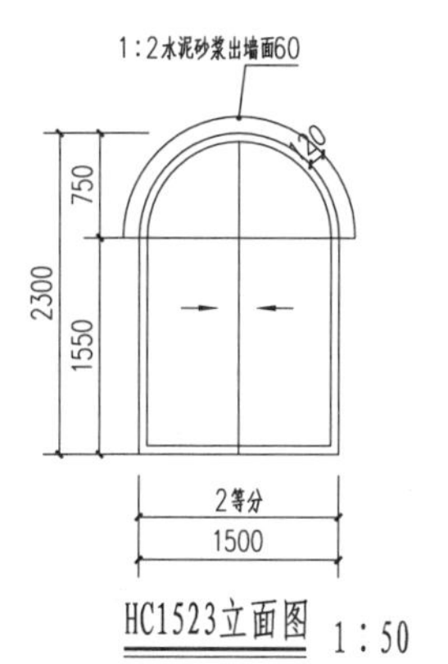

HC1523立面图 1:50

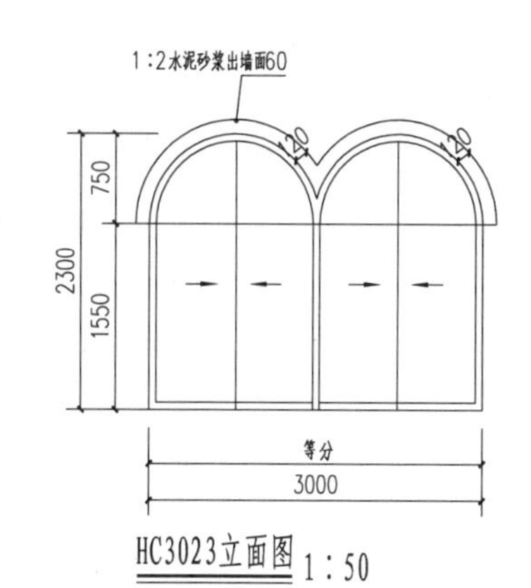

HC3023立面图 1:50

××建设工程设计有限责任公司 证书编号(甲级)：A××××××××××						工程名称	××新型农村社区	
						项目名称	幼儿园	
院长			审核			门窗表 窗分格图	设计号	2012-12
审定			校对				图别	建施
项目负责人			设计				图号	第02页
专业负责人			制图			未加盖出图专用章图纸无效	日期	2012.04

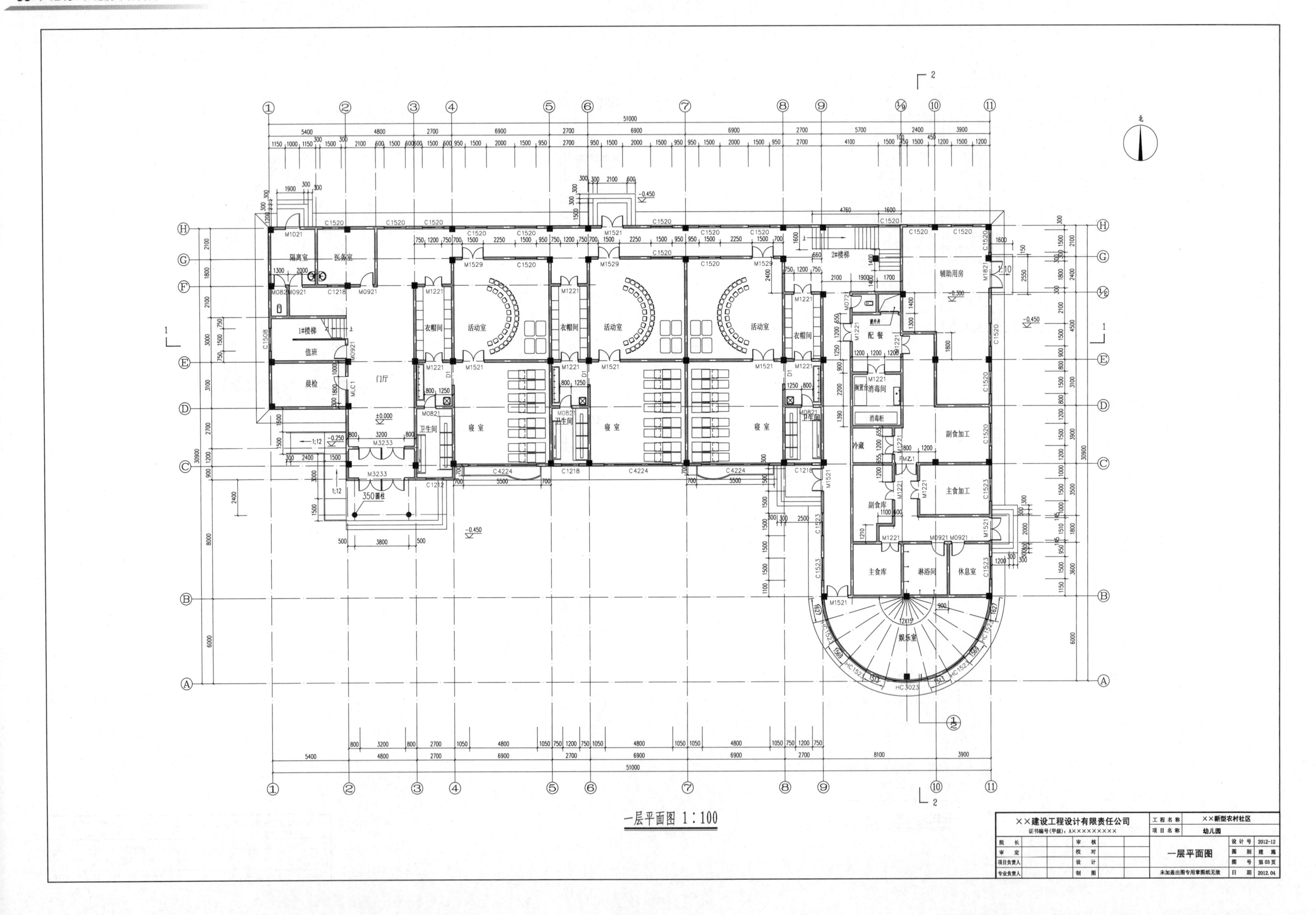

隔离室
医务室
1#楼梯
值班
晨检
门厅
卫生间
衣帽间
活动室
寝室
2#楼梯
配餐
消毒间
消毒柜
冷藏
副食库
主食库
淋浴间
休息室
副食加工
主食加工
辅助用房
娱乐室
一层平面图 1:100
××建设工程设计有限责任公司
工程名称 ××新型农村社区
项目名称 幼儿园
一层平面图
未加盖出图专用章图纸无效

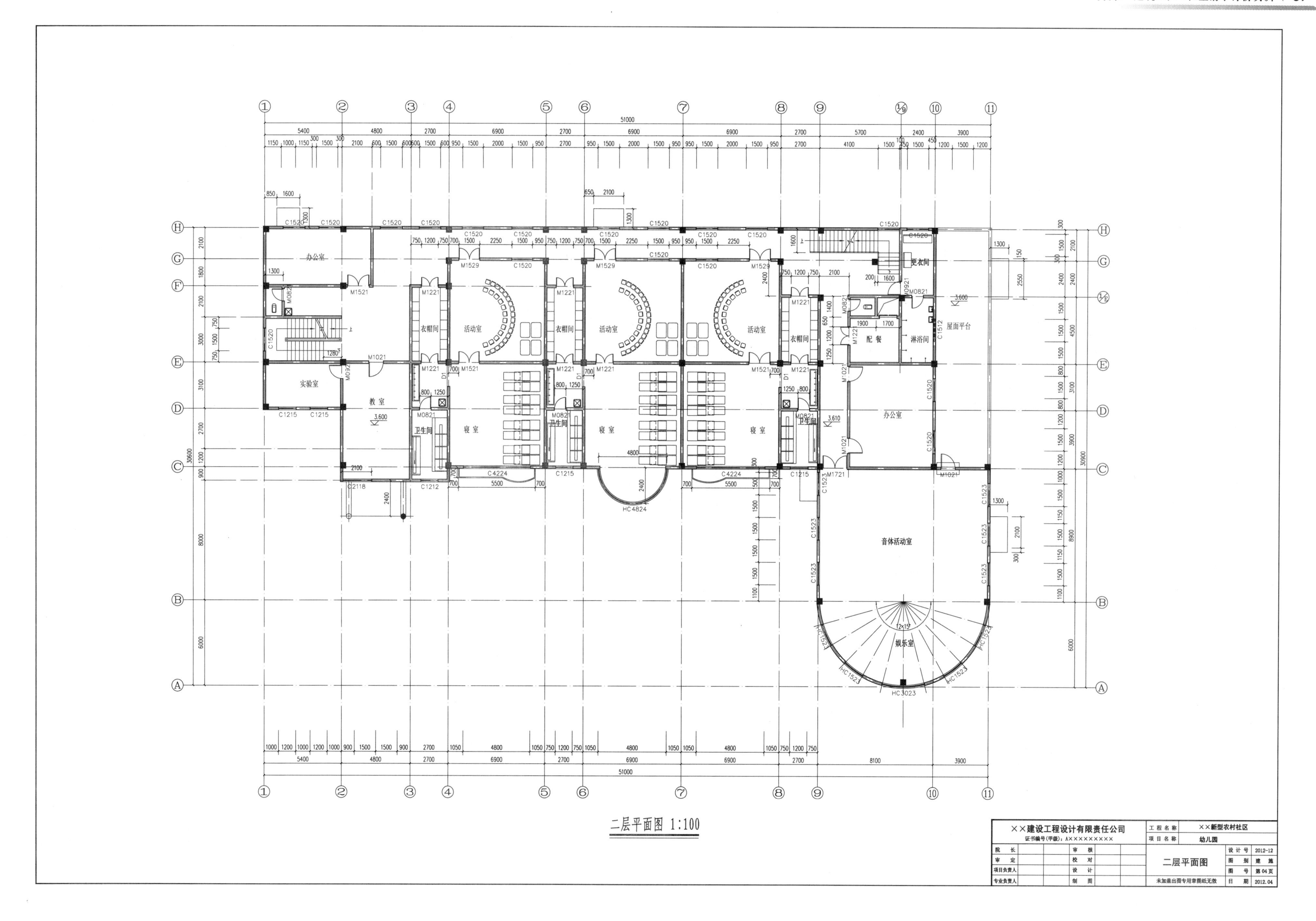
办公室
实验室
教室
衣帽间
活动室
寝室
卫生间
配餐
淋浴间
更衣间
屋面平台
办公室
音体活动室
娱乐室
二层平面图 1:100
××建设工程设计有限责任公司
工程名称 ××新型农村社区
项目名称 幼儿园
二层平面图
设计号 2012-12
图别 建施
图号 第04页
日期 2012.04
未加盖出图专用章图纸无效

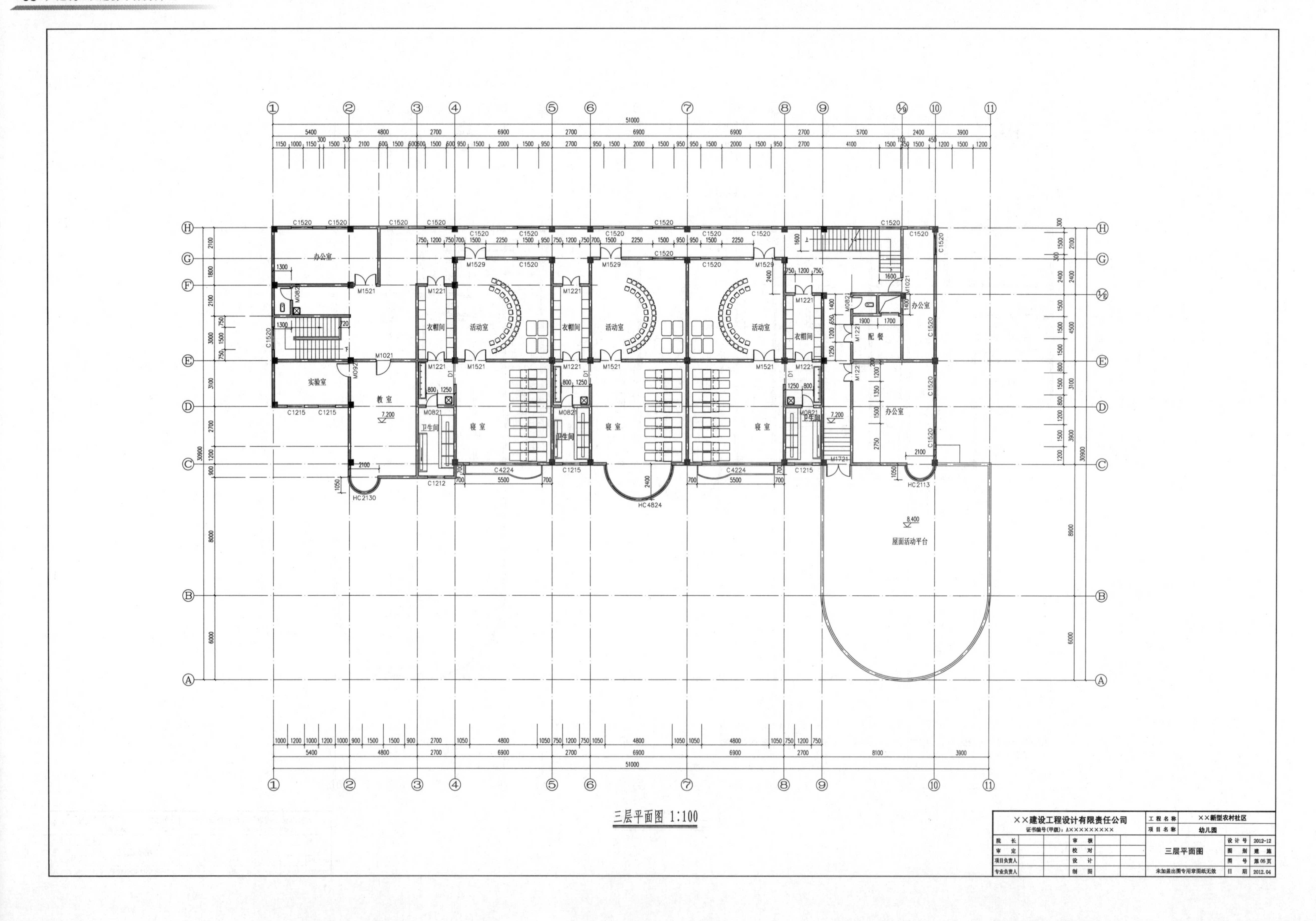
办公室
实验室
教室
活动室
衣帽间
寝室
卫生间
配餐
屋面活动平台
××建设工程设计有限责任公司
证书编号(甲级)：A×××××××××
工程名称 ××新型农村社区
项目名称 幼儿园
三层平面图
设计号 2012-12
图别 建施
图号 第05页
日期 2012.04
未加盖出图专用章图纸无效

三层平面图 1:100

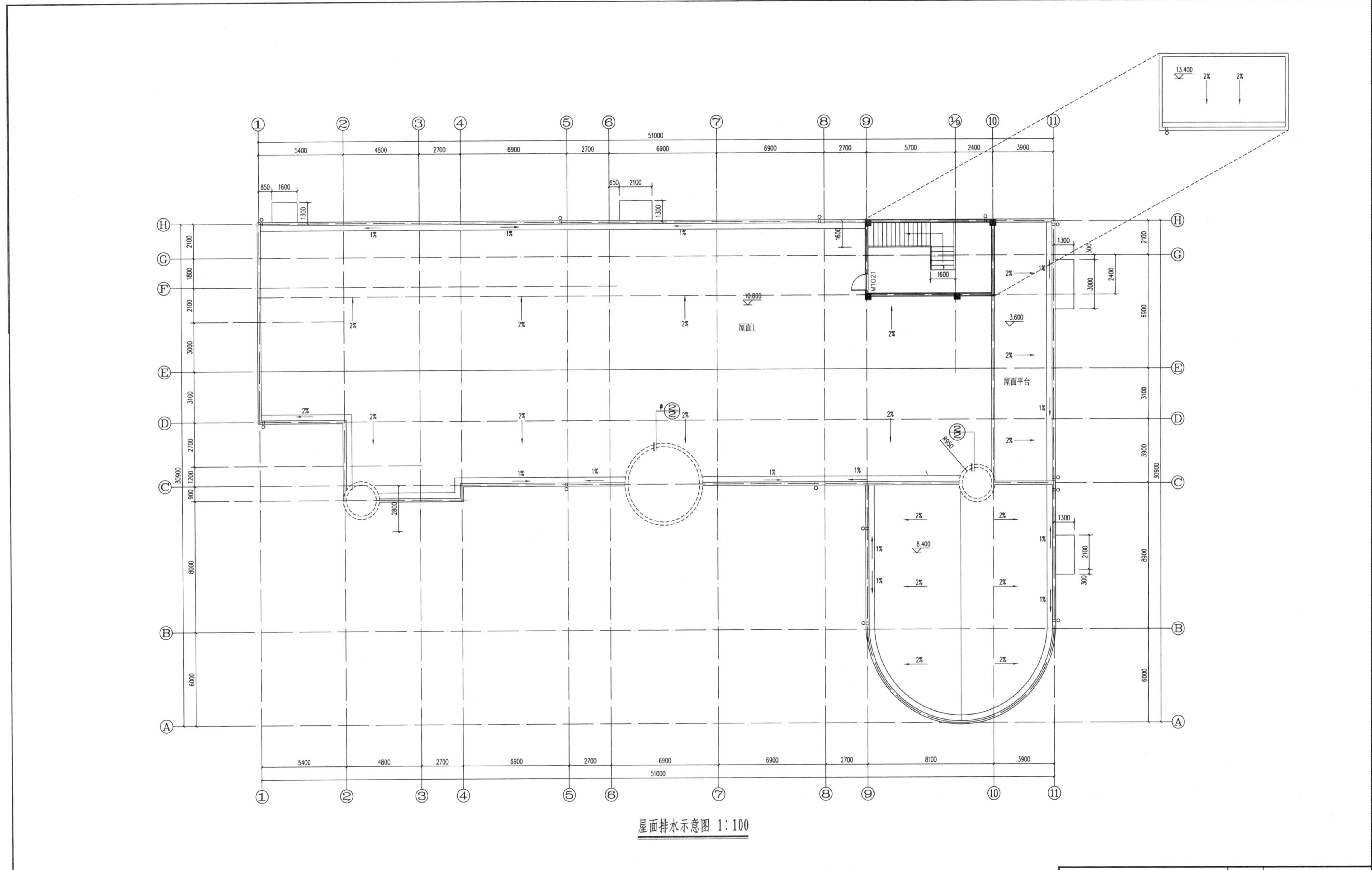
屋面排水示意图 1:100
屋面1
屋面平台
10.800
3.600
8.400
13.400
××建设工程设计有限责任公司
工程名称 ××新型农村社区
项目名称 幼儿园
屋面排水示意图
设计号 2012-12
日期 2012.04

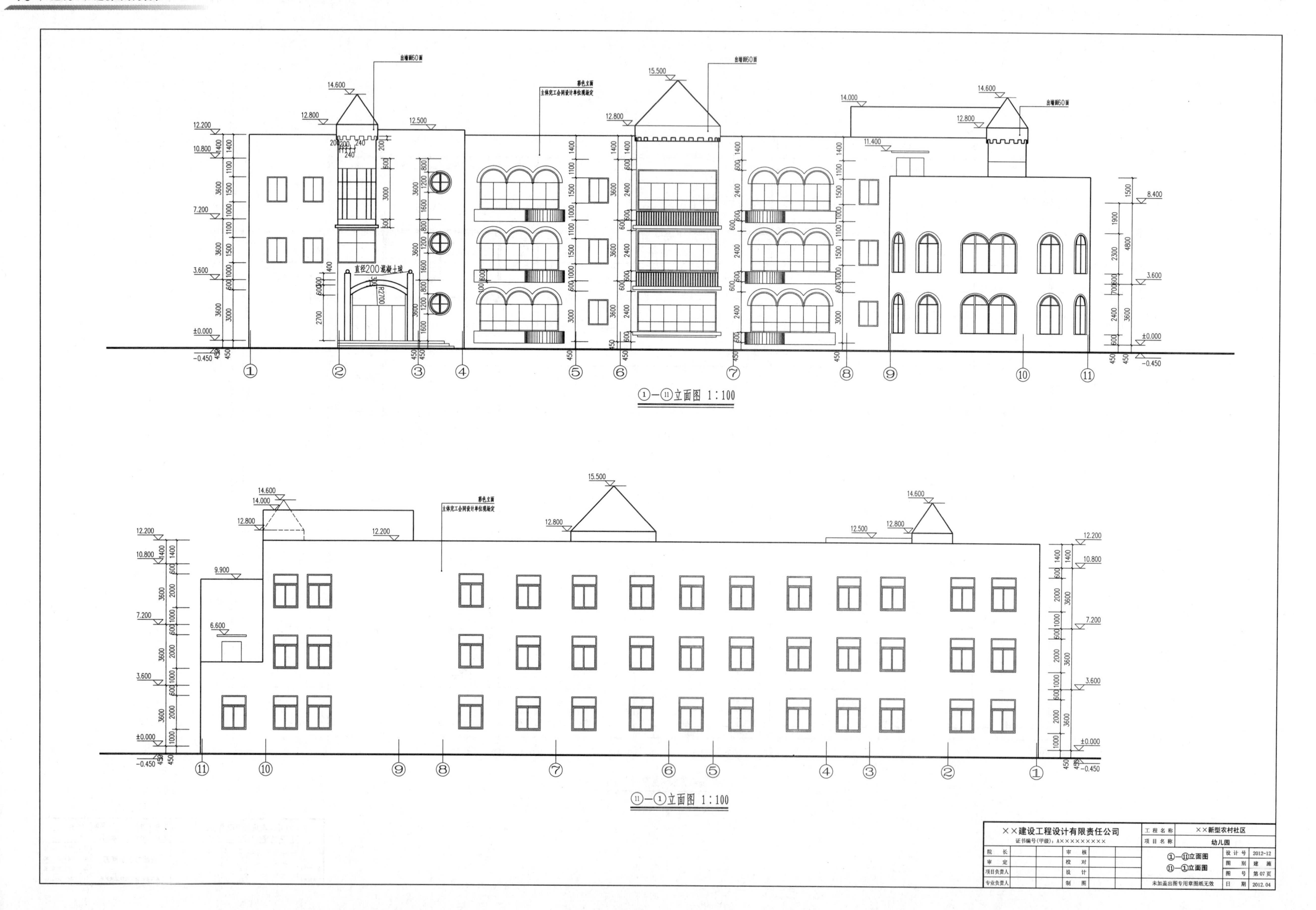
①—⑪立面图 1：100
⑪—①立面图 1：100
××建设工程设计有限责任公司
工程名称 ××新型农村社区
项目名称 幼儿园
①—⑪立面图
⑪—①立面图
设计号 2012-12
图别 建施
图号 第07页
日期 2012.04
未加盖出图专用章图纸无效

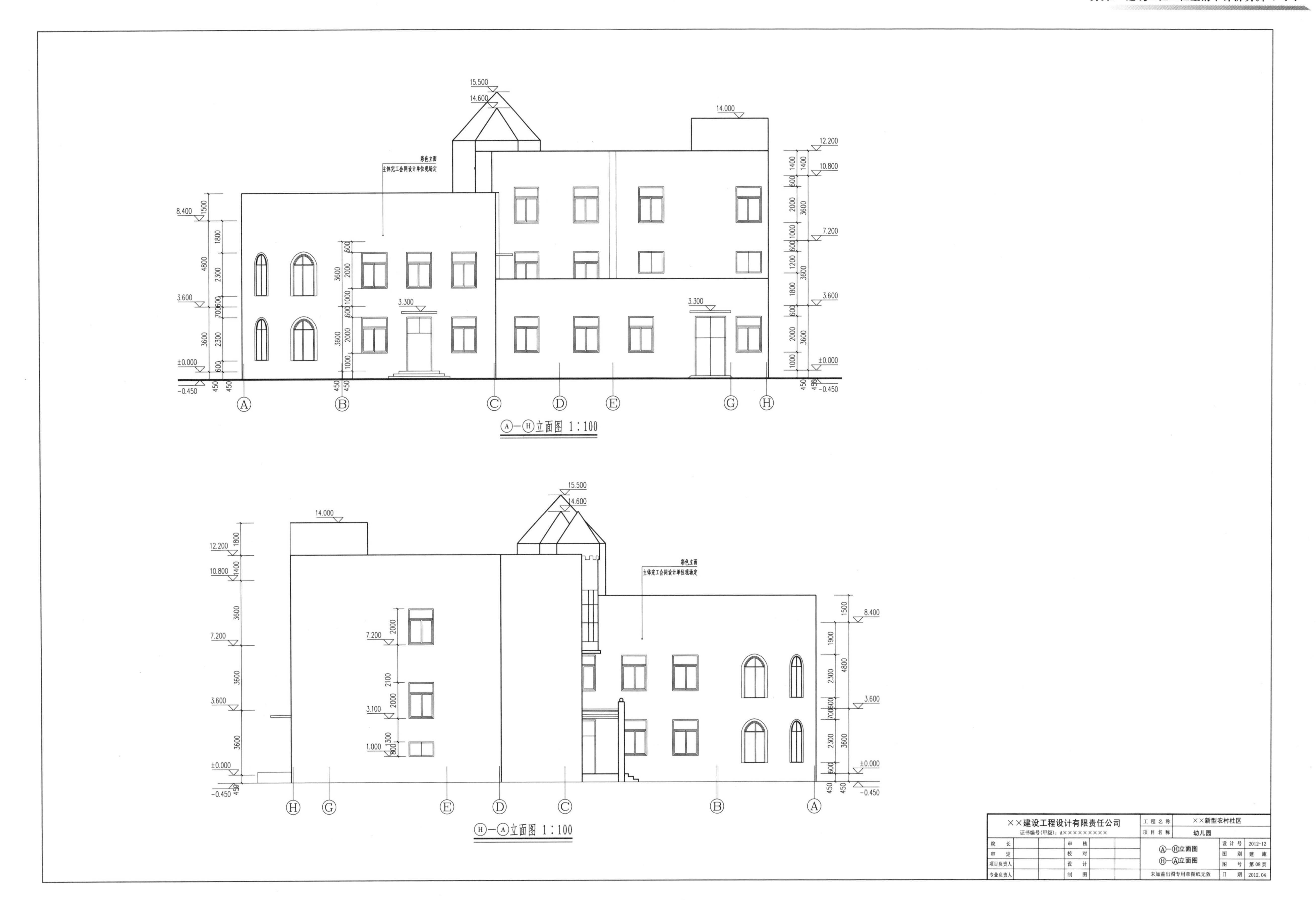
15.500
14.600
14.000
12.200
10.800
8.400
7.200
3.600
3.300
±0.000
-0.450
彩色立面
主体完工会同设计单位现场定
Ⓐ—Ⓗ立面图 1∶100
Ⓗ—Ⓐ立面图 1∶100
××建设工程设计有限责任公司
证书编号(甲级)：A××××××××××
院长
审定
项目负责人
专业负责人
审核
校对
设计
制图
工程名称
××新型农村社区
项目名称
幼儿园
Ⓐ—Ⓗ立面图
Ⓗ—Ⓐ立面图
未加盖出图专用章图纸无效
设计号
2012-12
图别
建施
图号
第08页
日期
2012.04

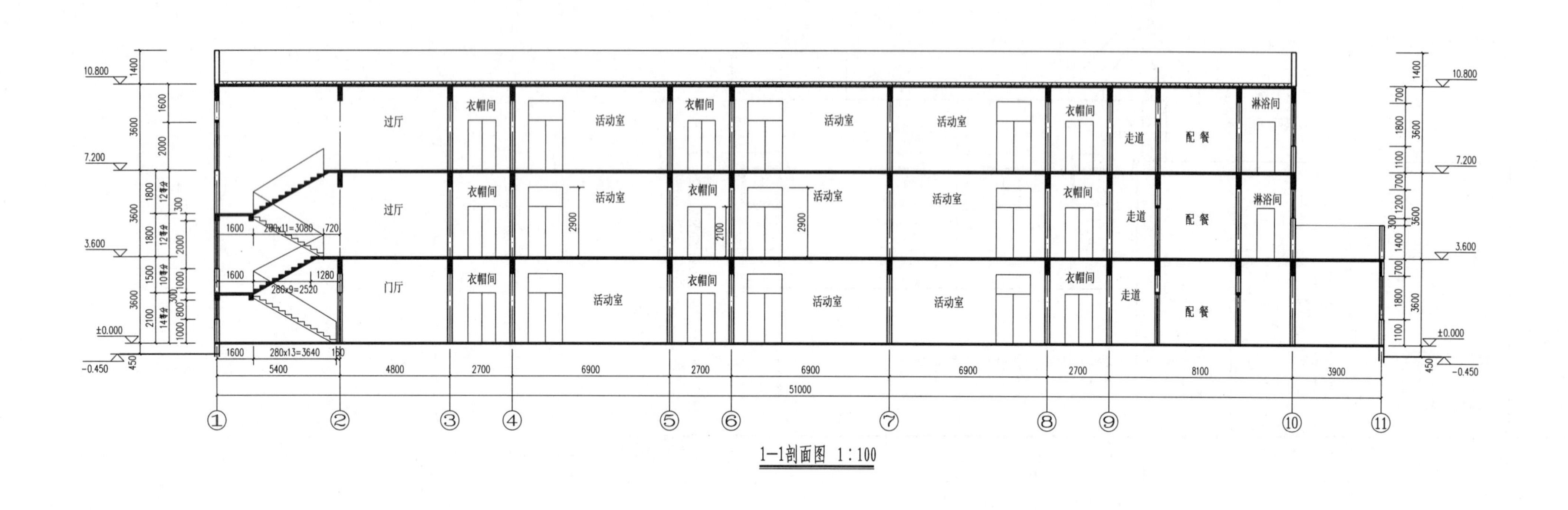

1—1剖面图 1:100

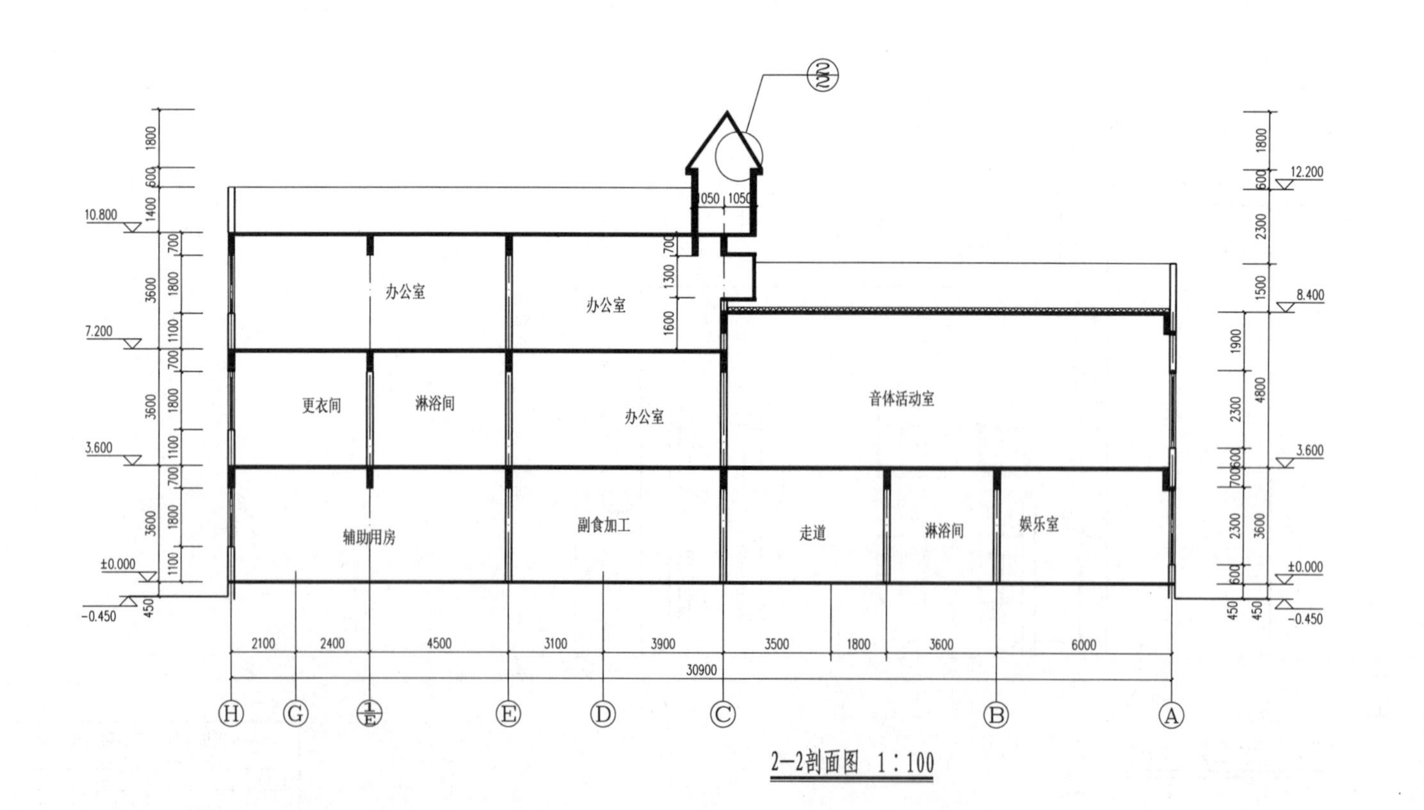

2—2剖面图 1:100

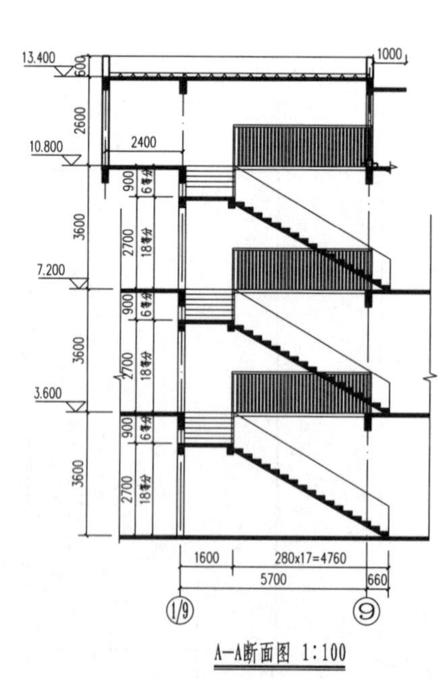

A—A断面图 1:100

××建设工程设计有限责任公司 证书编号(甲级)：A×××××××××				工程名称	××新型农村社区		
				项目名称	幼儿园		
院长		审核		1—1剖面图 2—2剖面图 A—A断面图		设计号	2012-12
审定		校对				图别	建施
项目负责人		设计				图号	第09页
专业负责人		制图		未加盖出图专用章图纸无效		日期	2012.04

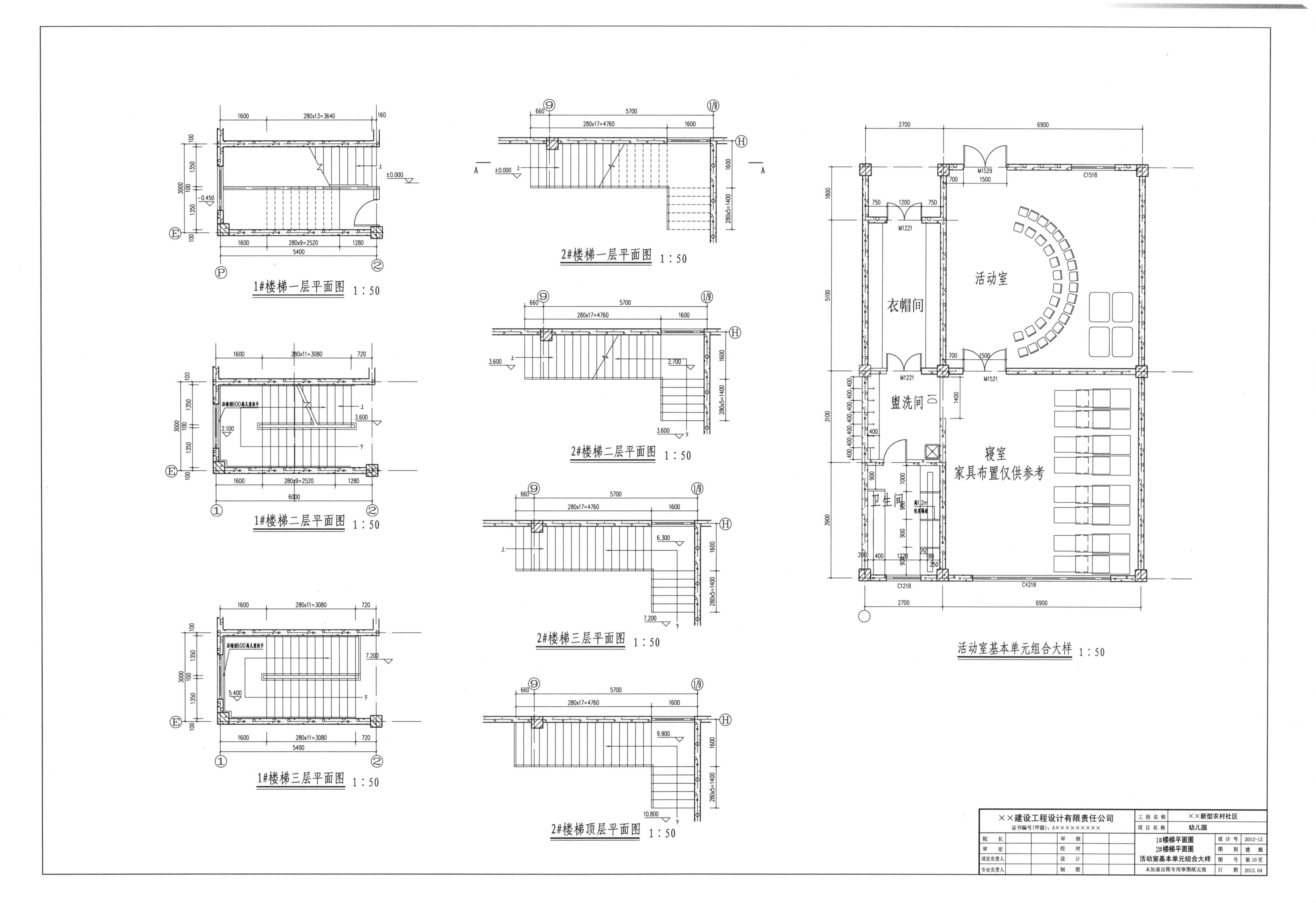
1#楼梯一层平面图 1:50
1#楼梯二层平面图 1:50
1#楼梯三层平面图 1:50
2#楼梯一层平面图 1:50
2#楼梯二层平面图 1:50
2#楼梯三层平面图 1:50
2#楼梯顶层平面图 1:50
活动室基本单元组合大样 1:50
衣帽间
活动室
盥洗间
卫生间
寝室
家具布置仅供参考
××建设工程设计有限责任公司
工程名称 ××新型农村社区
项目名称 幼儿园
1#楼梯平面图
2#楼梯平面图
活动室基本单元组合大样
设计号 2012-12
图别 建施
图号 第10页
日期 2012.04
未加盖出图专用章图纸无效

结构设计总说明

一、工程概况

1. 本工程为××新型农村社区幼儿园。本建筑平面尺寸东西长 51.0m，南北宽 30.6m。
   建筑总高度 11.25m（室外地面至主要屋面板顶），室内外高差 450mm。
2. 标高以米（m）为单位，其他尺寸均以毫米（mm）为单位。

结构类型		框架结构	建筑抗震设防类别	乙类
			地面粗糙度类别	B类
结构层数	地上	三层	设计基本地震加速度值	0.05g
	地下	无	设计地震分组为	第一组
基础类型		柱下钢筋混凝土独立基础	结构构件抗震等级	三级
			结构安全等级	二级
地基基础设计等级		乙级	建筑抗震设防烈度	六度
设计结构使用年限		50 年	场地类别	Ⅲ类
混凝土环境类别		一类	室内正常环境（教室、办公、走廊、楼梯等）	
		二类（a）	室内潮湿环境（卫生间等）	
		二类（b）	露天环境、与土或水直接接触的环境（基础、雨篷、女儿墙等）	

二、设计依据、自然条件及设计楼面活荷载、结构计算软件

国家现行设计规范、规程、规定及建设单位提供的设计委托书							
现行结构设计规范	建筑工程抗震设防分类标准（GB 50223—2008） 混凝土结构设计规范（GB 50010—2010） 建筑地基基础设计规范（GB 50007—2002） 建筑结构荷载规范（GB 50009—2001）（2006版） 建筑抗震设计规范（GB 50011—2010） 混凝土结构施工图平面整体表示方法制图规则和构造详图（11G 101—1） 建筑物抗震构造详图（11G 329—1）						
勘察报告	名称	××新型农村社区岩土工程勘察报告（详细勘察）					
	编制单位	××许昌岩土工程勘察院（2012年4月）					
自然条件	基本风压	0.40kN/m²	均布活荷载 kN/m²	类别	标准值	类别	标准值
	基本雪压	0.40kN/m²		教室、办公	2.0	卫生间	2.0
	水位埋深	3.4~4.3m		走廊	2.0	上人屋面	2.0
	设计抗浮水位	0.0m		楼梯间	2.0	不上人屋面	0.5
	±0.000 标高	详建施					
	有无液化土层	无液化土层		楼梯、阳台栏杆顶部水平荷载			0.5 kN/m
结构分析计算软件	名称	高层版 SATWE（高层建筑结构空间有限元分析软件）					
		JCCAD（基础工程计算辅助设计软件）					
	编制单位	中国建筑科学研究院PKPM CAD工程部					

三、构件编号

框架梁	KL*	悬挑梁	XL*
非框架梁	L*	屋面框架梁	WKL*
楼梯梁	LTL*	框架柱	KZ*
楼梯柱	LTZ*		

四、材料

1. 混凝土

构　件	强度等级	备　注
基础、框架柱、框架梁、现浇板	C30	
基础垫层	C10	
雨篷、女儿墙压顶等外露构件	C30	
构造柱等未注明构件	C20	

2. 钢材

1）钢筋Φ为 HPB300级钢筋，Φ为 HRB335级钢筋，Φ为 HRB400级钢筋。

2）受力预埋件的锚筋应采用HPB300级（一级）或HRB400级（三级）钢筋，严禁采用冷加工钢筋。吊环应采用HPB300钢筋制作，严禁使用冷加工钢筋。吊环埋入混凝土的深度不应小于30d，并应焊接或绑扎在钢筋骨架上。

3）钢筋的强度标准值应具有不小于95%的保证率。

4）钢筋抗拉强度实测值与屈服强度实测值的比值不应小于1.25，钢筋屈服强度实测值与屈服强度标准值的比值不应大于1.3，且钢筋在最大拉力下总伸长率实测值不应小于9%。

3. 砌体

±0.00m以下采用 MU10级混凝土实心砖，M7.5水泥砂浆，其余除特别注明外内外填充墙均采用容重不大于6.5kN/m³的A3.5、B06级加气混凝土砌块及 M5混合砂浆砌筑。

五 构造要求

1. 纵向受力钢筋的混凝土保护层厚度［从最外层钢筋（箍筋、构造筋、分布筋）外边缘到混凝土外边缘的距离］不应小于钢筋的公称直径，且应符合下表要求。

纵向受力钢筋的混凝土保护层最小厚度

构件类别 / 混凝土强度等级 / 环境类别	板、墙		梁、柱	
	≤C25	>C25	≤C25	>C25
室内正常环境（一类环境）	20	15	25	20
室内潮湿环境（二a类环境）	25	20	30	25
露天及与土水接触环境（二b类环境）	30	25	40	35

注：基础中纵向受力钢筋的混凝土保护层厚度不应小于40mm，防水混凝土迎水面钢筋保护层厚度为50mm。

2. 各部位混凝土耐久性要求

环境类别	最大水胶比	最低强度等级	最大氯离子含量	最大碱含量
室内正常环境（一类环境）	0.60	C20	0.3%	不限制
室内潮湿环境（二a类环境）	0.55	C25	0.2%	3.0kg/m³
露天及与土水接触环境（二b类环境）	0.50	C30	0.15%	3.0kg/m³

3. 钢筋混凝土现浇板

1）楼板为现浇钢筋混凝土楼板处，板内下筋不得在跨中搭接，应伸至梁的中心线且伸入支座长度≥10d。

2）板中间支座上部钢筋（负筋）两端设直钩，板的边支座负筋应伸至梁外皮留保护层厚度，锚固长度均不小于最小锚固长度 l_a。

3）双向板的底部钢筋，短跨钢筋置下排，长跨钢筋置上排。板内分布钢筋除注明者外，均采用Φ6@250。板上孔洞应预留，避免后凿，一般结构平面图中只示出直径（d）或宽度（b）大于300mm的孔洞。

4）施工时各工种必须根据各专业图纸配合土建预留全部孔洞，当孔洞(d)或b≤300mm时，洞边不再另设钢筋，板内钢筋由洞边绕过，不得截断。当洞口(d)或b≥300mm时，应设洞口加强筋，每边为2Φ10，伸入两端支座，见详图。

5）板内埋设管线时，所铺设管线应放在板底钢筋之上，板上部钢筋之下，且管线的混凝土保护层应≥30mm，管线位置必须在板厚中部1/3范围内。

6）墙下无梁处板底加设通长加强筋，跨度≥3.6m的板采用 2Φ14，其他为 2Φ12加强筋两端伸入支座。

4. 屋面女儿墙，檐沟等裸露构件沿长度每隔12m设20mm宽伸缩缝一道。

六、设计及施工要求

1. 钢筋接头

本工程基础底板、框架柱、剪力墙及梁中通长钢筋均采用搭接或焊接，焊接接头需符合下列规定：

1）焊接质量应符合《钢筋焊接及验收规程》（JGJ 18—2003）的要求。

2）HPB300级钢筋互焊及 HRB335级钢筋互焊采用E43型焊条，HRB335级钢筋互焊采用E50型焊条。

3）在构件的同一截面内有焊接接头的钢筋截面面积占受力钢筋总截面面积的百分率不应大于50%，焊接接头之间的距离不小于35d（d为纵向钢筋中的最大直径）。

4）防雷接地措施：系利用结构构件中梁柱承重墙和桩的主筋电焊接地，具体位置见电施有关图纸。

2. 主梁上次梁两侧或梁上栽柱柱两侧箍筋加密，每侧三道，间距 50mm，挑梁上部外端次梁内侧附加加密箍筋4道，间距50mm。

3. 柱、墙、梁及现浇板上的水暖电气预留洞口应由水暖电气专业配合土建专业对照图纸预留，洞口周边加强钢筋详图详见本图。

4. 跨度不小于6m的梁支模时应按规范要求起拱。悬挑梁、板的混凝土强度达到100%时方可拆模。

5. 混凝土剪力墙及其构件、梁构造要求详见11G 101—1。抗震构造详图详见11G 329—1。

6. 钢筋锚固长度及搭接长度详见图集11G 101—1第53页。梁侧面纵向构造筋和拉筋详见图集11G 101—1第87页。

7. 当需要以强度等级较高的钢筋替代原设计中的纵向受力钢筋时，应按照钢筋承载力设计值相等的原则换算，并应满足最小配筋率、抗裂验算等要求。

8. 门窗洞口两侧无混凝土构件时根据安装需要设置素混凝土块，尺寸：墙宽×150mm×150mm。

9. 窗台处设置通长钢筋混凝土窗台板，尺寸：宽×厚=250mm×100mm，配筋：3Φ8，Φ6@200。

10. 填充墙门窗洞口处、剪力墙门窗顶无连梁处均设过梁，选用02YG301，过梁荷载等级1级，过梁宽同墙宽。过梁遇柱子、剪力墙时现浇，事先在柱子及剪力墙相应位置预留钢筋；当梁底下净高不足过梁高度时，直接在梁底下（门窗洞多余部分）挂板，见图A。楼梯间和人流通道的填充墙，应采用钢丝网砂浆面层加强。

11. 柱、混凝土墙、梁与现浇过梁、楼梯梁、构造柱等不同时施工的构件连接处，均应在柱墙的相应位置预留相应插筋，插筋伸出柱外长度为45d。

12. 建施图中尺寸<100mm的突出装饰均用素混凝土浇出。填充墙与剪力墙、柱连接处加钢丝网，防止裂缝。

13. 悬挑梁上部钢筋锚入剪力墙内平直段长度应大于 l_{aE} 并大于悬挑长度，直锚无法锚固时可按图集11G 101—1第89页中"纯悬挑梁XL"详图施工。

14. 填充墙在T形和L形转角处以及一字形自由端处必须设置构造柱，填充墙内构造柱的间距不应大于5m。构造柱施工时应先砌墙后浇柱，与墙交接处设马牙槎，沿墙每500mm高（对于200mm厚加气块则为400mm高）设2Φ6锚拉筋，每边伸入墙内长度不小于1m，构造柱详图详见本图。

15. 施工应严格遵守国家有关施工验收规范，施工缝设置应严格按相关施工规范的要求设置。

16. 本工程设计中未考虑施工机械和施工堆料对结构的影响，施工单位应根据施工实况，验算结构的承载力和变形并采取相应的施工措施。

七、钢网架、玻璃幕墙、金属构架等非主体结构构件应由具备资质的专业单位承担设计、生产及安装。本单位仅负责主体结构中的预埋件设计，结构计算已包括这些构件的质量。

八、工程施工前，应与电梯厂家取得联系，在厂家指导下进行与电梯有关的构件的施工。预设埋件预留洞口并以厂家提供的资料为准。

九、本设计应经相关部门审查通过后方可施工。

十、施工及使用期间应进行沉降观测，沉降点设置位置详见结施—04。

十一、未经技术鉴定或设计许可，不得改变结构的用途和使用环境。

十二、未尽事宜均按有关规范，规程执行。

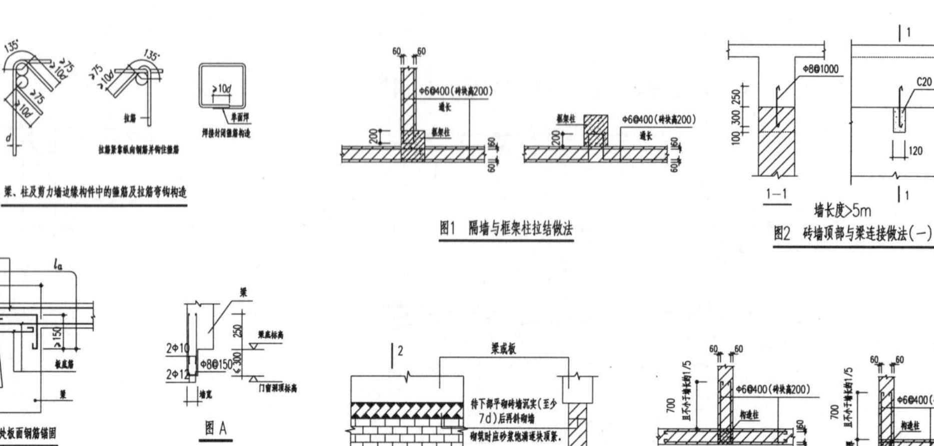

图1 隔墙与框架柱拉结做法

图2 砖墙顶部与梁连接做法(一)

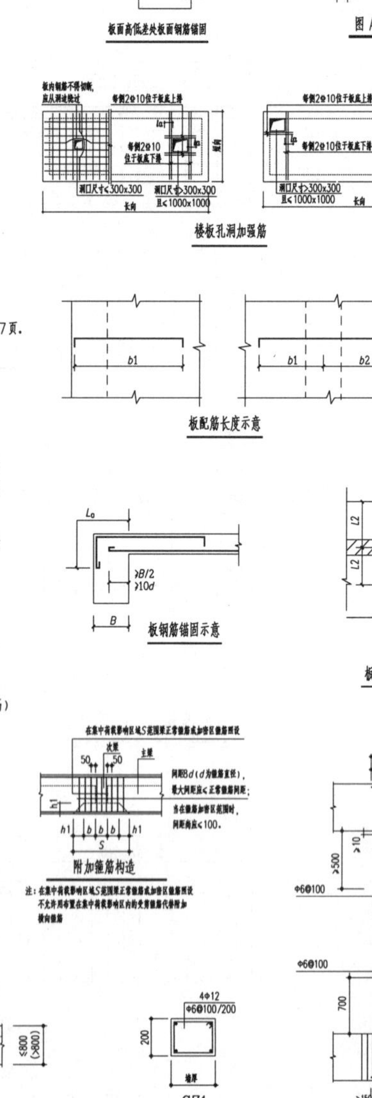

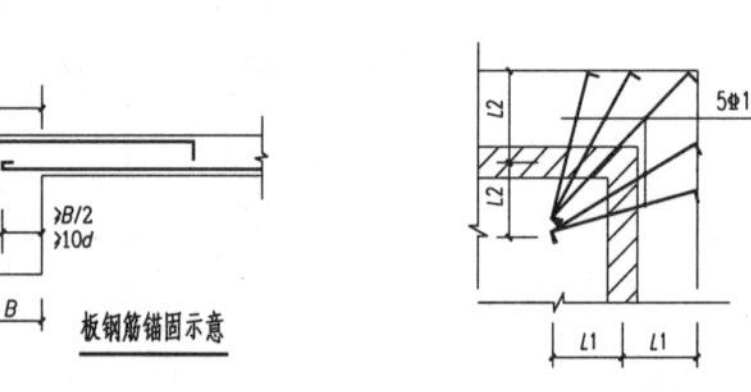

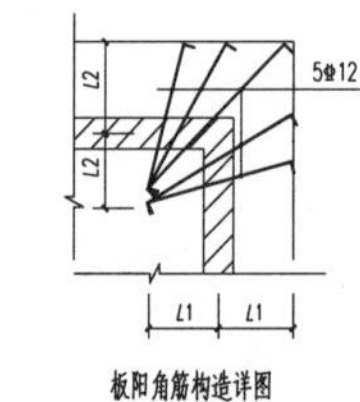

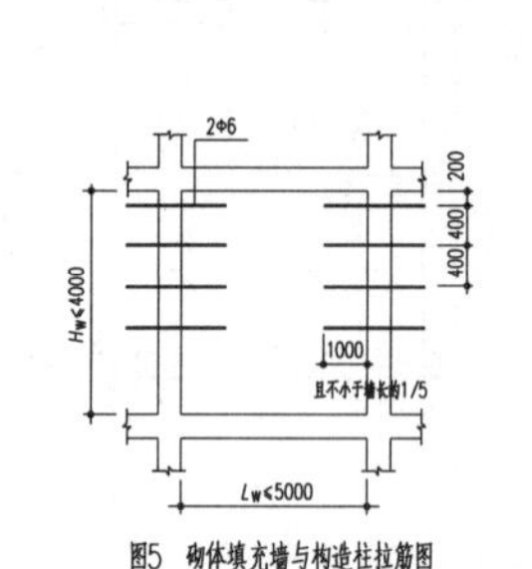

图5 砌体填充墙与构造柱拉筋图

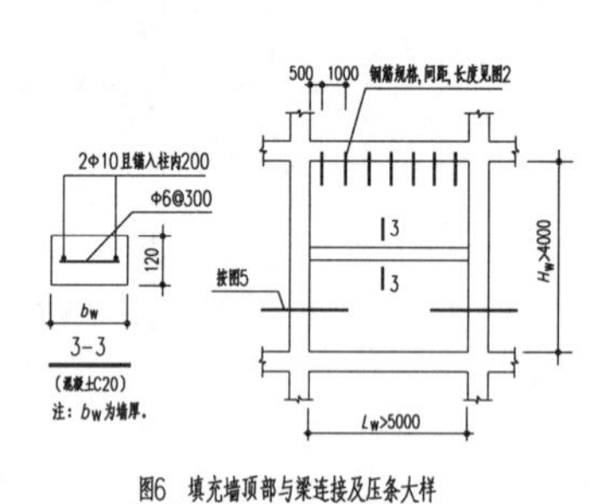

图6 填充墙顶部与梁连接及压条大样

图3 砖墙顶部与梁连接做法(二)

图4 隔墙与构造柱拉结做法

楼板孔洞加强筋

板配筋长度示意

板钢筋锚固示意

板阳角构造详图

附加箍筋构造

吊筋构造

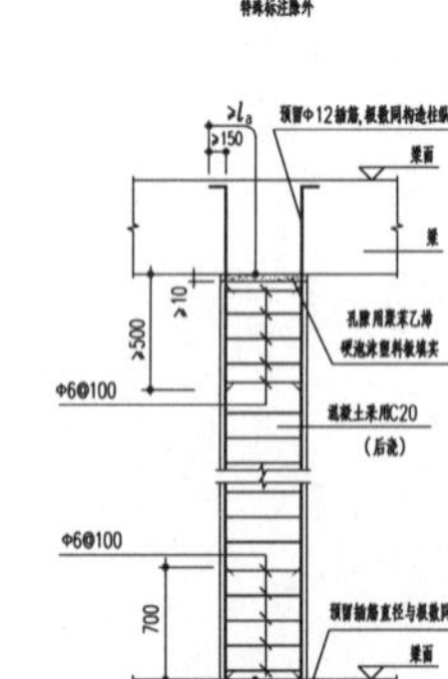

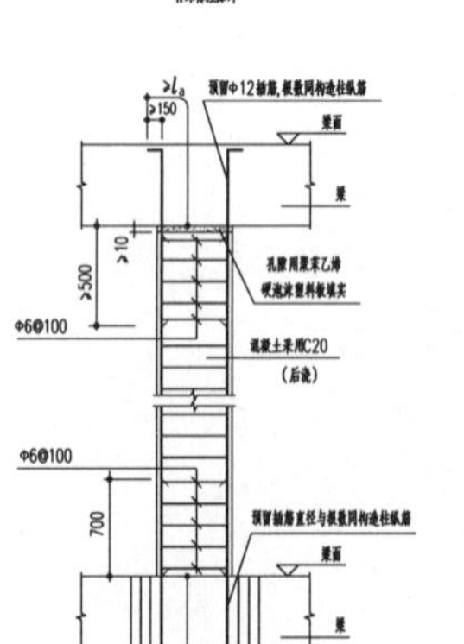

GZ1

构造柱GZ做法

图纸目录

××建设工程设计有限责任公司 证书编号(甲级)：A×××××××××				工程名称	××新型农村社区	
				项目名称	幼儿园	
批　准		审　核		结构设计总说明　图纸目录	设计号	2012-16
审　定		校　对			图　别	结　施
项目负责人		设　计			图　号	第01页
专业负责人		制　图		未加盖出图专用章图纸无效	日　期	2012.04

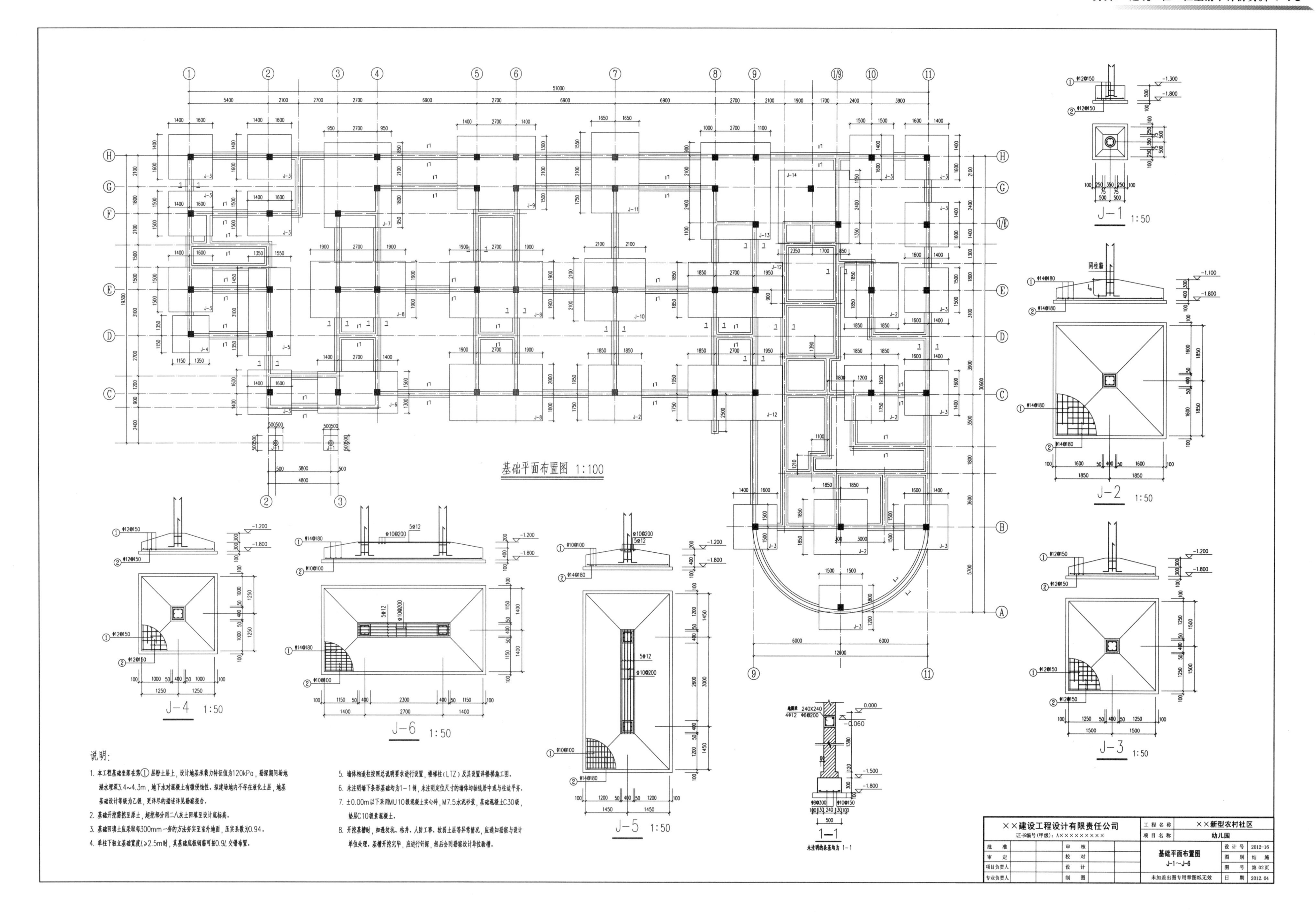
基础平面布置图 1:100
J-1 1:50
J-2 1:50
J-3 1:50
J-4 1:50
J-5 1:50
J-6 1:50
1-1
未注明的条基均为1-1
说明:
1. 本工程基础坐落在第①层粉土层上，设计地基承载力特征值为120kPa，勘探期间场地潜水埋深3.4~4.3m，地下水对混凝土有微侵蚀性。拟建场地内不存在液化土层，地基基础设计等级为乙级，更详尽的描述详见勘察报告。
2. 基础开挖需挖至原土，超挖部分用二八灰土回填至设计底标高。
3. 基础回填土应采取每300mm一夯的方法夯实至室外地面，压实系数为0.94。
4. 单柱下独立基础宽度L≥2.5m时，其基础底板钢筋可按0.9L交错布置。
5. 墙体构造柱按照总说明要求进行设置，楼梯柱(LTZ)及其设置详楼梯施工图。
6. 未注明墙下条形基础均为1-1剖，未注明定位尺寸的墙体均轴线居中或与柱边平齐。
7. ±0.00m以下采用MU10级混凝土实心砖，M7.5水泥砂浆，基础混凝土C30级，垫层C10级素混凝土。
8. 开挖基槽时，如遇坟坑、枯井、人防工事、软弱土层等异常情况，应通知勘察与设计单位处理。基槽开挖完毕，应进行钎探，然后会同勘察设计单位验槽。
××建设工程设计有限责任公司
证书编号(甲级)：A××××××××××
工程名称
××新型农村社区
项目名称
幼儿园
批准
审定
项目负责人
专业负责人
审核
校对
设计
制图
基础平面布置图
J-1～J-6
未加盖出图专用章图纸无效
设计号
2012-16
图别
结施
图号
第02页
日期
2012.04

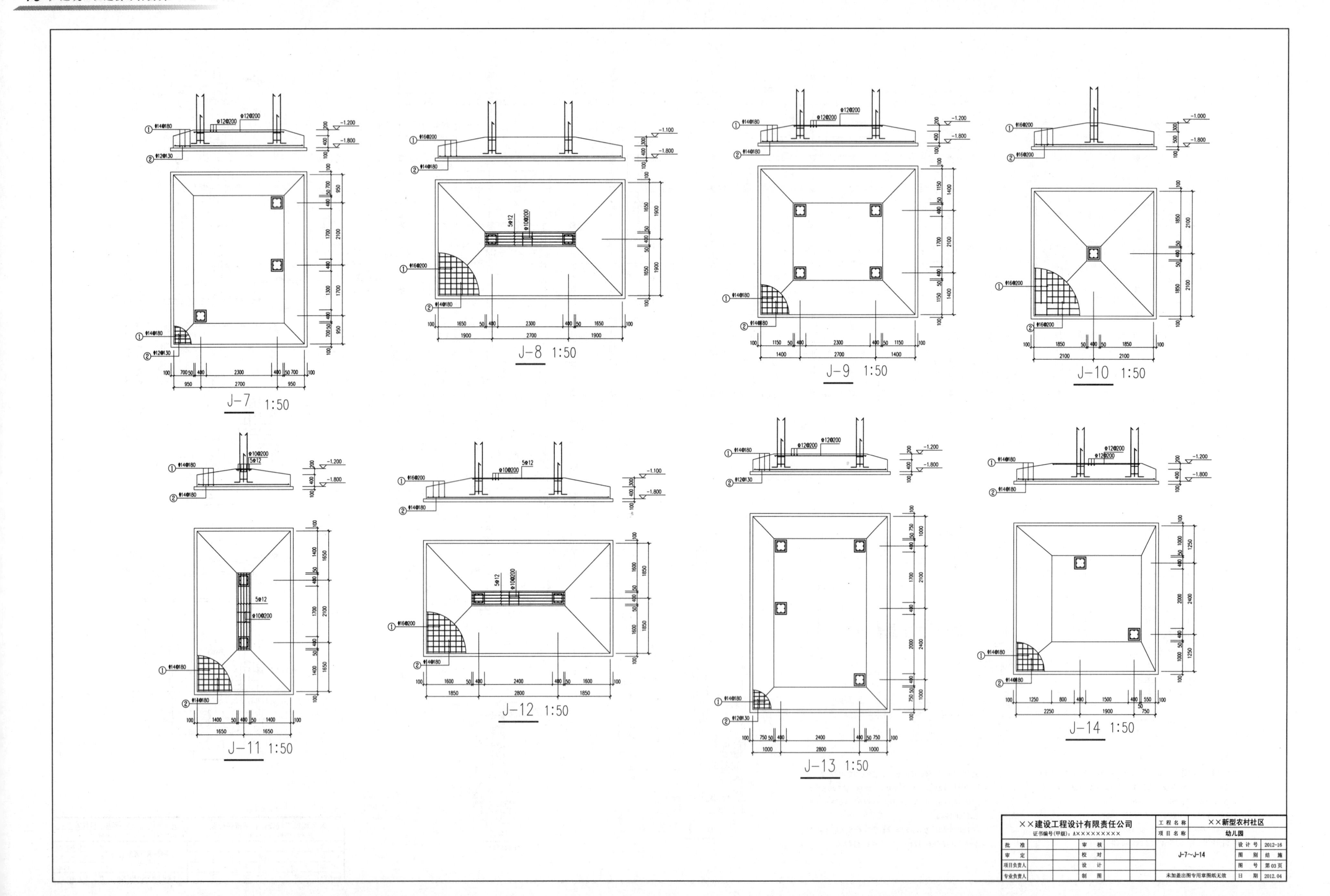
J-7 1:50
J-8 1:50
J-9 1:50
J-10 1:50
J-11 1:50
J-12 1:50
J-13 1:50
J-14 1:50
××建设工程设计有限责任公司
工程名称 ××新型农村社区
项目名称 幼儿园
J-7~J-14
设计号 2012-16
图别 结施
图号 第03页
日期 2012.04
未加盖出图专用章图纸无效

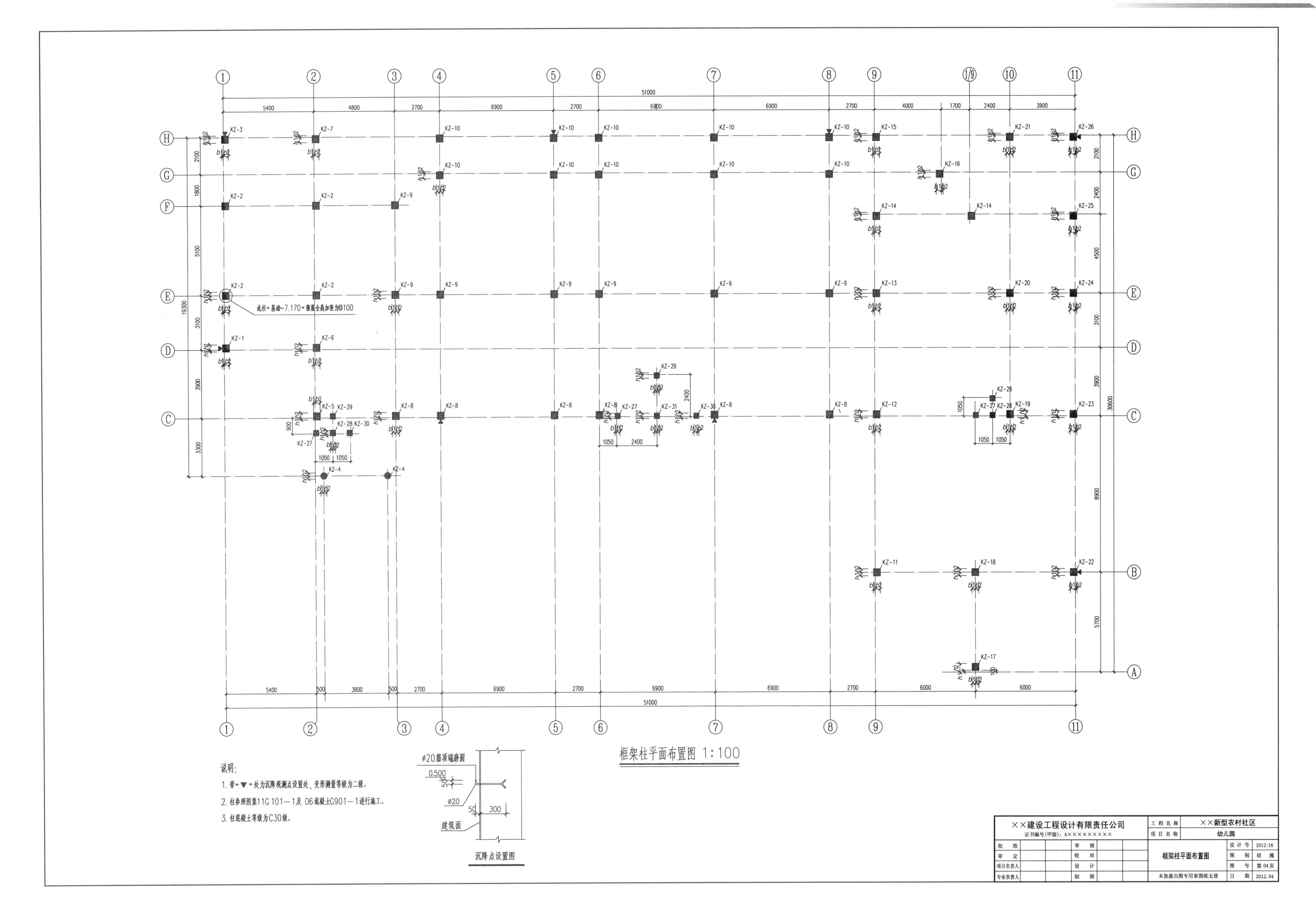
此柱∶基础~7.170∶箍筋全高加密为@100
框架柱平面布置图 1:100
说明:
1. 带"▼"处为沉降观测点设置处，变形测量等级为二级。
2. 柱参照图集11G 101—1及 06混凝土G901—1进行施工。
3. 柱混凝土等级为C30级。
ø20筋顶端磨圆
0.500
ø20
建筑面
沉降点设置图
××建设工程设计有限责任公司
证书编号(甲级)：A××××××××××
工程名称 ××新型农村社区
项目名称 幼儿园
批准
审定
项目负责人
专业负责人
审核
校对
设计
制图
框架柱平面布置图
未加盖出图专用章图纸无效
设计号 2012-16
图别 结施
图号 第04页
日期 2012.04

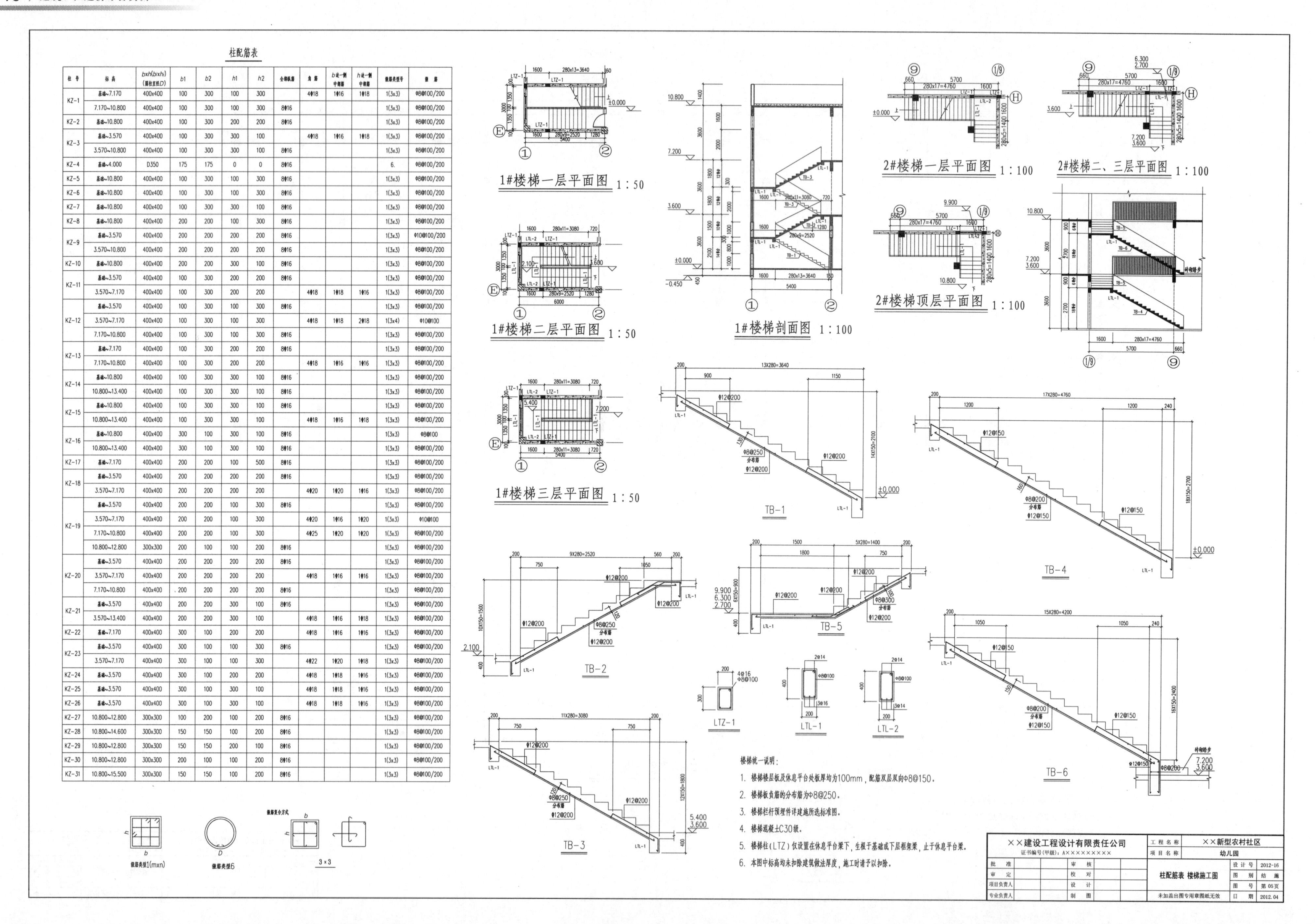

柱配筋表

柱号	标高	bxh(bixhi)(圆柱直径D)	b1	b2	h1	h2	全部纵筋	角筋	b边一侧中部筋	h边一侧中部筋	箍筋类型号	箍筋
KZ-1	基础~7.170	400x400	100	300	100	300		4Φ18	1Φ16	1Φ18	1(3x3)	Φ8@100/200
	7.170~10.800	400x400	100	300	100	300	8Φ16				1(3x3)	Φ8@100/200
KZ-2	基础~10.800	400x400	100	300	200	200	8Φ16				1(3x3)	Φ8@100/200
KZ-3	基础~3.570	400x400	100	300	300	100		4Φ18	1Φ16	1Φ18	1(3x3)	Φ8@100/200
	3.570~10.800	400x400	100	300	300	100	8Φ16				1(3x3)	Φ8@100/200
KZ-4	基础~4.000	D350	175	175	0	0	8Φ16				6.	Φ8@100/200
KZ-5	基础~10.800	400x400	100	300	100	300	8Φ16				1(3x3)	Φ8@100/200
KZ-6	基础~10.800	400x400	100	300	100	300	8Φ16				1(3x3)	Φ8@100/200
KZ-7	基础~10.800	400x400	100	300	300	100	8Φ16				1(3x3)	Φ8@100/200
KZ-8	基础~10.800	400x400	200	200	100	300	8Φ16				1(3x3)	Φ8@100/200
KZ-9	基础~3.570	400x400	200	200	200	200	8Φ16				1(3x3)	Φ10@100/200
	3.570~10.800	400x400	200	200	200	200	8Φ16				1(3x3)	Φ8@100/200
KZ-10	基础~10.800	400x400	200	200	300	100	8Φ16				1(3x3)	Φ8@100/200
KZ-11	基础~3.570	400x400	100	300	200	200	8Φ16				1(3x3)	Φ8@100/200
	3.570~7.170	400x400	100	300	200	200		4Φ18	1Φ18	1Φ16	1(3x3)	Φ8@100/200
KZ-12	基础~3.570	400x400	100	300	100	300	8Φ16				1(3x3)	Φ8@100/200
	3.570~7.170	400x400	100	300	100	300		4Φ18	1Φ18	2Φ18	1(3x4)	Φ10@100
	7.170~10.800	400x400	100	300	100	300	8Φ16				1(3x3)	Φ8@100/200
KZ-13	基础~7.170	400x400	100	300	200	200	8Φ16				1(3x3)	Φ8@100/200
	7.170~10.800	400x400	100	300	200	200		4Φ18	1Φ16	1Φ16	1(3x3)	Φ8@100/200
KZ-14	基础~10.800	400x400	100	300	300	100	8Φ16				1(3x3)	Φ8@100/200
	10.800~13.400	400x400	100	300	300	100	8Φ16				1(3x3)	Φ8@100/200
KZ-15	基础~10.800	400x400	100	300	300	100	8Φ16				1(3x3)	Φ8@100/200
	10.800~13.400	400x400	100	300	300	100		4Φ18	1Φ16	1Φ18	1(3x3)	Φ8@100/200
KZ-16	基础~10.800	400x400	300	100	300	100	8Φ16				1(3x3)	Φ8@100
	10.800~13.400	400x400	300	100	300	100	8Φ16				1(3x3)	Φ8@100/200
KZ-17	基础~7.170	400x400	200	200	100	500	8Φ16				1(3x3)	Φ8@100/200
KZ-18	基础~3.570	400x400	200	200	200	200	8Φ16				1(3x3)	Φ8@100/200
	3.570~7.170	400x400	200	200	200	200		4Φ20	1Φ20	1Φ16	1(3x3)	Φ8@100/200
KZ-19	基础~3.570	400x400	200	200	100	300	8Φ16				1(3x3)	Φ8@100/200
	3.570~7.170	400x400	200	200	100	300		4Φ20	1Φ16	1Φ20	1(3x3)	Φ10@100
	7.170~10.800	400x400	200	200	100	300		4Φ25	1Φ20	1Φ20	1(3x3)	Φ8@100/200
	10.800~12.800	300x300	200	100	100	200	8Φ16				1(3x3)	Φ8@100/200
KZ-20	基础~3.570	400x400	200	200	200	200	8Φ16				1(3x3)	Φ8@100/200
	3.570~7.170	400x400	200	200	200	200		4Φ18	1Φ16	1Φ16	1(3x3)	Φ8@100/200
	7.170~10.800	400x400	200	200	200	200	8Φ16				1(3x3)	Φ8@100/200
KZ-21	基础~3.570	400x400	200	200	300	100	8Φ16				1(3x3)	Φ8@100/200
	3.570~13.400	400x400	200	200	300	100		4Φ18	1Φ16	1Φ18	1(3x3)	Φ8@100/200
KZ-22	基础~7.170	400x400	300	100	200	200		4Φ18	1Φ16	1Φ16	1(3x3)	Φ8@100/200
KZ-23	基础~3.570	400x400	300	100	100	300	8Φ16				1(3x3)	Φ8@100/200
	3.570~7.170	400x400	300	100	100	300		4Φ22	1Φ20	1Φ18	1(3x3)	Φ8@100/200
KZ-24	基础~3.570	400x400	300	100	200	200		4Φ18	1Φ18	1Φ16	1(3x3)	Φ8@100/200
KZ-25	基础~3.570	400x400	300	100	300	100		4Φ18	1Φ18	1Φ16	1(3x3)	Φ8@100/200
KZ-26	基础~3.570	400x400	300	100	300	100		4Φ18	1Φ18	1Φ16	1(3x3)	Φ8@100/200
KZ-27	10.800~12.800	300x300	100	200	100	200	8Φ16				1(3x3)	Φ8@100/200
KZ-28	10.800~14.600	300x300	150	150	100	200	8Φ16				1(3x3)	Φ8@100/200
KZ-29	10.800~12.800	300x300	150	150	200	100	8Φ16				1(3x3)	Φ8@100/200
KZ-30	10.800~12.800	300x300	200	100	100	200	8Φ16				1(3x3)	Φ8@100/200
KZ-31	10.800~15.500	300x300	150	150	100	200	8Φ16				1(3x3)	Φ8@100/200

楼梯统一说明：

1. 楼梯楼层板及休息平台处板厚均为100mm，配筋双层双向Φ8@150。
2. 楼梯板负筋的分布筋为Φ8@250。
3. 楼梯栏杆预埋件详建施所选标准图。
4. 楼梯混凝土C30级。
5. 楼梯柱(LTZ)仅设置在休息平台梁下，生根于基础或下层框架梁，止于休息平台梁。
6. 本图中标高均未扣除建筑做法厚度，施工时请予以扣除。

××建设工程设计有限责任公司 证书编号(甲级)：A×××××××××				工程名称	××新型农村社区	
				项目名称	幼儿园	
批准		审核		柱配筋表 楼梯施工图	设计号	2012-16
审定		校对			图别	结施
项目负责人		设计			图号	第05页
专业负责人		制图		未加盖出图专用章图纸无效	日期	2012.04

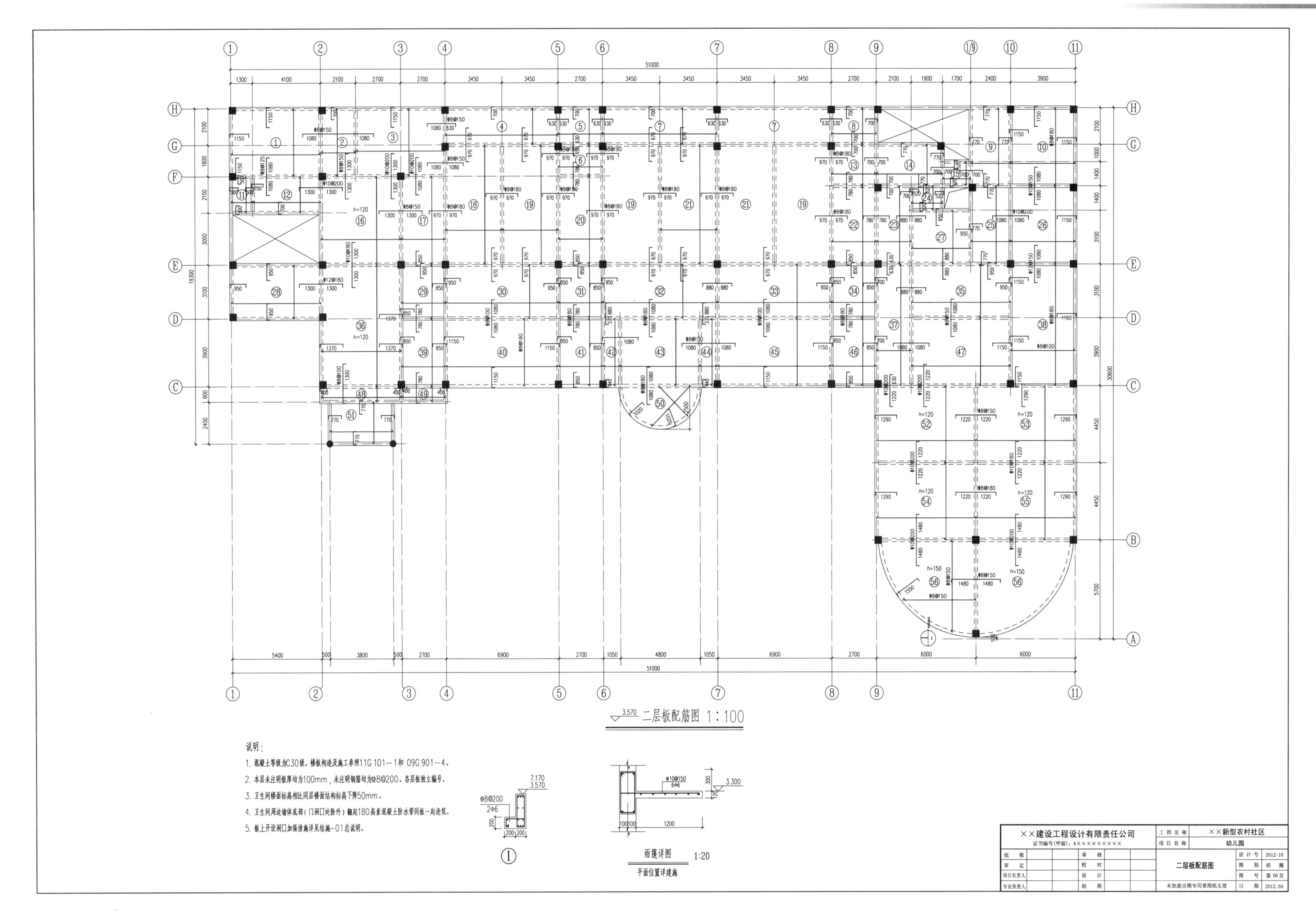

3.570 二层板配筋图 1:100
说明:
1. 混凝土等级为C30级，楼板构造及施工参照11G 101—1和 09G 901—4.
2. 本层未注明板厚均为100mm，未注明钢筋均为Φ8@200. 各层板独立编号.
3. 卫生间楼面标高相比同层楼面结构标高下降50mm.
4. 卫生间周边墙体底部（门洞口处除外）翻起180高素混凝土防水带同板一起浇筑.
5. 板上开设洞口加强措施详见结施-01总说明.
Φ8@200
2Φ6
7.170
3.570
①
Φ10@150
6Φ6
3.300
雨篷详图 1:20
平面位置详建施
××建设工程设计有限责任公司
证书编号(甲级): A××××××××××
工程名称 ××新型农村社区
项目名称 幼儿园
批准
审定
项目负责人
专业负责人
审核
校对
设计
制图
二层板配筋图
未加盖出图专用章图纸无效
设计号 2012-16
图别 结施
图号 第06页
日期 2012.04

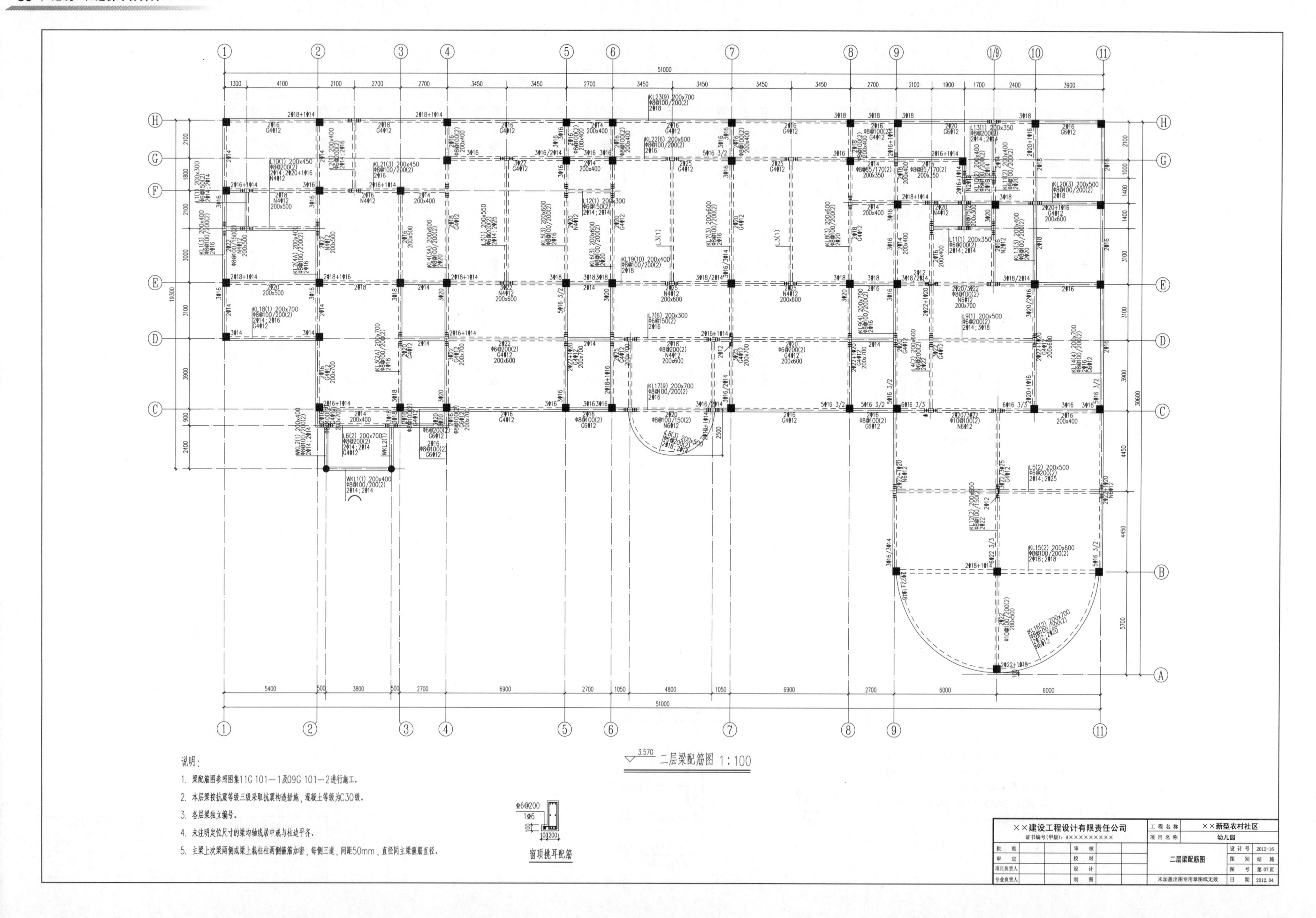
3.570 二层梁配筋图 1:100
说明：
1. 梁配筋图参照图集11G 101—1及09G 101—2进行施工.
2. 本层梁按抗震等级三级采取抗震构造措施，混凝土等级为C30级.
3. 各层梁独立编号.
4. 未注明定位尺寸的梁均轴线居中或与柱边平齐.
5. 主梁上次梁两侧或梁上栽柱柱两侧箍筋加密，每侧三道，间距50mm，直径同主梁箍筋直径.
窗顶挑耳配筋
××建设工程设计有限责任公司
证书编号(甲级)：A×××××××××
工程名称 ××新型农村社区
项目名称 幼儿园
批准 审核
审定 校对
项目负责人 设计
专业负责人 制图
二层梁配筋图
未加盖出图专用章图纸无效
设计号 2012-16
图别 结施
图号 第07页
日期 2012.04

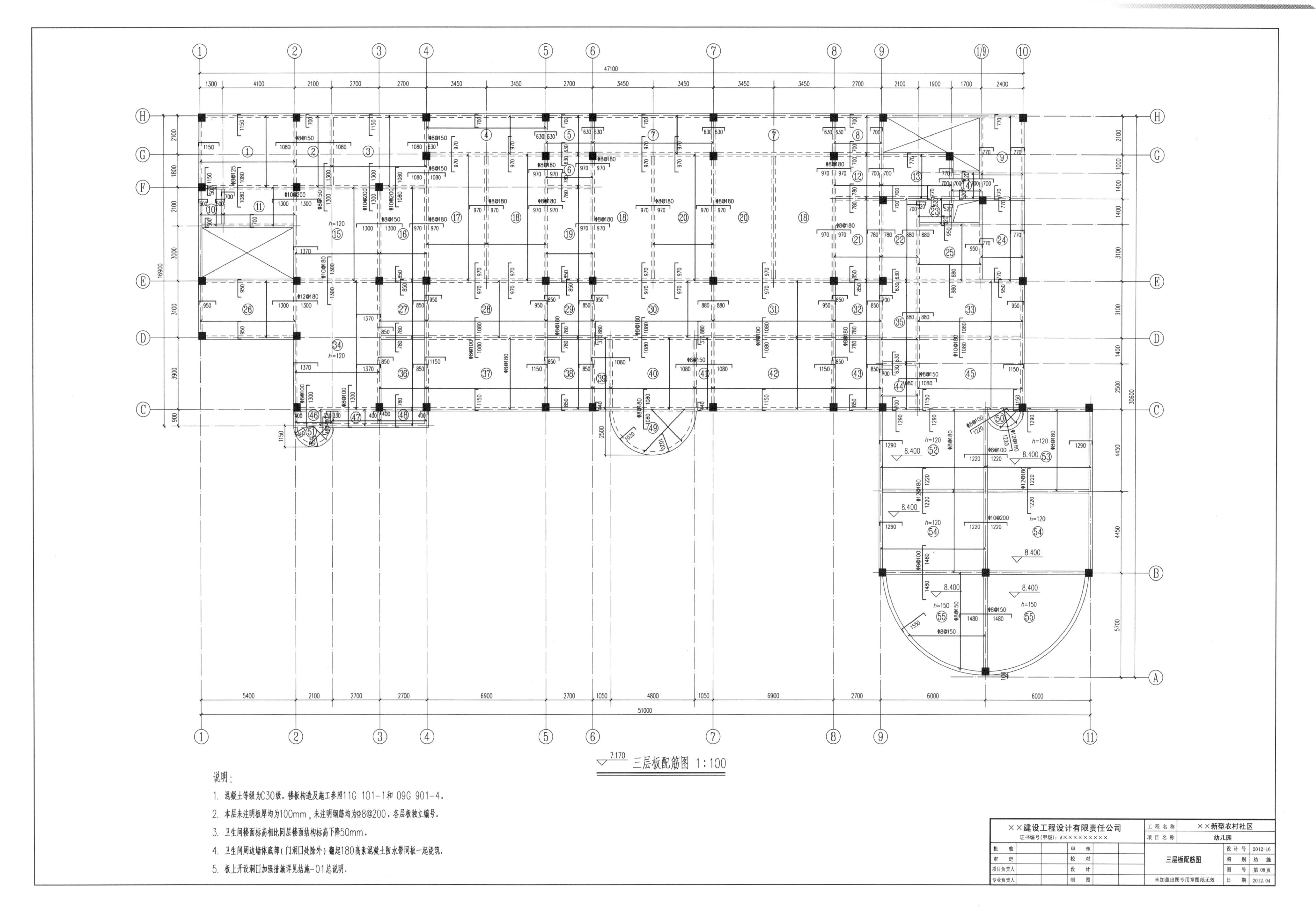
7.170 三层板配筋图 1:100
说明：
1. 混凝土等级为C30级。楼板构造及施工参照11G 101-1和 09G 901-4。
2. 本层未注明板厚均为100mm，未注明钢筋均为Φ8@200。各层板独立编号。
3. 卫生间楼面标高相比同层楼面结构标高下降50mm。
4. 卫生间周边墙体底部（门洞口处除外）翻起180高素混凝土防水带同板一起浇筑。
5. 板上开设洞口加强措施详见结施-01总说明。
××建设工程设计有限责任公司
证书编号(甲级)：A××××××××××
工程名称 ××新型农村社区
项目名称 幼儿园
批准 审核
审定 校对
项目负责人 设计
专业负责人 制图
三层板配筋图
未加盖出图专用章图纸无效
设计号 2012-16
图别 结施
图号 第08页
日期 2012.04

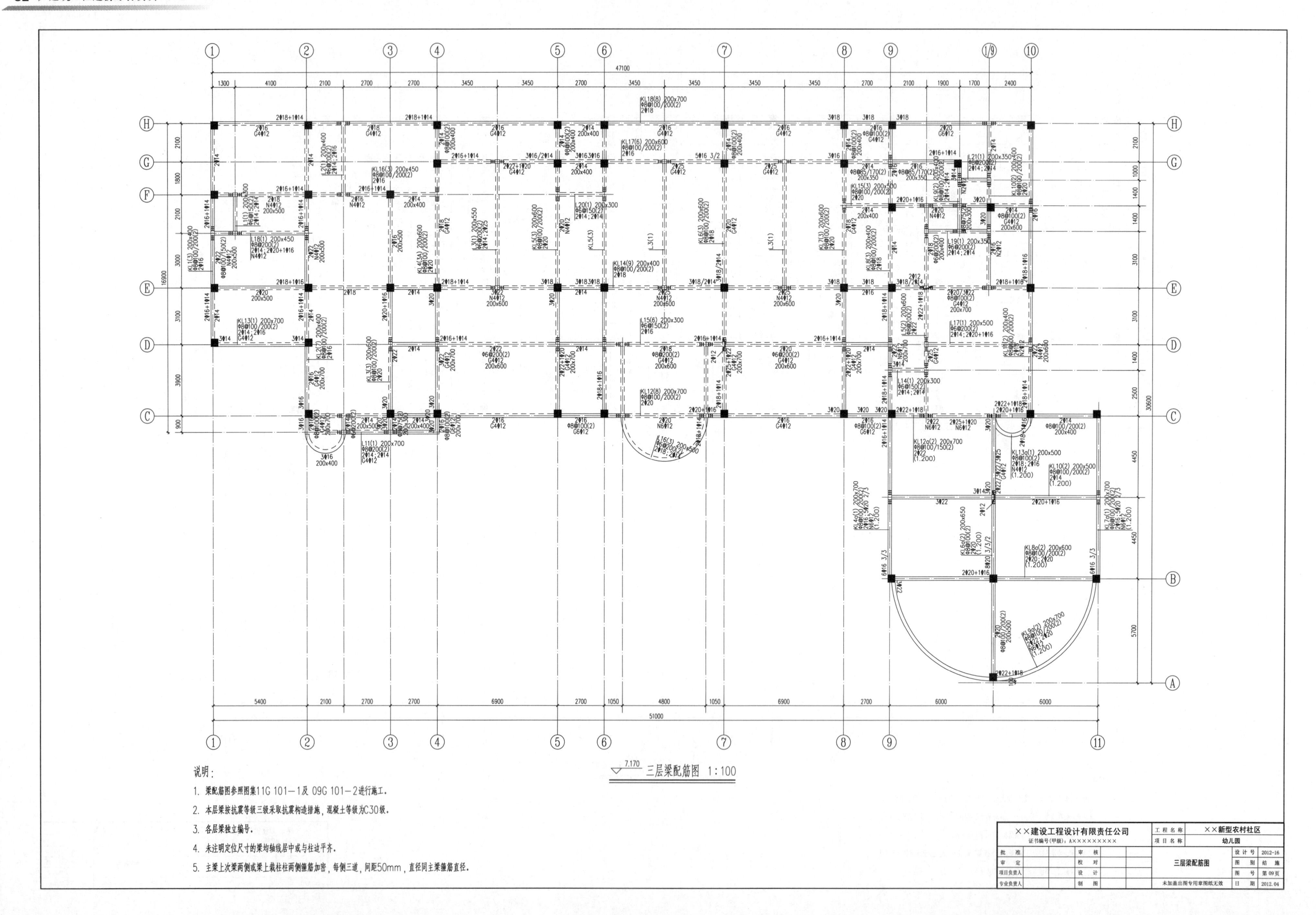
7.170 三层梁配筋图 1:100
说明：
1. 梁配筋图参照图集11G 101—1及 09G 101—2进行施工。
2. 本层梁按抗震等级三级采取抗震构造措施，混凝土等级为C30级。
3. 各层梁独立编号。
4. 未注明定位尺寸的梁均轴线居中或与柱边平齐。
5. 主梁上次梁两侧或梁上栽柱柱两侧箍筋加密，每侧三道，间距50mm，直径同主梁箍筋直径。
××建设工程设计有限责任公司
证书编号(甲级)：A××××××××××
工程名称 ××新型农村社区
项目名称 幼儿园
批准
审定
项目负责人
专业负责人
审核
校对
设计
制图
三层梁配筋图
未加盖出图专用章图纸无效
设计号 2012-16
图别 结施
图号 第09页
日期 2012.04
47100
51000

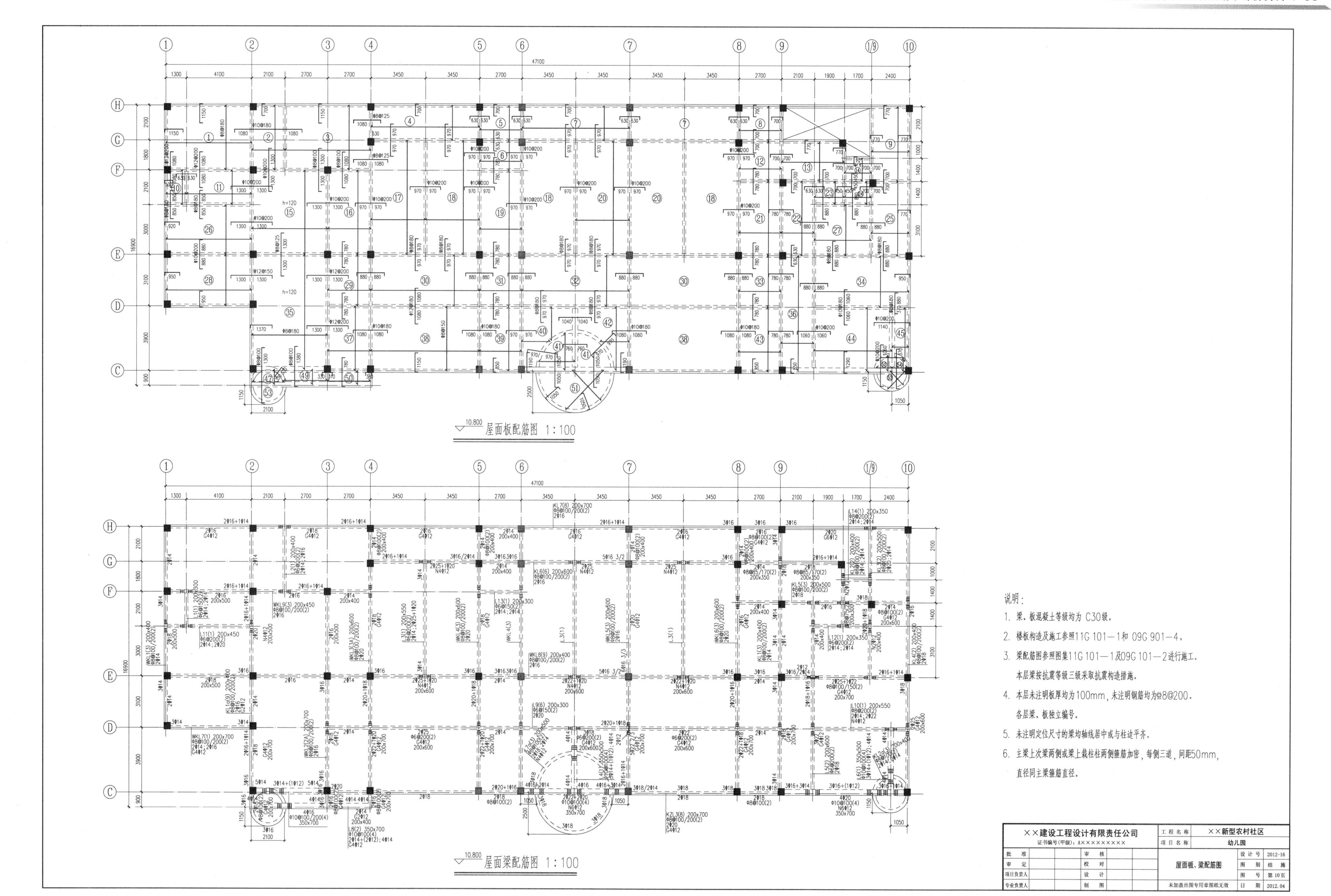
10.800
屋面板配筋图 1:100
10.800
屋面梁配筋图 1:100
说明：
1. 梁、板混凝土等级均为 C30级。
2. 楼板构造及施工参照11G 101—1和 09G 901—4。
3. 梁配筋图参照图集11G 101—1及09G 101—2进行施工。
本层梁按抗震等级三级采取抗震构造措施。
4. 本层未注明板厚均为100mm，未注明钢筋均为Φ8@200。
各层梁、板独立编号。
5. 未注明定位尺寸的梁均轴线居中或与柱边平齐。
6. 主梁上次梁两侧或梁上栽柱柱两侧箍筋加密，每侧三道，间距50mm，
直径同主梁箍筋直径。
××建设工程设计有限责任公司
证书编号(甲级)：A××××××××××
工程名称 ××新型农村社区
项目名称 幼儿园
批准
审定
项目负责人
专业负责人
审核
校对
设计
制图
屋面板、梁配筋图
未加盖出图专用章图纸无效
设计号 2012-16
图别 结施
图号 第10页
日期 2012.04

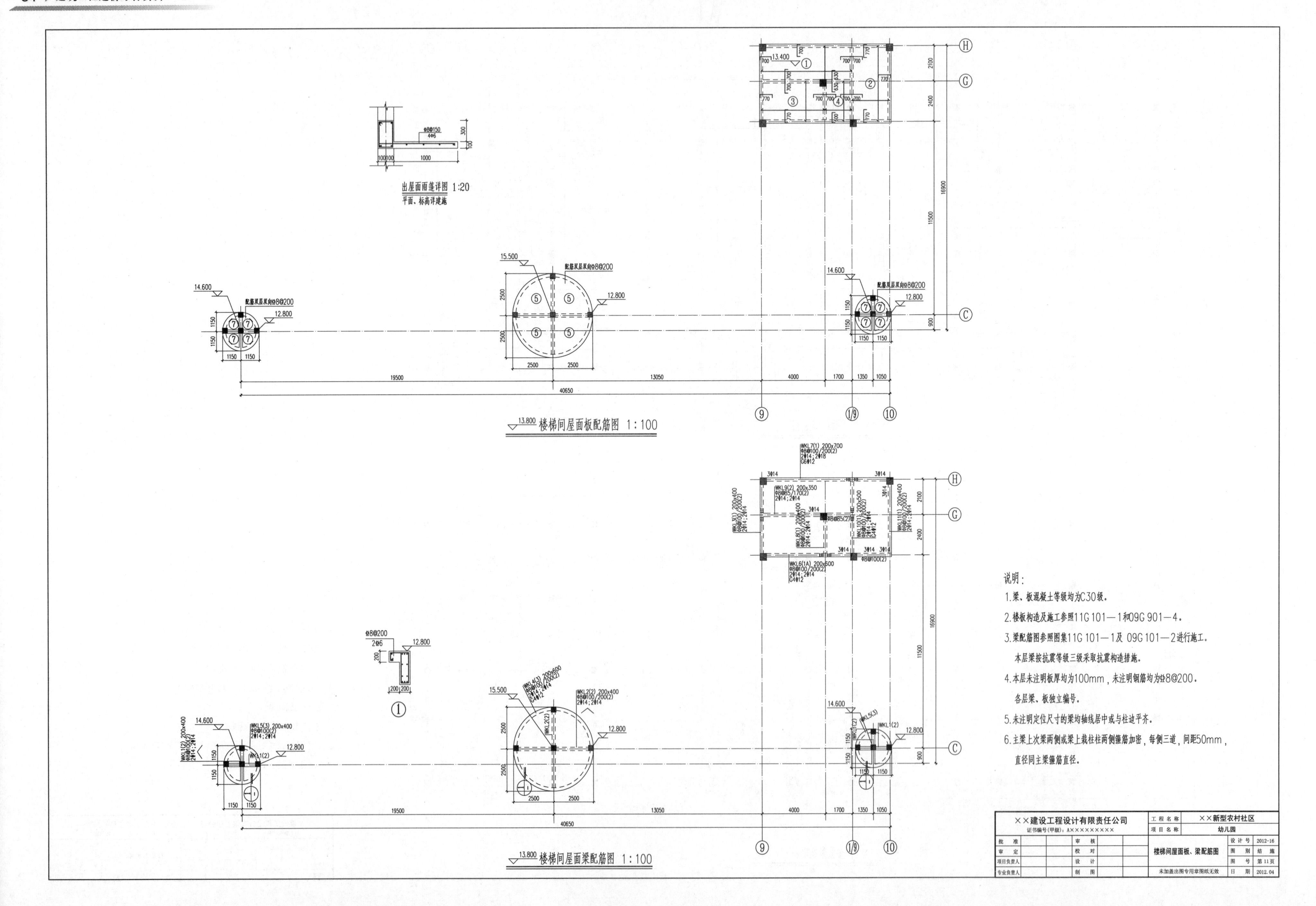

出屋面雨篷详图 1:20
平面、标高详建施
13.800 楼梯间屋面板配筋图 1:100
13.800 楼梯间屋面梁配筋图 1:100
说明：
1.梁、板混凝土等级均为C30级。
2.楼板构造及施工参照11G 101—1和09G 901—4。
3.梁配筋图参照图集11G 101—1及 09G 101—2进行施工。
本层梁按抗震等级三级采取抗震构造措施。
4.本层未注明板厚均为100mm，未注明钢筋均为Φ8@200。
各层梁、板独立编号。
5.未注明定位尺寸的梁均轴线居中或与柱边平齐。
6.主梁上次梁两侧或梁上栽柱柱两侧箍筋加密，每侧三道，间距50mm，
直径同主梁箍筋直径。
××建设工程设计有限责任公司
证书编号(甲级)：A×××××××××
工程名称 ××新型农村社区
项目名称 幼儿园
批准 审核
审定 校对
项目负责人 设计
专业负责人 制图
楼梯间屋面板、梁配筋图
未加盖出图专用章图纸无效
设计号 2012-16
图别 结施
图号 第11页
日期 2012.04

给排水施工设计说明

一、设计依据

1.《建筑给水排水设计规范》GB 50015—2003(2009年版)；

2.《建筑给水排水及采暖工程施工质量验收规范》GB 50242—2002；

3.《建筑排水硬聚氯乙烯螺旋管道工程设计、施工及验收规程》(CECS 94—97)；

4.《建筑灭火器配置规范》GB 50140—2005；

5.《建筑设计防火规范》GB 50016—2006；

6.其他相关规范和相关专业提供的资料。

二、图纸表示说明

1.图中所注尺寸单位：管径、设备外形尺寸、基础尺寸、管道及设备至建筑物轴线(或墙边)的距离，以mm计；管道长度及标高以m计。

2.图中所注管道标高：给水为管中心标高，排水管为管内底标高。

三、管材及接口

1.生活给水管：采用PPR管，热熔连接，螺纹连接。

2.生活污水管：立管采用内螺旋UPVC排水管，横干管及其他采用UPVC排水光管，承插粘结。排水横支管采用标准坡度0.026。排水干管De110，坡度0.015；De160，坡度0.012。

3.消防给水管：采用内外壁热镀锌钢管，螺纹连接。

四、阀门选用

一般阀门：DN<50mm 采用截止阀(J11T-16型)。
DN≥50mm 采用闸阀(Z45T-10型，消防用Z44T-16型)；
或碟阀，耐压要大于管网工作压力。

五、设备及管道安装

1.给水支管高度安装：除图中注明者外，均为地面上1m高。

2.卫生设备安装：参见国标09S304。

3.污水立管顶部的透气管管径与污水立管相同，透气帽应高出屋面0.8m。

4.PPR管道支架最大间距及支架做法参见下表：

管径(mm)			12	14	16	18	20	25	32	40	50	63	75	90	110
最大间距(m)	立管		0.5	0.6	0.7	0.8	0.9	1.0	1.1	1.3	1.6	1.8	2.0	2.2	2.4
	水平管	冷水管	0.4	0.4	0.5	0.5	0.6	0.7	0.8	0.9	1.0	1.1	1.2	1.35	1.55
		热水管	0.2	0.2	0.25	0.3	0.3	0.35	0.4	0.5	0.6	0.7	0.8		

5.排水立管每层均应设伸缩节。

6.排水立管检查口距楼地面1.00m，设置如图中所示。

7.排水横管与排水立管采用45°斜三通或斜四通连接，排水立管与排出管采用两个45°弯头连接。

8.入户给排水管道标高在满足规范条件下可根据室外管网标高调整，图中所标标高只作参考。

9.设地漏的房间，地面应坡向地漏，地漏篦子应低于安装部位地面5~10mm。

六、用水量

1.幼儿园生活最高日用水量为32.0m³/d，最大小时用水量为3.73m³/h。
幼儿园生活排水量为27.2m³/d。

2.幼儿园室内消防用水量为15.0L/s，室外消防用水量为20L/s。

七、试压

1.给水管道水压试验，按工作压力的1.5倍(但不小于0.6MPa，不超过1.0MPa)，稳压1h，压力降不大于0.02MPa，然后在0.35MPa稳压2h，压力降不得超过0.02MPa，同时检查各连接处不得渗漏。

2.排水管道分层做灌水试验，满后延续5分钟，液面不降、不渗、不漏为合格。

3.除本说明及图中说明外，还应按国家《建筑给水排水及采暖工程施工质量验收规范》(GB 50242—2002)施工及验收。

4.厨房给排水部分由业主委托另行设计，本图只做预留，图中其他不再显示。

5.对称部分参照施工图中不再显示。

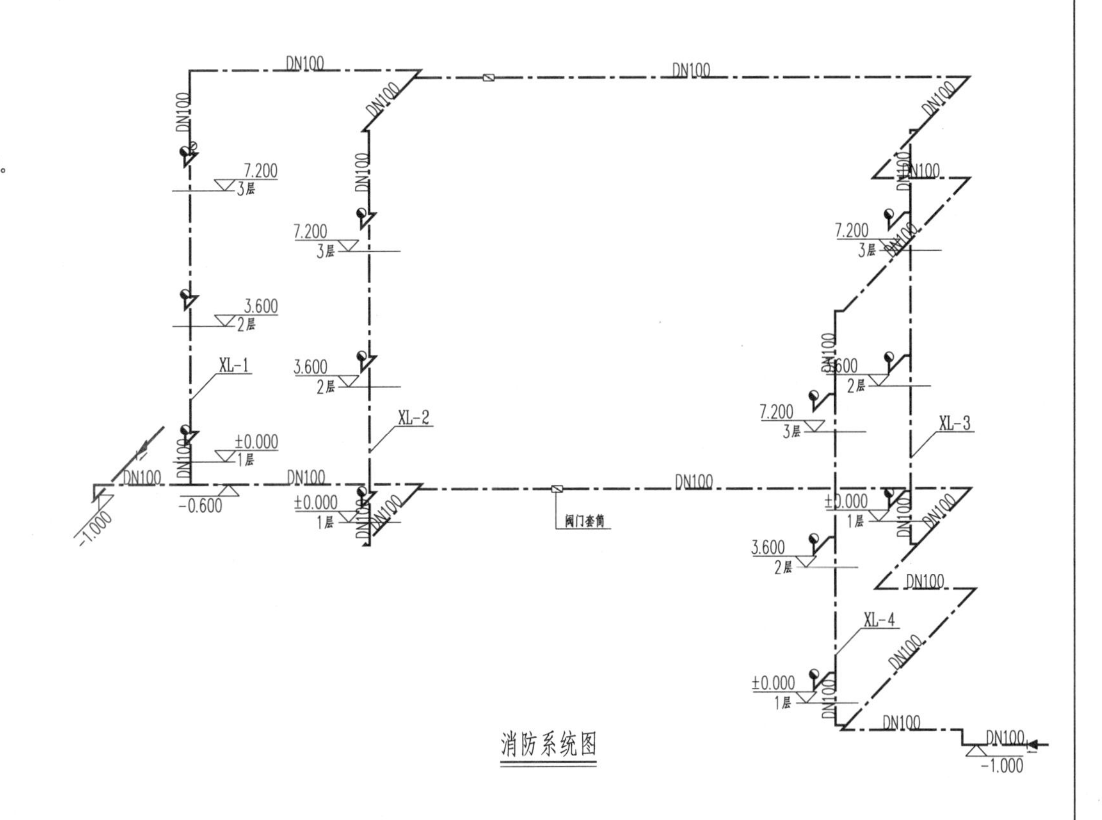

消防系统图

主要设备明细、图例表

序号	名称	图例	单位	数量	选用国标
1	生活冷水管				PPR
2	生活污水管				UPVC
3	消防给水管				内外壁热镀锌钢管
4	小便槽		个	3	09S304-142
5	大便槽		个	3	09S304-146
6	蹲便器		个	4	09S304-87
7	小便器		个	0	09S304-99
8	洗脸盆		个	6	09S304-38
9	洗涤盆		个	12	09S304-19(乙)
10	圆形地漏		个		
11	透气帽		个		
12	存水弯		个		
13	闸阀		个	1	
14	灭火器		个	18	MF/ABC3
15	消防栓		个	12	04S202-26
16	倒流防止器		个	2	05S108-13

采用国家标准图集

序号	图集名称	图集编号	备注
1	室内消火栓安装	04S202	
2	消防专用水泵选用与安装	04S204	
3	消防水泵接合器安装图	99S203	
4	建筑排水设备附件选用安装	04S301	
5	卫生设备安装	09S304	
6	小型潜水排污泵选用及安装	08S305	
7	防水套管	02S404	
8	小型排水构筑物	01S519	
9	管道支架及吊架	03S402	
10	钢制管道零件	02S403	
11	建筑排水用硬聚氯乙烯(PVC-U)安装	10S406	
12	给水塑料管安装	02S405-2	

图纸目录

顺序号	图号	名称	备注
1	水施-01	给排水施工设计说明 消防系统图 主要设备明细 图例表 图纸目录 采用国家标准图集	
2	水施-02	一层给排水平面图	
3	水施-03	二层给排水平面图	
4	水施-04	三层给排水平面图	
5	水施-05	给排水系统图	
		给排水大样图	

××建设工程设计有限责任公司 证书编号(甲级)：A×××××××××						工程名称	××新型农村社区	
						项目名称	幼儿园	
批准			审核			给排水施工设计说明 消防系统图 主要设备明细、图例表 图纸目录 采用国家标准图集	设计号	2012-16
审定			校对				图别	水施
项目负责人			设计				图号	第01页
专业负责人			制图			未加盖出图专用章图纸无效	日期	2012.04

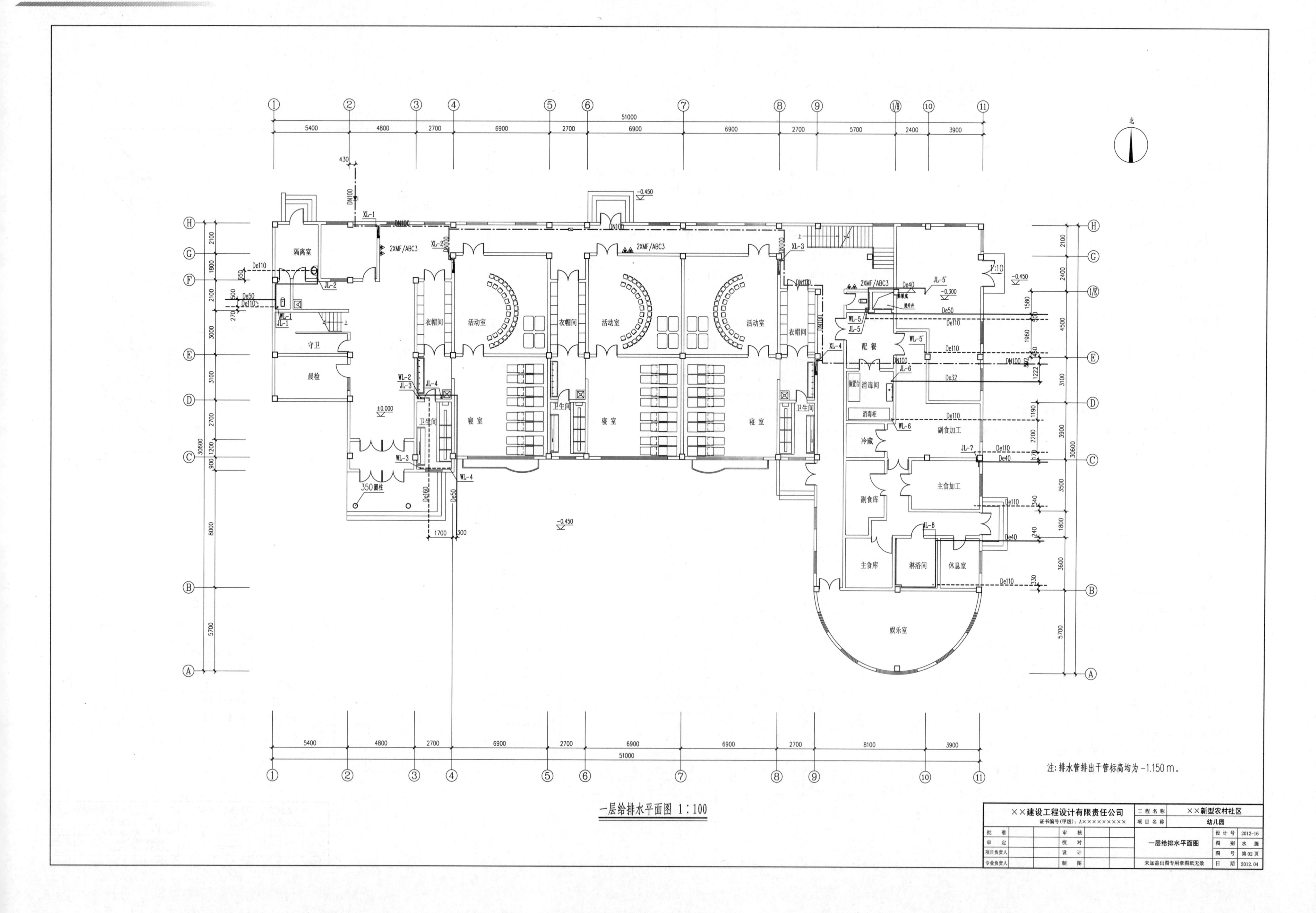
注：排水管排出干管标高均为 -1.150 m。
一层给排水平面图 1:100
××建设工程设计有限责任公司
证书编号(甲级)：A×××××××××
工程名称 ××新型农村社区
项目名称 幼儿园
一层给排水平面图
设计号 2012-16
图别 水施
图号 第02页
日期 2012.04
未加盖出图专用章图纸无效

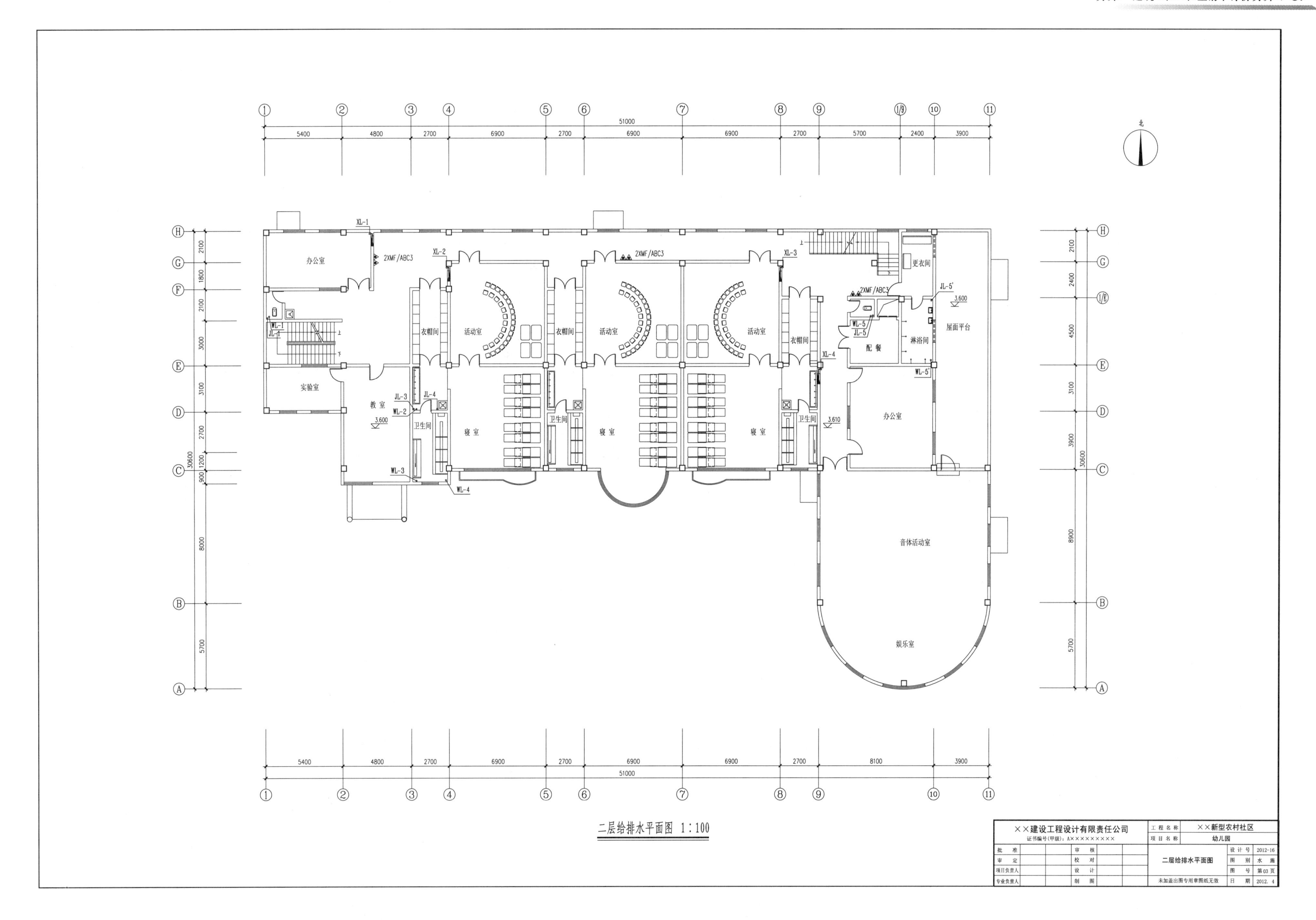

办公室
2XMF/ABC3
XL-1
XL-2
XL-3
XL-4
活动室
衣帽间
寝室
卫生间
教室
实验室
JL-1
WL-1
JL-3
WL-2
JL-4
WL-3
WL-4
JL-5
WL-5
JL-5'
WL-5'
3.600
3.610
更衣间
配餐
淋浴间
屋面平台
音体活动室
娱乐室
51000
5400
4800
2700
6900
5700
2400
3900
8100
30600
二层给排水平面图 1:100
××建设工程设计有限责任公司
证书编号(甲级)：A××××××××××
工程名称
××新型农村社区
项目名称
幼儿园
批准
审定
项目负责人
专业负责人
审核
校对
设计
制图
二层给排水平面图
未加盖出图专用章图纸无效
设计号
2012-16
图别
水施
图号
第03页
日期
2012. 4

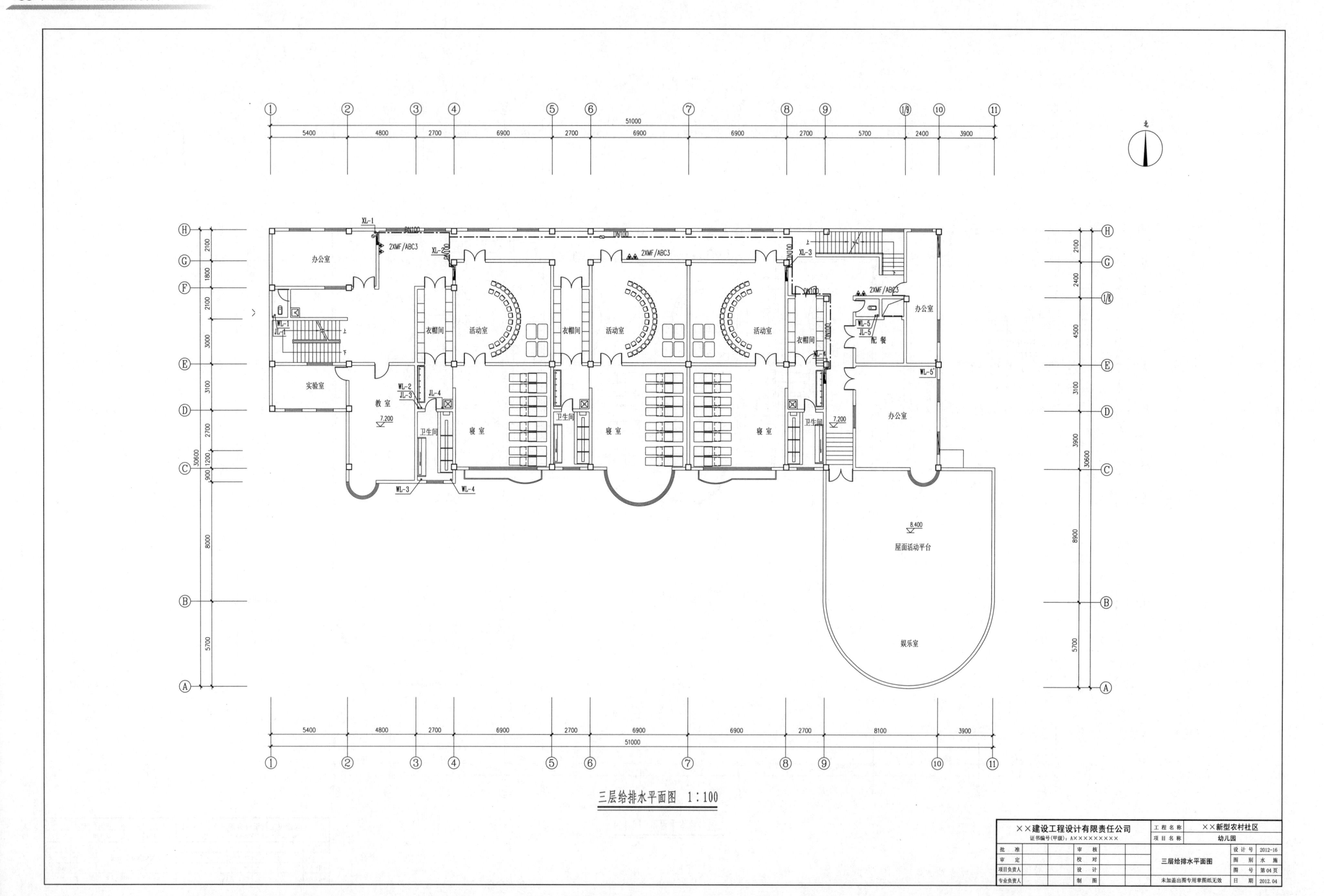
办公室
实验室
教室
卫生间
衣帽间
活动室
寝室
配餐
屋面活动平台
娱乐室
2XMF/ABC3
XL-1
XL-2
XL-3
WL-1
JL-1
WL-2
JL-3
JL-4
WL-3
WL-4
WL-5
JL-5
DN100
7.200
8.400
51000
30600
三层给排水平面图 1:100
××建设工程设计有限责任公司
工程名称 ××新型农村社区
项目名称 幼儿园
三层给排水平面图
设计号 2012-16
图别 水施
图号 第04页
日期 2012.04

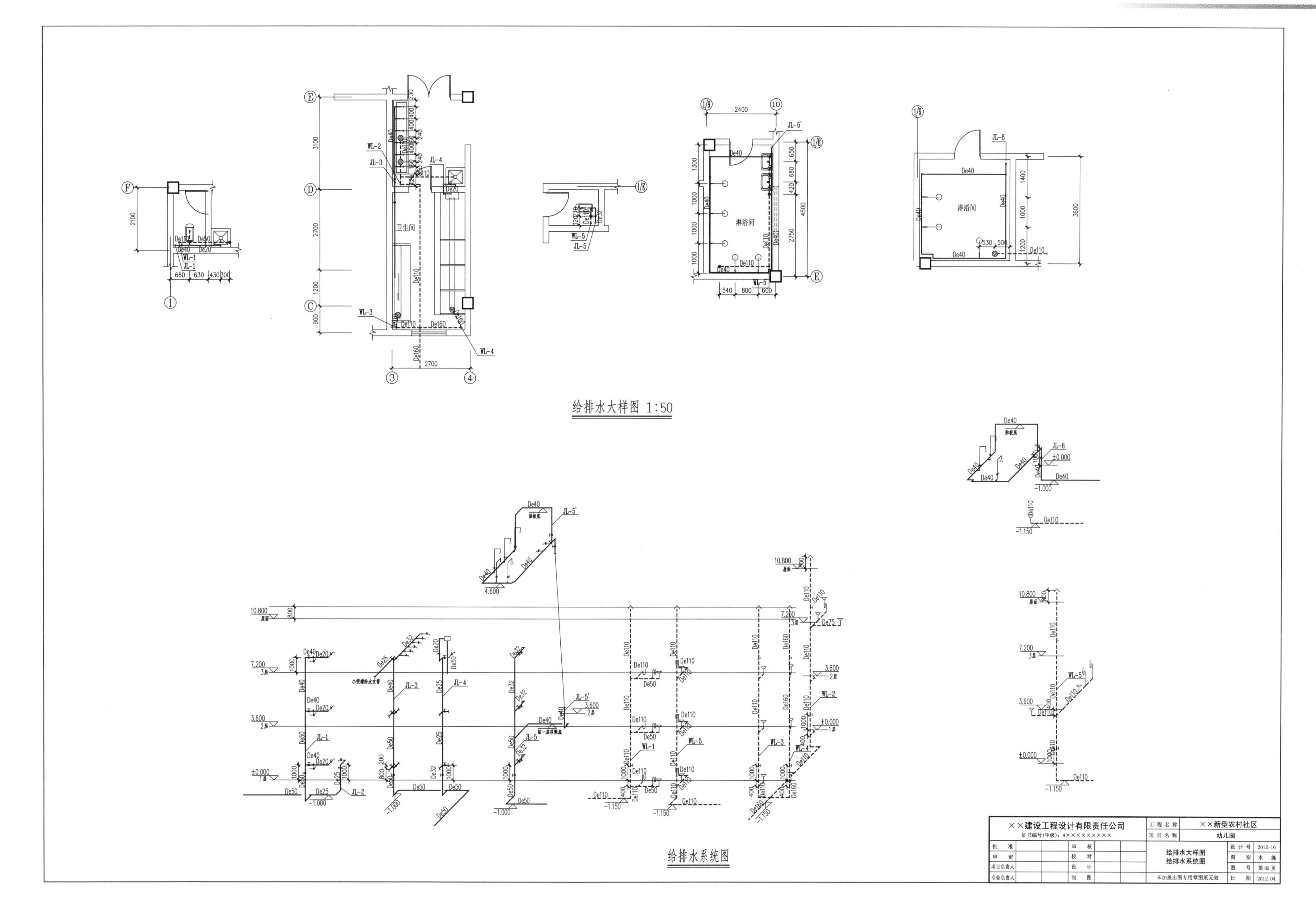
给排水大样图 1:50
给排水系统图
卫生间
淋浴间
××建设工程设计有限责任公司
证书编号(甲级)：A××××××××××
工程名称 ××新型农村社区
项目名称 幼儿园
给排水大样图
给排水系统图
设计号 2012-16
图别 水施
图号 第06页
日期 2012.04
批准
审定
项目负责人
专业负责人
审核
校对
设计
制图
未加盖出图专用章图纸无效

电气设计说明

建筑概况：本工程为××新型社区幼儿园教学楼，共三层，建筑高度12.2m。

一、设计依据

1. 相关专业提供的工程设计资料；
2. 建设单位提供的设计任务书及设计要求；
3. 中华人民共和国现行主要标准及法规：《民用建筑电气设计规范》（JGJ 16—2008）以及其他有关国家及地方现行规程，规范及标准。

二、设计范围

220/380V配电系统；电话、电视、宽带网系统的室内设计。

三、220/380V配电系统

本建筑为三级负荷；总负荷为125kW，从室外引来一根VV-4×70+1×35电缆埋地至1×AP1配电箱。

四、导线选择及敷设

1. 电源总进线均为VV-1kV电缆，其余导线选用均为-500V电缆和铜塑线。
2. 导线敷设：室内线路均为穿PC沿墙或板暗敷设。除注明外，引入单个灯具的导线采用BV-1.5的铜塑线，引入每个终端插座的导线采用BV-2.5的铜塑线，均穿PC管暗敷，穿线管径参见《建筑电气常用数据》04DX101-1第6~25页，26页。

五、节能

所有灯具均选用节能灯具，电线电缆均为铜芯线。

六、其余未尽事宜按现行《建筑电气工程施工质量验收规范》（GB 50303—2002）执行。

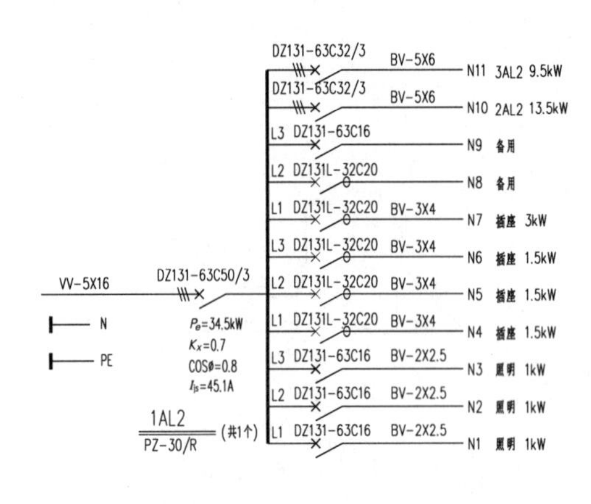

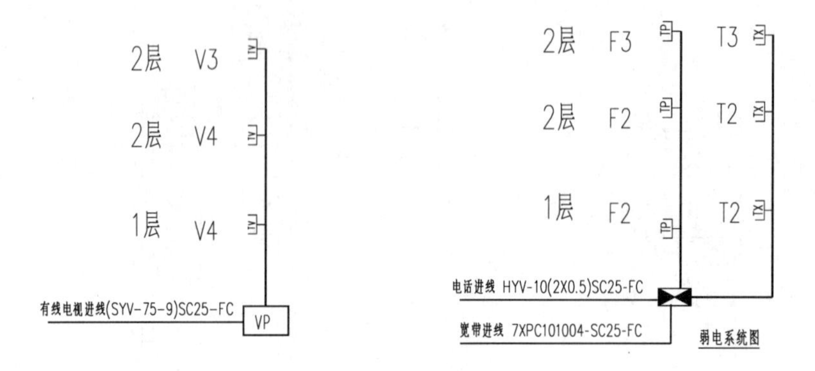

图纸目录

序号	图号	图纸名称	图幅
1	电施-01	设计说明 设备材料表 图纸目录 系统图	A1
2	电施-02	一层照明平面图	A1
3	电施-03	二层照明平面图	A1
4	电施-04	三层照明平面图	A1
5	电施-05	屋面防雷平面图	A1
6	电施-06	一层弱电平面图	A1
7	电施-07	二层弱电平面图	A1
8	电施-08	三层弱电平面图	A1

设备材料表

设备数量仅供参考，据实为准						
序号	图例	设备名称	型号规格	数量	单位	备注
1		动力配电箱	AP	个	3	距地1.5m
2		照明配电箱	AL	个	6	距地1.5m
3		吸顶灯	40W	个	125	吸顶安装
4		双管荧光灯	2X36	个	137	吸顶安装
5		暗装三极单控开关	KG33/1/2A	个	11	距地1.4m
6		暗装双极单控开关	KG32/1/2C	个	73	距地1.4m
7		暗装单极单控开关	KG31/1/2B	个	24	距地1.4m
8		暗装单相安全型插座	KG426/10USL	个	74	距地1.7m
9		分体空调插座	KG426/15USL	个	6	距地1.7m
10		柜机空调插座	KG426/15USL	个	27	距地1.7m
11		暗装弱电进线箱	参考尺寸6700x600x180（内设电话宽带接线端子）	个	1	暗装距地1.5m
12	VP	暗装电视进线箱	参考尺寸6500x400x180	个	1	暗装距地1.5m
13	TP	一位电话插座	A6T01	个	7	距地0.3m
14	TX	一位八芯电脑插座	A6C01	个	7	距地0.3m
15	TV	电视终端插座	A6/C31VTV75	个	11	距地0.3m

××建设工程设计有限责任公司 证书编号：A××××××××××				工程名称	××新型社区	
				项目名称	幼儿园	
批准		审核		图纸目录 弱电系统图 电气设计说明 设备材料表	设计号	2012-12
审定		校对			图别	电施
项目负责人		设计			图号	第01页
专业负责人		制图		未加盖出图专用章图纸无效	日期	2012.03

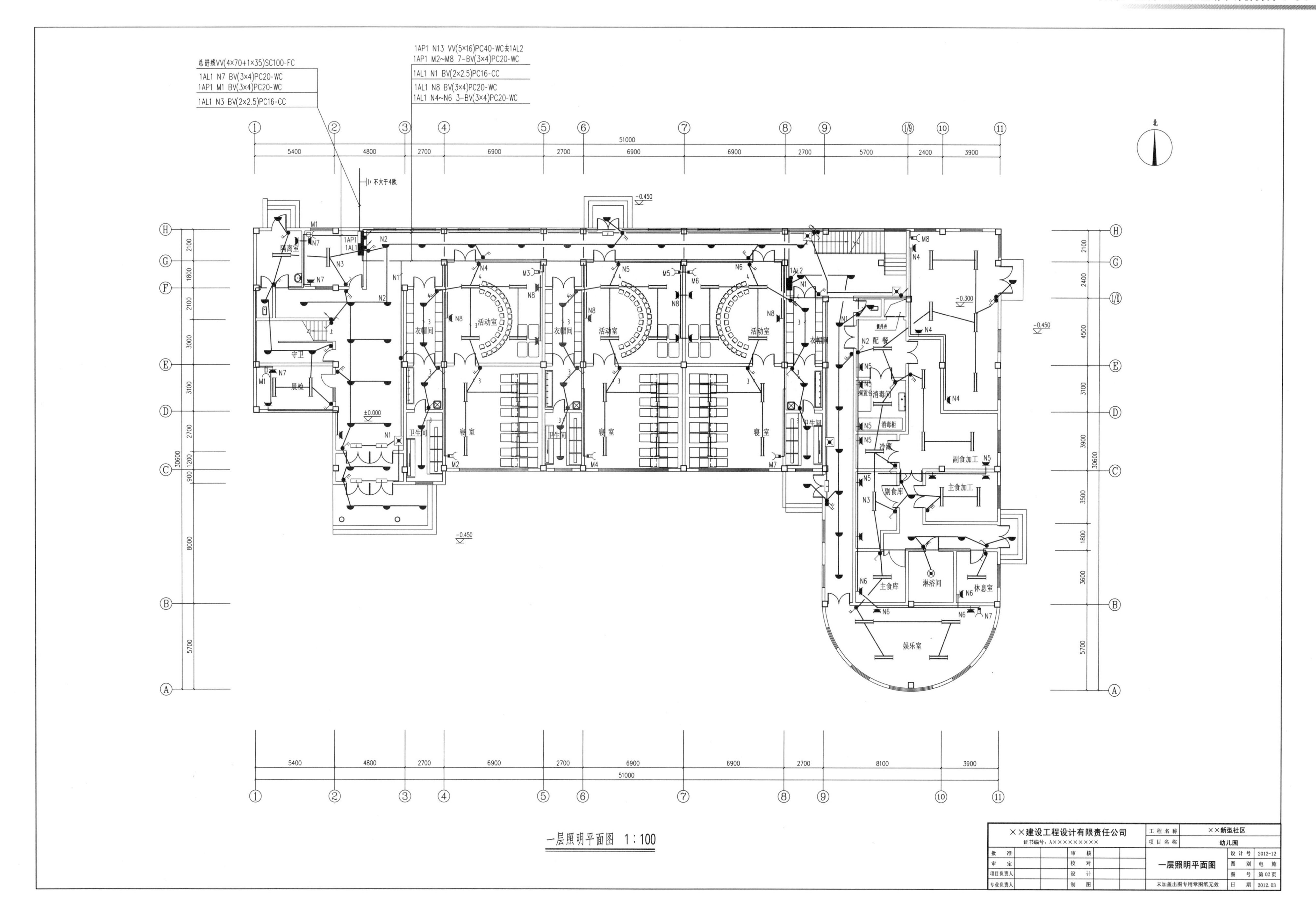
总进线VV(4×70+1×35)SC100-FC
1AL1 N7 BV(3×4)PC20-WC
1AP1 M1 BV(3×4)PC20-WC
1AL1 N3 BV(2×2.5)PC16-CC
1AP1 N13 VV(5×16)PC40-WC去1AL2
1AP1 M2~M8 7-BV(3×4)PC20-WC
1AL1 N1 BV(2×2.5)PC16-CC
1AL1 N8 BV(3×4)PC20-WC
1AL1 N4~N6 3-BV(3×4)PC20-WC
隔离室
守卫
晨检
衣帽间
活动室
卫生间
寝室
配餐
消毒间
消毒柜
冷藏
副食加工
副食库
主食加工
主食库
淋浴间
休息室
娱乐室
一层照明平面图 1：100
××建设工程设计有限责任公司
证书编号：A×××××××××
工程名称 ××新型社区
项目名称 幼儿园
批准
审定
项目负责人
专业负责人
审核
校对
设计
制图
一层照明平面图
未加盖出图专用章图纸无效
设计号 2012-12
图别 电施
图号 第02页
日期 2012.03

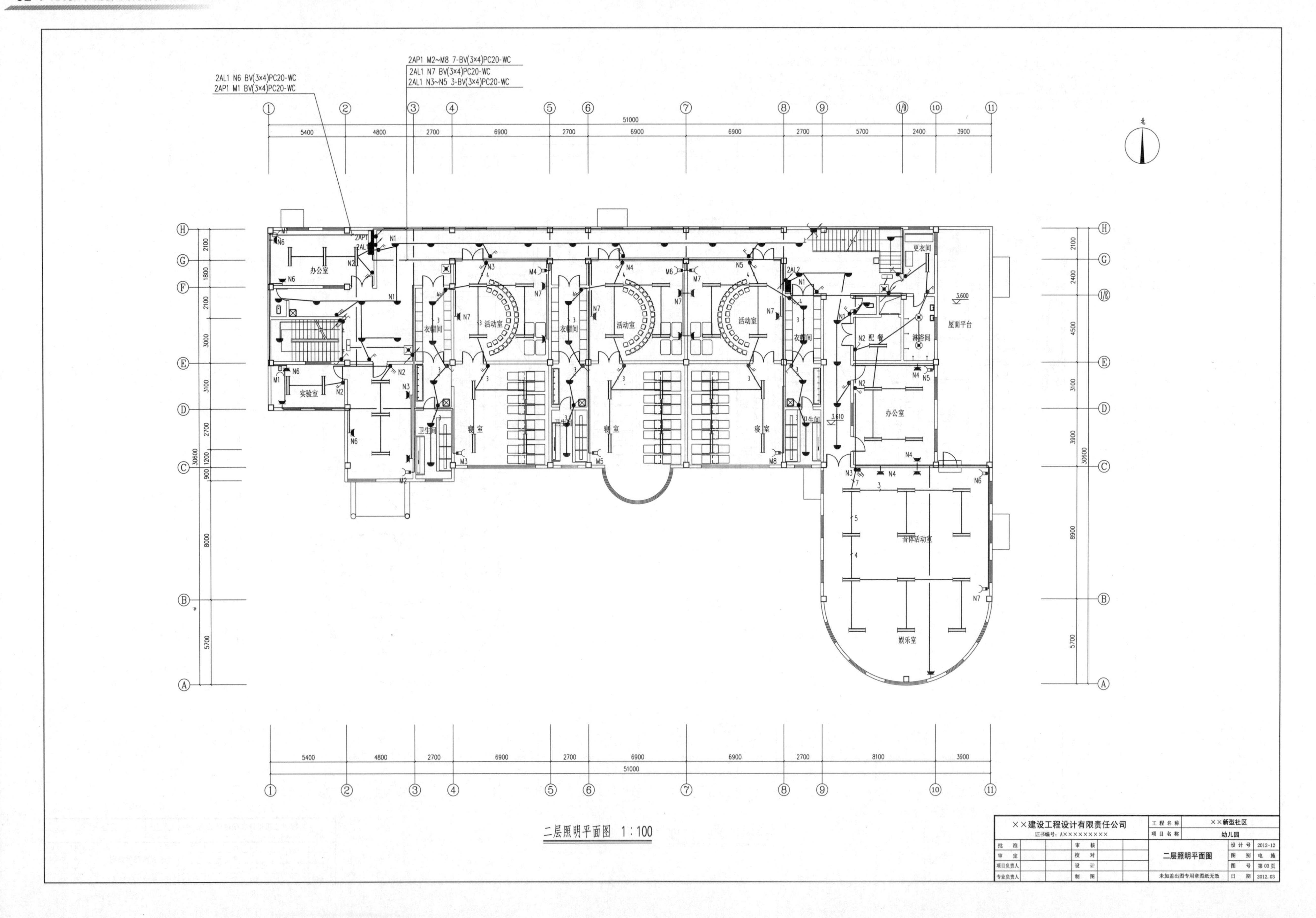
2AL1 N6 BV(3×4)PC20-WC
2AP1 M1 BV(3×4)PC20-WC
2AP1 M2~M8 7-BV(3×4)PC20-WC
2AL1 N7 BV(3×4)PC20-WC
2AL1 N3~N5 3-BV(3×4)PC20-WC
办公室
实验室
衣帽间
活动室
寝室
卫生间
更衣间
配餐
淋浴间
屋面平台
音体活动室
娱乐室
二层照明平面图 1:100
××建设工程设计有限责任公司
工程名称 ××新型社区
项目名称 幼儿园
二层照明平面图
未加盖出图专用章图纸无效
设计号 2012-12
图别 电施
图号 第03页
日期 2012.03

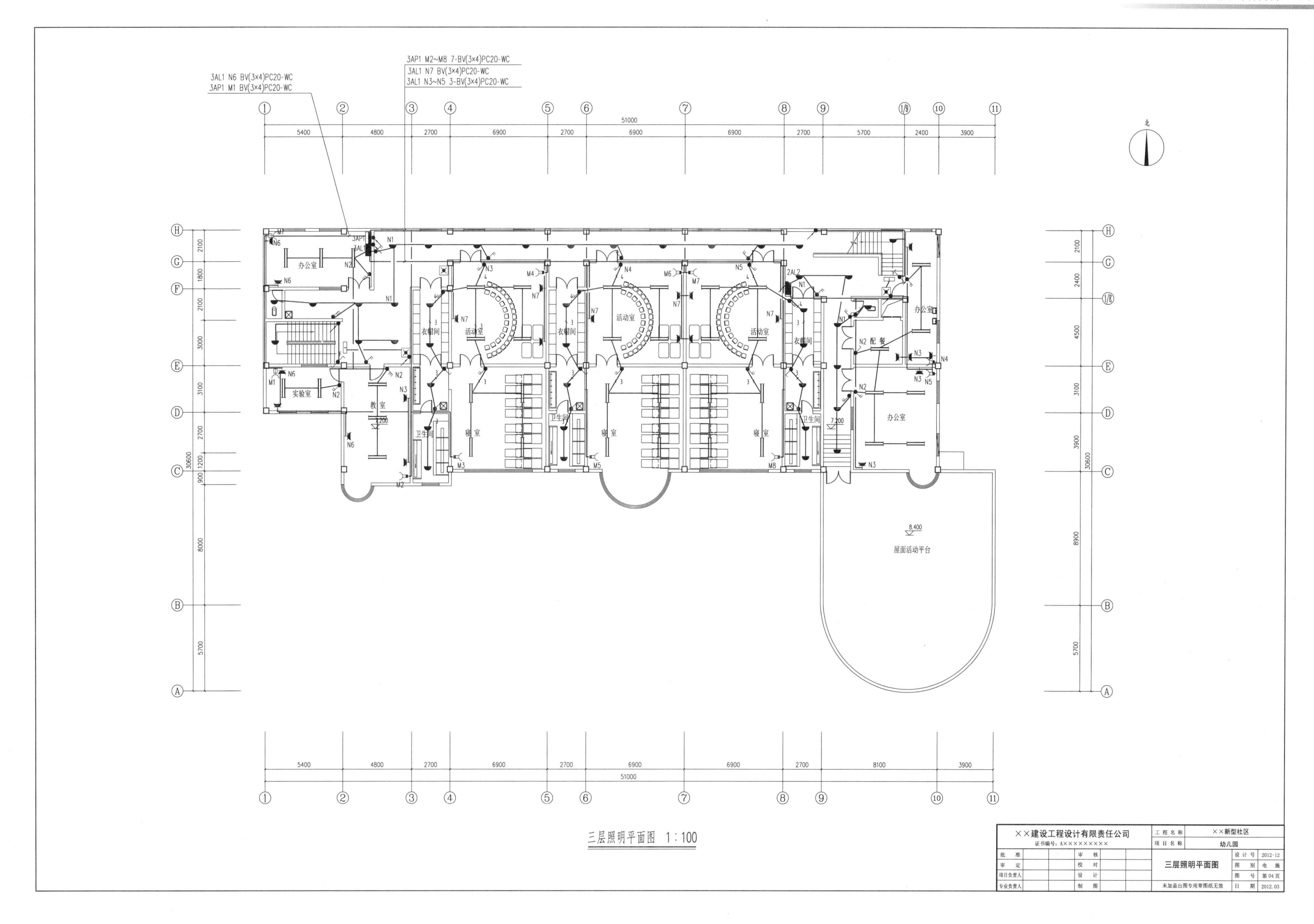

三层照明平面图 1:100

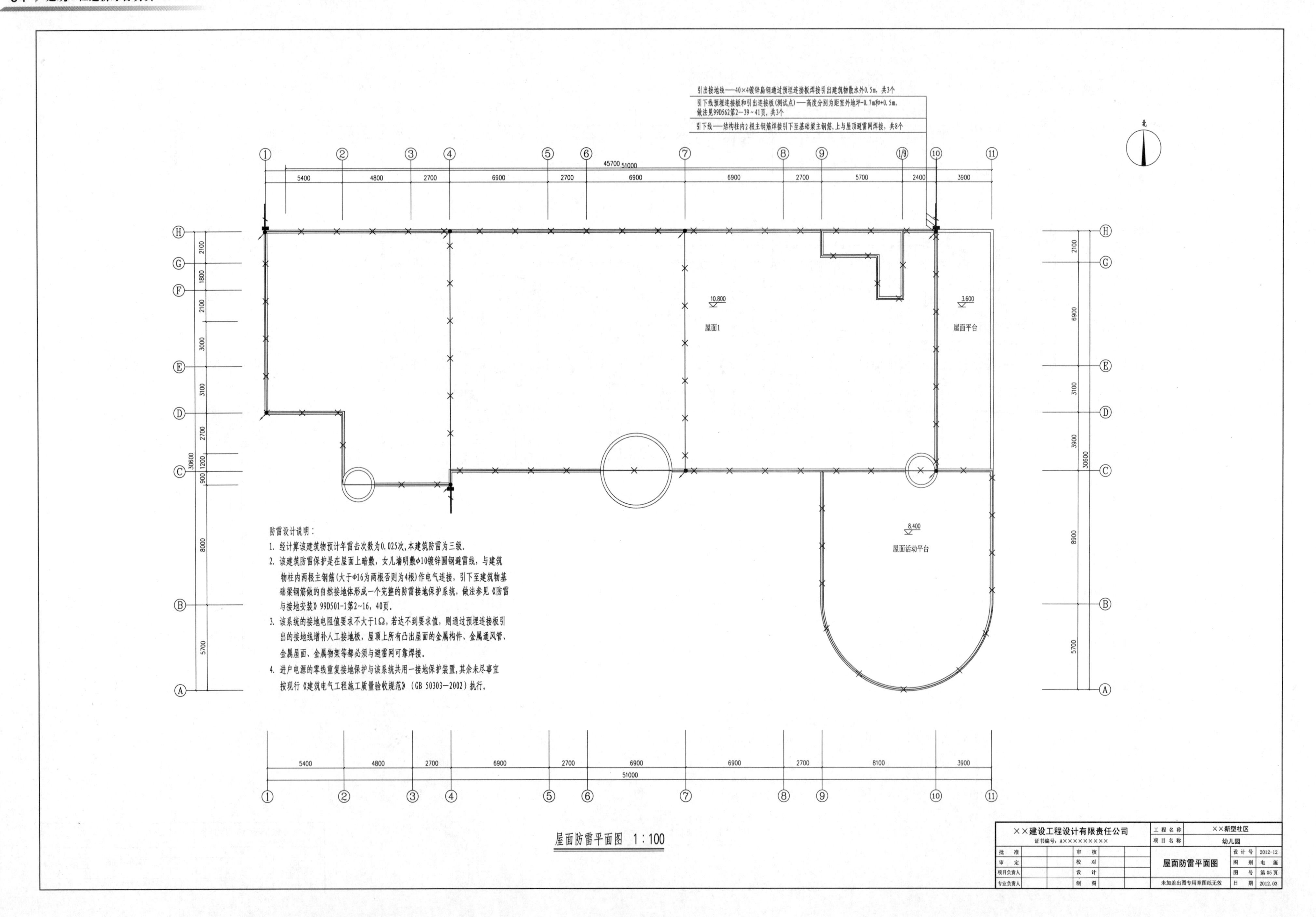
引出接地线——40×4镀锌扁钢通过预埋连接板焊接引出建筑物散水外0.5m，共3个
引下线预埋连接板和引出连接板(测试点)——高度分别为距室外地坪-0.7m和+0.5m，
做法见99D562第2—39～41页，共3个
引下线——结构柱内2根主钢筋焊接引下至基础梁主钢筋，上与屋顶避雷网焊接，共8个
北
① ② ③ ④ ⑤ ⑥ ⑦ ⑧ ⑨ 1/9 ⑩ ⑪
45700 51000
5400 4800 2700 6900 2700 6900 6900 2700 5700 2400 3900
Ⓗ Ⓖ Ⓕ Ⓔ Ⓓ Ⓒ Ⓑ Ⓐ
2100 1800 2100 3000 3100 2700 1200 900 8000 5700 30600
2100 6900 3100 3900 8900 5700 30600
10.800
屋面1
3.600
屋面平台
8.400
屋面活动平台
防雷设计说明：
1. 经计算该建筑物预计年雷击次数为0.025次，本建筑防雷为三级。
2. 该建筑防雷保护是在屋面上暗敷，女儿墙明敷Φ10镀锌圆钢避雷线，与建筑物柱内两根主钢筋(大于Φ16为两根否则为4根)作电气连接，引下至建筑物基础梁钢筋做的自然接地体形成一个完整的防雷接地保护系统，做法参见《防雷与接地安装》99D501-1第2~16，40页。
3. 该系统的接地电阻值要求不大于1Ω，若达不到要求值，则通过预埋连接板引出的接地线增补人工接地极，屋顶上所有凸出屋面的金属构件、金属通风管、金属屋面、金属物架等都必须与避雷网可靠焊接。
4. 进户电源的零线重复接地保护与该系统共用一接地保护装置，其余未尽事宜按现行《建筑电气工程施工质量验收规范》(GB 50303—2002)执行。
5400 4800 2700 6900 2700 6900 6900 2700 8100 3900
51000
① ② ③ ④ ⑤ ⑥ ⑦ ⑧ ⑨ ⑩ ⑪
××建设工程设计有限责任公司
证书编号：A×××××××××
工程名称 ××新型社区
项目名称 幼儿园
批准
审定
项目负责人
专业负责人
审核
校对
设计
制图
屋面防雷平面图
未加盖出图专用章图纸无效
设计号 2012-12
图别 电施
图号 第05页
日期 2012.03

屋面防雷平面图 1:100

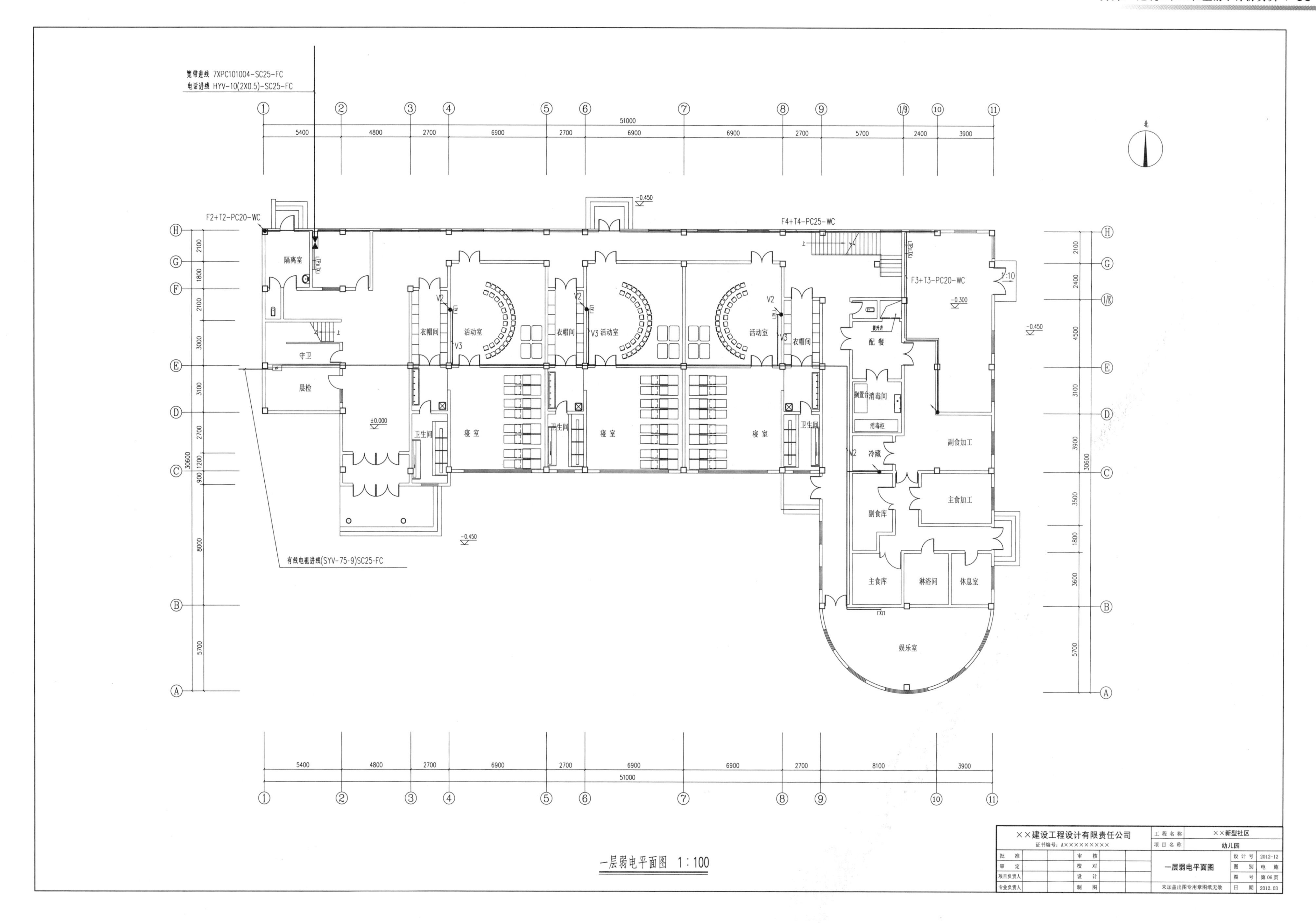

宽带进线 7XPC101004-SC25-FC
电话进线 HYV-10(2X0.5)-SC25-FC
F2+T2-PC20-WC
F4+T4-PC25-WC
F3+T3-PC20-WC
有线电视进线(SYV-75-9)SC25-FC
隔离室
守卫
晨检
衣帽间
活动室
寝室
卫生间
配餐
消毒间
消毒柜
冷藏
副食加工
主食加工
副食库
主食库
淋浴间
休息室
娱乐室
51000
30600
一层弱电平面图 1:100
××建设工程设计有限责任公司
工程名称 ××新型社区
项目名称 幼儿园
一层弱电平面图
设计号 2012-12
图别 电施
图号 第06页
日期 2012.03
批准
审定
项目负责人
专业负责人
审核
校对
设计
制图
未加盖出图专用章图纸无效

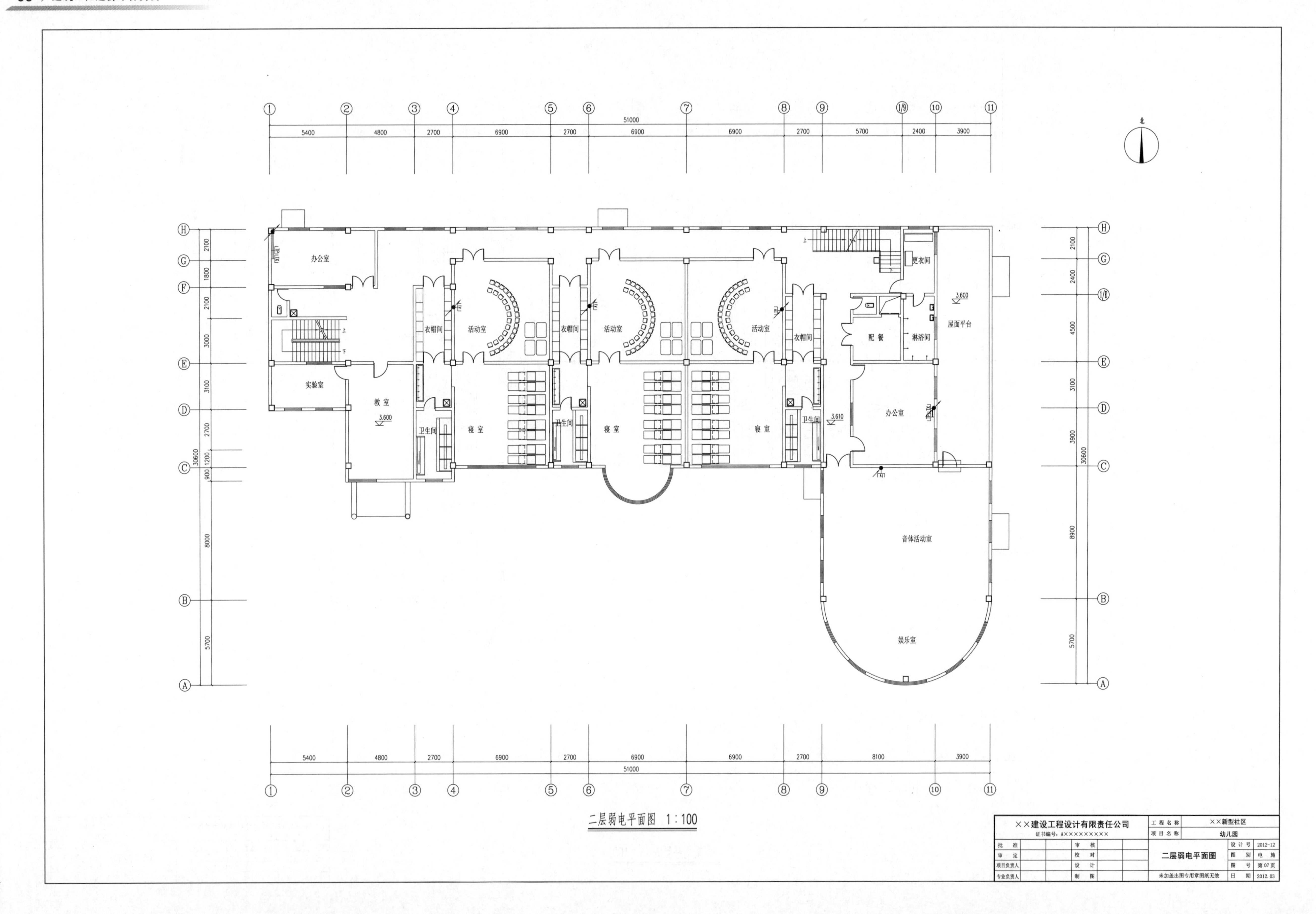
二层弱电平面图 1:100
办公室
实验室
教室
卫生间
衣帽间
活动室
寝室
配餐
淋浴间
更衣间
屋面平台
音体活动室
娱乐室
××建设工程设计有限责任公司
××新型社区
幼儿园
二层弱电平面图

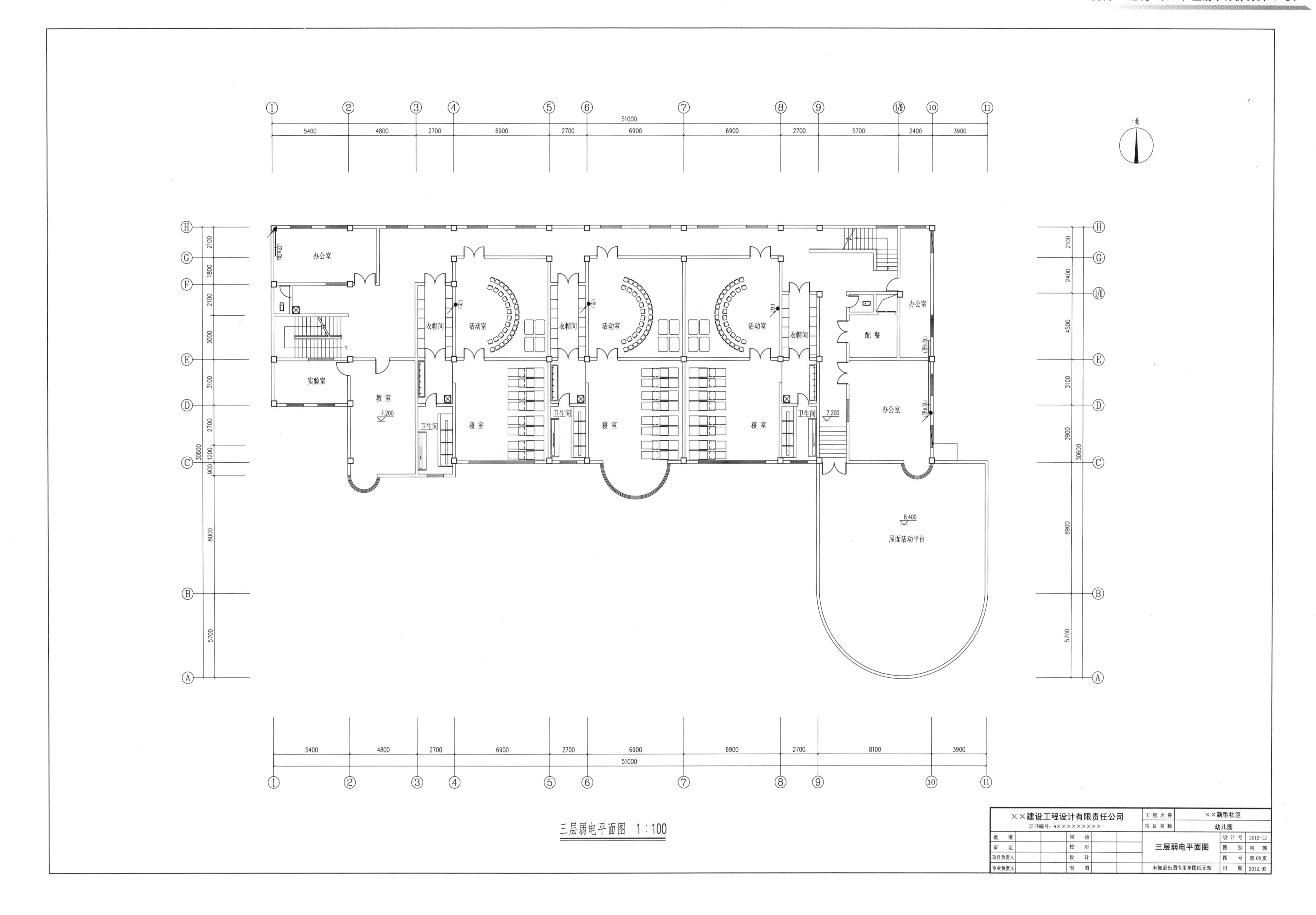

三层弱电平面图 1:100
××建设工程设计有限责任公司
工程名称 ××新型社区
项目名称 幼儿园
三层弱电平面图
办公室
活动室
衣帽间
寝室
卫生间
教室
实验室
配餐
屋面活动平台
51000
30600

实训3　建筑工程造价软件应用实训

【学习总目标】

通过实训3的学习，继续强化手工算量的基本流程，并了解软件带给算量工作的价值；掌握软件的基本画图方法和计算原理；掌握软件的画图操作流程，能运用其中的某个软件对工程量进行计算和套价，逐步提高学生的动手能力和软件操作能力，为适应信息化社会发展打下坚实的基础。

【能力目标】

(1)具备用软件进行点线面基本操作的能力。

(2)具备用软件进行钢筋图绘制、工程量计算的能力。

(3)通过练习具备熟练运用软件进行一定规模的工程算量的能力。

【知识目标】

(1)掌握工程造价软件的基本操作。

(2)掌握工程造价软件的钢筋图绘制和工程量计算方法。

【素质目标】

(1)培养严肃认真的工作态度，细致严谨的工作作风。

(2)培养理论与实际相结合，独立分析问题和解决问题的能力

3.1　建筑工程造价软件应用实训任务书

3.1.1　实训目的和要求

1)实训目的

在社会竞争日益加剧的今天，传统的手工算量无论在时间上还是在准确度上都存在很多问题，而算量软件利用先进的信息技术则可以完全解决这些问题。实训3通过对算量软件的学习，继续提高读图、识图的能力，强化手工算量的基本流程，掌握软件的基本画图方法和计价原理，使学生能够更快、更准确地计算出工程量。

2)实训要求

目前各省、市工程造价算量计价软件很多，例如广联达计价软件、青山计价软件、神机妙算计价软件、鲁班计价软件等，这些计价软件各有优点，但有一个共同点就是安装简单、操作方便，既减轻了计算的工作量、提高了准确度，又加快了预算编制的速度。这就要求学生应该掌握至少一种计价软件的操作方法，通过反复操作，强化训练，至少完成两套不同结构类型图纸的算量计价。在实训过程中，要求学生应提高读图、识图的能力，加深对计算规则的理解，严格按照相关计价规定编制；使学生养成科学严谨的工作态度，严禁抄袭复制他人的实训成果，要求学生能够独立完成实训课程设计，以提高自己的软件操作能力；要求学生要树立十足的信心，并时刻牢记：软件是用来为造价人员服务的，要学会驾驭软件，而不是被软件驾驭。

3.1.2　实训内容

实训3以广联达计价软件的使用操作为例，要求学生系统地掌握应用造价软件编制建筑工程预算文件，主要包含以下几个方面的内容：

1)图形算量GCL8.0软件操作

①新建工程。

②新建轴网。

③构件的定义和绘制。

2)钢筋抽样GGJ10.0软件操作

①新建工程。

②新建轴网。

③钢筋的定义和绘制。

3.1.3　实训时间安排

实训时间安排如表3.1所示。

表3.1　实训时间安排表

序　号	内　容	时间(d)
1	实训准备及熟悉图纸，消耗量定额，清单计价规范，了解工程概况，进行项目划分	0.5
2	图形算量软件操作	1.5
3	钢筋抽样软件操作	2.0
4	报表汇总	0.5
5	打印、整理装订成册	0.5
6	答辩，评定成绩	1.1
7	合　计	6.0

3.1.4　实训成绩考核

(1)成绩评定内容

①作业检查。检查预算书是否完成、形式是否规范、格式是否正确、书写是否工整、计算过程是否清晰、结果是否正确。

②面试答辩。通过查阅预算书，提出问题由学生答辩，根据答辩情况评定成绩。

③出勤考核。根据平时出勤情况进行考核。

(2)成绩评定方法

按照作业检查占40%、面试答辩占40%、出勤占20%评定成绩。

(3)成绩评定等级

按照总分30分确定成绩,并计入总成绩。捏造数据、抄袭他人者成绩计零分。

3.2　建筑工程造价软件应用实训指导书

3.2.1　编制依据

①课程实训应严格执行国家和省(市)颁布的最新行业标准、规范、规程、定额、计价规范及有关造价的政策及文件。

③本课程实训依据《××省建筑工程消耗量定额》,《××省建筑工程价目表》,工程造价管理部门颁布的最新取费程序、计费费率以及施工图设计文件等完成。

3.2.2　实训指导

1)图形算量GCL8.0软件操作步骤

软件操作流程简介:启动软件→新建工程→工程设置(楼层管理)→绘图输入→表格输入→汇总计算→报表打印。

具体操作见重庆大学出版社出版的《建筑工程量计算实训教程》。

2)钢筋抽样GGL10.0软件操作步骤

钢筋抽样GGL10.0软件采用绘图输入与单构件输入相结合的方式,自动按照现行的“平法”11G101—×系统图集,整体处理构件中的钢筋量。

具体操作见重庆大学出版社出版的《钢筋工程量计算实训教程》。

3.3　某钢结构车间施工图设计文件

某钢结构车间施工图设计文件如下所示。

×××学院实训车间

施　工　图

设 计 编 号:2009-0204

法定代表人:× ×

技术负责人:×××

项目负责人:× ×　× ×

××机电设计院有限公司

证书等级:乙　级　证书编号:××××××-sy

××××年××月

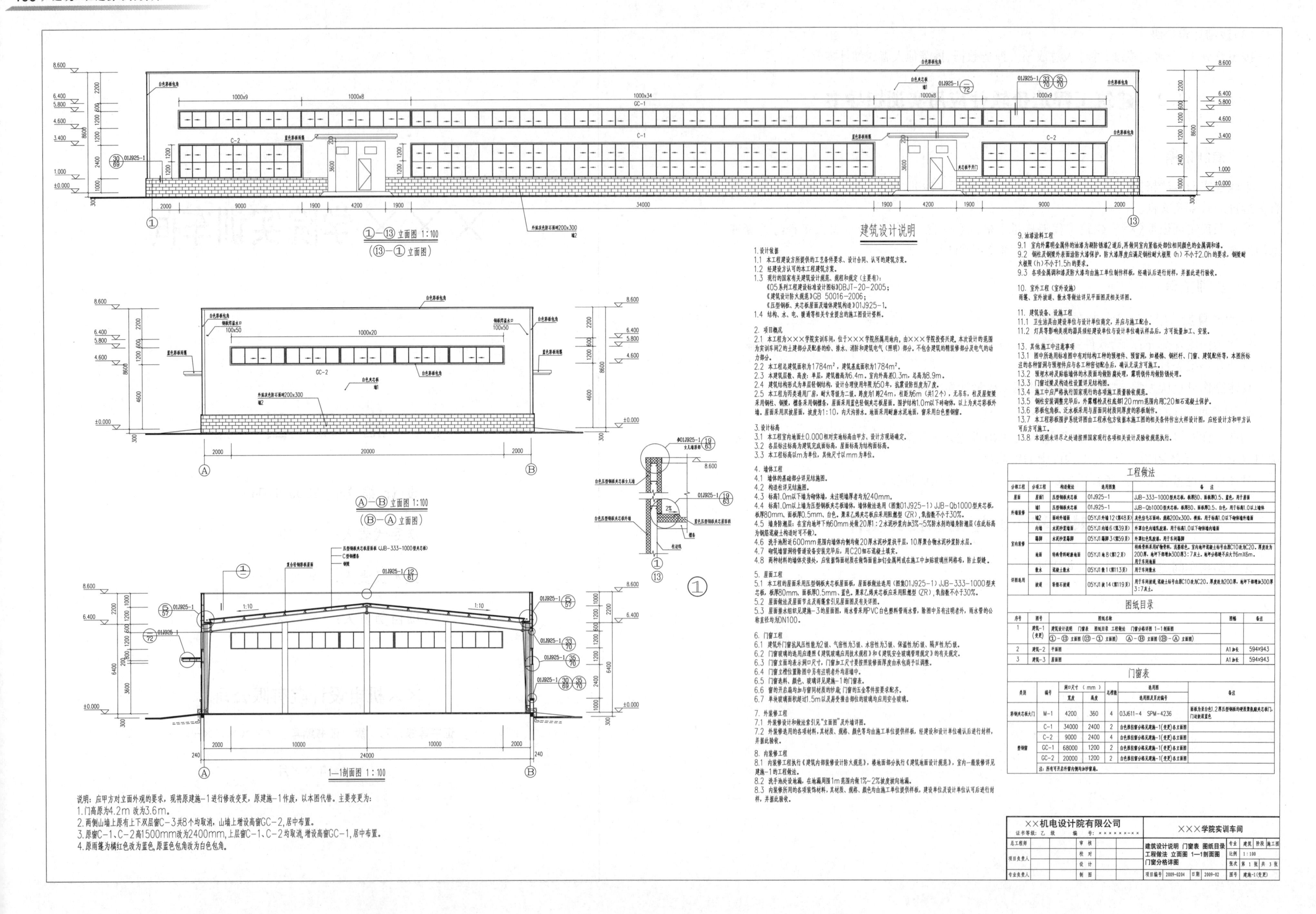

①—⑬立面图 1:100
(⑬—①立面图)

Ⓐ—Ⓑ立面图 1:100
(Ⓑ—Ⓐ立面图)

1—1剖面图 1:100

建筑设计说明

1. 设计依据
1.1 本工程建设方所提供的工艺条件要求、设计合同、认可的建筑方案。
1.2 经建设方认可的本工程建筑方案。
1.3 现行的国家有关建筑设计规范、规程和规定（主要有）：
《05系列工程建设标准设计图标》DBJT-20-2005；
《建筑设计防火规范》GB 50016-2006；
《压型钢板、夹芯板屋面及墙体建筑构造》01J925-1。
1.4 结构、水、电、暖通等相关专业提出的施工图设计资料。

2. 项目概况
2.1 本工程为×××学院实训车间，位于×××学院所属用地内，由×××学院投资兴建。本次设计的范围为实训车间2的土建部分及配套的给、排水、消防和建筑电气（照明）部分。不包含建筑的精装修部分及电气的动力部分。
2.2 本工程总建筑面积为1784m²，建筑基底面积为1784m²。
2.3 本建筑层数、高度：单层，建筑檐高为6.4m。室内外高差0.3m，总高为8.9m。
2.4 建筑结构形式为单层轻钢结构，设计合理使用年限为50年，抗震设防烈度为7度。
2.5 本工程为丙类通用厂房，耐火等级为二级。跨度为1跨24m，柱距为6m（共12个），无吊车，柱及屋架梁采用钢柱、钢梁，檩条采用钢檩条，屋面采用蓝色轻钢夹芯板屋面。围护结构1.0m以下砖砌体，以上为夹芯彩板外墙。屋面采用双坡屋面，坡度为1:10，内天沟排水。地面采用耐磨水泥地面，窗采用白色塑钢窗。

3. 设计标高
3.1 本工程室内地面±0.000相对实地标高由甲方、设计方现场确定。
3.2 各层标注标高为建筑完成面标高，屋面标高为结构面标高。
3.3 本工程标高以m为单位，其他尺寸以mm为单位。

4. 墙体工程
4.1 墙体的基础部分详见结施图。
4.2 构造柱详见结施图。
4.3 标高1.0m以下墙为砌体墙，未注明墙厚者均为240mm。
4.4 标高1.0m以上墙为压型钢板夹芯板墙体，墙体做法选用（图集01J925-1）JJB-Qb1000型夹芯板，板厚80mm、面板厚0.5mm、白色。聚苯乙烯夹芯板应采用阻燃型（ZR），氧指数不小于30%。
4.5 墙身防潮层：在室内地坪下约60mm处做20厚1:2水泥砂浆内加3%~5%防水剂的墙身防潮层（在此标高为钢筋混凝土构造时可不做）。
4.6 洗手池附近600mm范围内墙体内侧均做20厚水泥砂浆找平层，10厚聚合物水泥砂浆防水层。
4.7 砌筑墙留洞待管道设备安装完毕后，用C20细石混凝土填实。
4.8 两种材料的墙体交接处，应依据饰面材质在做饰面前加钉金属网或在施工中加贴玻璃丝网格布，防止裂缝。

5. 屋面工程
5.1 本工程的屋面采用压型钢板夹芯板屋面板，屋面板做法选用（图集01J925-1）JJB-333-1000型夹芯板，板厚80mm、面板厚0.5mm、蓝色。聚苯乙烯夹芯板应采用阻燃型（ZR），氧指数不小于30%。
5.2 屋面做法及屋面节点及雨篷索引见屋面图及有关详图。
5.3 屋面排水组织见建施-3的屋面图，雨水管采用PVC白色塑料管雨水管，除图中另有注明者外，雨水管的公称直径均为DN100。

6. 门窗工程
6.1 建筑外门窗抗风压性能为2级、气密性为3级、水密性为3级、保温性为6级、隔声性为5级。
6.2 门窗玻璃的选用应遵照《建筑玻璃应用技术规程》和《建筑安全玻璃管理规定》的有关规定。
6.3 门窗立面均表示洞口尺寸，门窗加工尺寸要按照装修面厚度由承包商予以调整。
6.4 门窗立樘位置除图中另有注明者外均居墙中。
6.5 门窗选料、颜色、玻璃详见建施-1的门窗表。
6.6 窗的开启扇均加与窗同材质的纱扇；门窗的五金零件按要求配齐。
6.7 单块玻璃面积超过1.5m以及易受撞击部位的玻璃均应用安全玻璃。

7. 外装修工程
7.1 外装修设计和做法索引见"立面图"及外墙详图。
7.2 外装修选用的各项材料，其材质、规格、颜色等均由施工单位提供样板，经建设和设计单位确认后进行封样，并据此验收。

8. 内装修工程
8.1 内装修工程执行《建筑内部装修设计防火规范》，楼地面部分执行《建筑地面设计规范》，室内一般装修详见建施-1的工程做法。
8.2 洗手池处设地漏，在地漏周围1m范围内做1%~2%坡度坡向地漏。
8.3 内装修所用的各项装饰材料，其材质、规格、颜色均由施工单位提供样板，建设单位及设计单位认可后进行封样，并据此验收。

9. 油漆涂料工程
9.1 室内外露明金属件的油漆为刷防锈漆2道后，再做同室内紧临处部位相同颜色的金属调和漆。
9.2 钢柱及钢梁外表面涂防火漆保护，防火漆厚度应满足钢柱耐火极限（h）不小于2.0h的要求，钢梁耐火极限（h）不小于1.5h的要求。
9.3 各项金属调和漆及防火漆均由施工单位制作样板，经确认后进行封样，并据此进行验收。

10. 室外工程（室外设施）
雨篷、室外坡道、散水等做法详见平面图及相关详图。

11. 建筑设备、设施工程
11.1 卫生洁具由建设单位与设计单位商定，并应与施工配合。
11.2 灯具等影响美观的器具须经建设单位与设计单位确认样品后，方可批量加工、安装。

13. 其他施工中注意事项
13.1 图中所选用标准图中有对结构工种的预埋件、预留洞，如楼梯、钢栏杆、门窗、建筑配件等，本图所标注的各种留洞与预埋件应与各工种密切配合后，确认无误方可施工。
13.2 预埋木砖及贴临墙体的木质面均做防腐处理，露明铁件均做防锈处理。
13.3 门窗过梁及构造柱设置详见结构图。
13.4 施工中应严格执行国家现行的各项施工质量验收规范。
13.5 钢柱安装调整完毕后，外露螺栓及柱底部120mm范围内用C20细石混凝土保护。
13.6 彩板包角板、泛水板采用与屋面同材质同厚度的彩板制作。
13.7 本工程彩板围护系统详图由工程承包方依据本施工图的相关条件作出大样设计图，应经设计方和甲方认可后方可施工。
13.8 本说明未详尽之处请按照国家现行各项相关设计及验收规范执行。

工程做法

分部工程	分项工程	构造做法	选用图集	备注
屋面	屋面1	压型钢板夹芯板	01J925-1	JJB-333-1000型夹芯板，板厚80、面板厚0.5、蓝色，用于屋面
外墙装修	墙1	压型钢板夹芯板	01J925-1	JJB-Qb1000型夹芯板，板厚80、面板厚0.5、白色，用于标高1.0以上墙体
	墙2	面砖外墙面	05YJ1外墙12(第48页)	灰色仿毛石面砖，规格200x300，横贴，用于标高1.0以下砌体墙外墙面
室内装修	内墙	水泥砂浆墙面	05YJ1内墙6(第39页)	外罩白色内墙乳胶漆，用于标高1.0以下砌体墙内墙面
	踢脚	水泥砂浆踢脚	05YJ1踢脚3(第59页)	外罩红色乳胶漆，用于车间踢脚
	地面	特殊骨料耐磨地面	05YJ1地8(第12页)	特殊骨料采用矿物骨料，浅墨绿色。室内地坪混凝土标号由原C10改为C20。厚度改为200厚，地坪下部增加300厚3:7灰土。地坪分格缝不应大于6mX6m。用于车间地面
详图选用	散水	混凝土散水	05YJ1散1(第113页)	用于车间散水
	坡道	斩假石坡道	05YJ1坡14(第119页)	用于车间坡道，混凝土标号由原C10改为C20。厚度改为200厚，地坪下部增加300厚3:7灰土。

图纸目录

序号	图号	图纸名称	图幅	备注
1	建筑-1（变更）	建筑设计说明 门窗表 图纸目录 工程做法 门窗分格详图 1-1剖面图 ①-⑬立面图(⑬-①立面图) Ⓐ-Ⓑ立面图(Ⓑ-Ⓐ立面图)		
2	建筑-2	平面图	A1加长	594×943
3	建筑-3	屋面图	A1加长	594×943

门窗表

类别	编号	洞口尺寸（mm）宽度	洞口尺寸（mm）高度	总樘数	选用图及页次编号	备注
彩钢夹芯板大门	M-1	4200	360	4	03J611-4 SPM-4236	面板为亚白色1.2厚压型钢板的硬质聚氨酯夹芯板门，门边框深蓝色
塑钢窗	C-1	34000	2400	2	白色推拉窗分格见建施-1(变更)各立面图	
	C-2	9000	2400	4	白色推拉窗分格见建施-1(变更)各立面图	
	GC-1	68000	1200	2	白色推拉窗分格见建施-1(变更)各立面图	
	GC-2	20000	1200	2	白色推拉窗分格见建施-1(变更)各立面图	
	注：所有可开启外窗内侧均加纱窗扇。					

说明：应甲方对立面外观的要求，现将原建施-1进行修改变更，原建施-1作废，以本图代替。主要变更为：
1. 门高原为4.2m 改为3.6m。
2. 两侧山墙上原有上下双层窗C-3共8个均取消，山墙上增设高窗GC-2，居中布置。
3. 原窗C-1、C-2高1500mm改为2400mm，上层窗C-1、C-2均取消，增设高窗GC-1，居中布置。
4. 原雨篷为橘红色改为蓝色，原蓝色包角改为白色包角。

××机电设计院有限公司 证书等级：乙级 编号：××××××-××				×××学院实训车间			
总工程师		审核		建筑设计说明 门窗表 图纸目录 工程做法 立面图 1—1剖面图 门窗分格详图		专业	建筑 阶段 施工图
项目负责人		校对				比例	1:100
		设计				张次	第1张 共3张
专业负责人		制图		项目编号 2009-0204	日期 2009-02	图号	建施-1(变更)

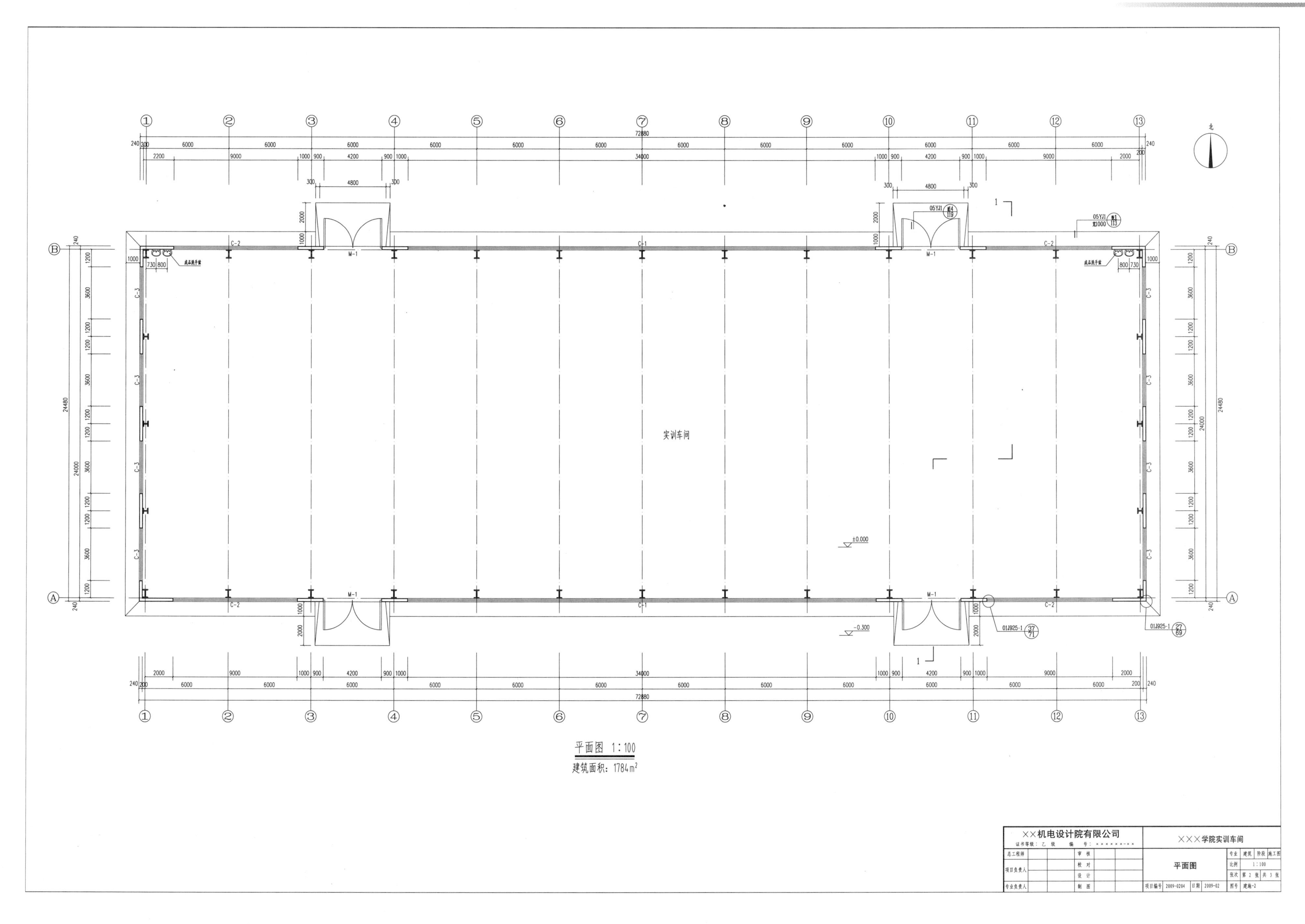
平面图 1:100
建筑面积：1784m²
实训车间
M-1
C-1
C-2
C-3
±0.000
-0.300
72880
34000
24000
24480
6000
4800
01J925-1
05YJ1
××机电设计院有限公司
×××学院实训车间
平面图
1:100
建施-2
2009-0204
2009-02

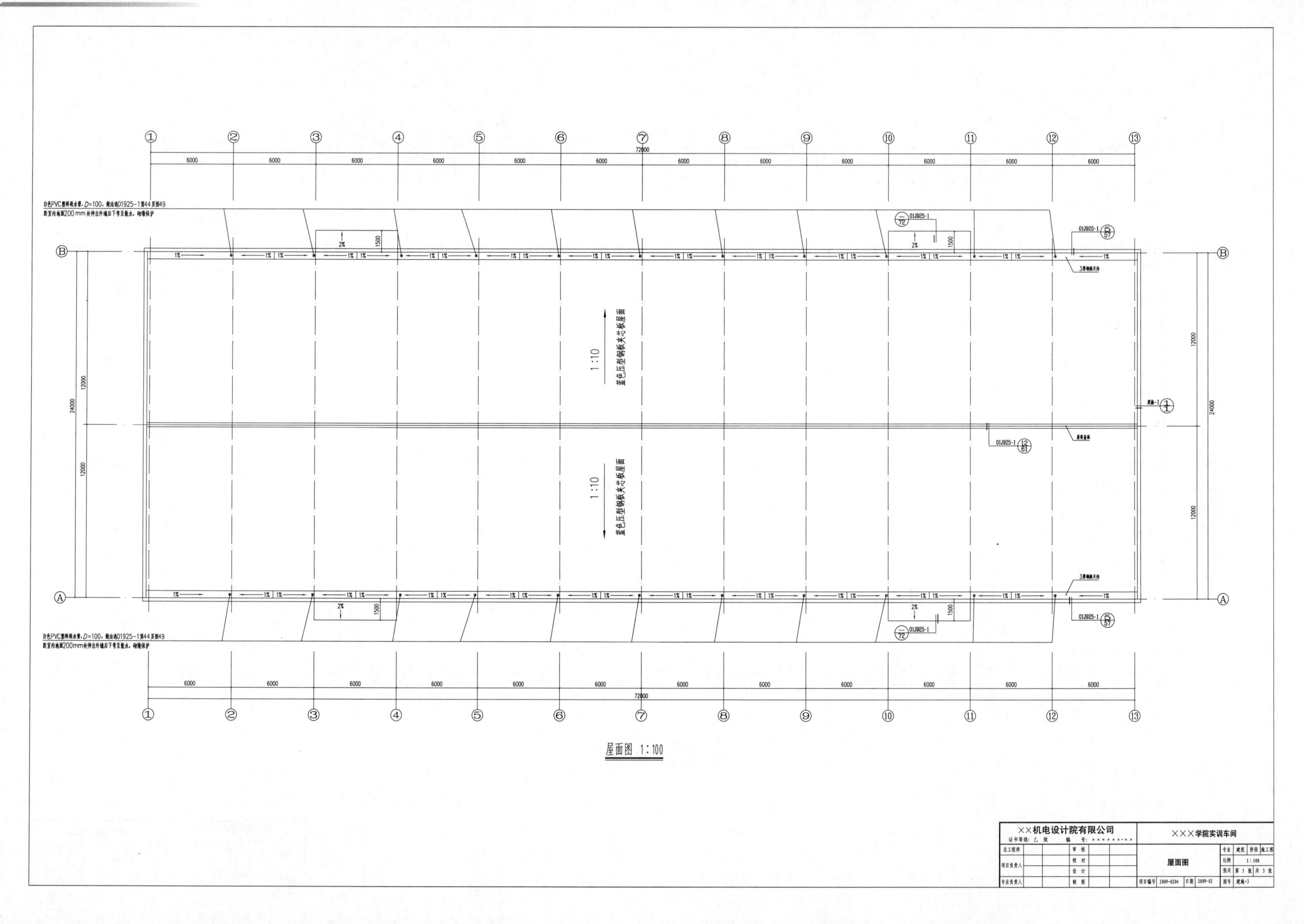

白色PVC塑料雨水管，D=100，做法选01925-1第44页图49
距室内地面200mm处伸出外墙后下弯至散水，砌墙保护
1:10
蓝色压型钢板夹芯板屋面
01J925-1
屋面图 1:100
××机电设计院有限公司
×××学院实训车间
屋面图
1:100
建施-3

钢结构设计总说明（轻钢部分）

1．设计依据：

1.1 本工程施工图按业主同意的方案进行设计。

1.2 国家现行建筑结构设计规范、规程。

1.3 钢结构设计、制作、安装、验收应遵循下列规范、规程：

1.3.1《钢结构设计规范》（GB 50017—2003）。

1.3.2《冷弯薄壁型钢结构技术规范》（GB 50018—2002）。

1.3.3《门式刚架轻型房屋钢结构技术规程》（CECS102：2002）。

1.3.4《钢结构工程施工质量验收规范》（GB 50205—2001）。

1.3.5《建筑钢结构焊接技术规程》（JGJ 81—2002）。

1.3.6《钢结构高强度螺栓连接的设计、施工及验收规程》（JGJ 82—91）。

1.3.7《涂装前钢材表面锈蚀等级和除锈等级》（GB 8923）。

2．本说明为本工程钢结构部分说明，基础及钢筋混凝土部分结构设计说明详见钢施-2。

3．主要设计条件：

3.1 按重要性分类，本工程结构安全等级为二级。

3.2 本工程主体结构设计使用年限为50年。

3.3 本地区50年一遇的基本风压值为0.40kN/m²，地面粗糙度为B类。

刚架、檩条、墙梁及围护结构体型系数按《门式刚架轻型房屋钢结构技术规程》（CECS102：2002）。

3.4 本工程建筑抗震设防类别为丙类，抗震设防烈度为7度，设计基本加速度为0.10g，所在场地设计地震分组为第一组，场地类别为Ⅱ类。

3.5 屋面荷载标准值：

3.5.1 屋面恒荷载（含檩条自重）：0.30kN/m²。

3.5.2 屋面活荷载：0.50kN/m²。

（未经设计单位同意，施工、使用过程中荷载标准值不得超过上述荷载限值）

3.6 基本雪压：0.40kN/m²。

4．本工程室内±0.000相当于绝对标高，详建施。

本工程所有结构施工图中标注的尺寸除标高以米（m）为单位外，其他尺寸均以毫米（mm）单位。所有尺寸均以标注为准，不得以比例尺量取图中尺寸。

5．结构概况：

本工程为单层钢结构门式刚架厂房，跨度为24.0m，柱距为6.0m。

屋面采用彩色金属压型板，围护墙体采用彩色金属压型板，基础采用钢筋混凝土独立基础及砖基础。

6．材料：

6.1 本工程钢结构材料应遵循下列材料规范：

6.1.1《碳素结构钢》（GB/T 700—88）。

6.1.2《低合金高强度结构钢》（GB/T 1591—94）。

6.1.3《钢结构用扭剪型高强螺栓连接副技术条件》（GB 3632—3633）。

6.1.4《熔化焊用钢丝》（GB/T 14957—94）。

6.1.5《碳素钢埋弧焊用焊剂》（GB/T 5293—85）。

6.1.6《低合金钢埋弧焊用焊剂》（GB/T 12470—90）。

6.1.7《碳钢焊条》（GB/T 5117—95）。

6.1.8《低合金钢焊条》（GB/T 5118—95）。

6.1.9《钢结构防火涂料应用技术规范》（CECS24：90）。

6.2 本工程所采用的钢材除满足国家材料规范要求外，地震区尚应满足下列要求：

6.2.1 钢材的抗拉强度实测值与屈服强度实测值的比值应不小于1.2。

6.2.2 钢材应具有明显的屈服台阶，且伸长率应大于20%。

6.2.3 钢材应具有良好的可焊性和合格的冲击韧性。

6.3 本工程刚架梁、柱采用Q345，梁柱端头板采用Q345，加劲肋采用Q235。

6.4 本工程屋面檩条采用Q235冷弯薄壁钢，隅撑采用Q235，柱间支撑采用Q235，屋面横向水平支撑采用Q235。檩条采用卷边槽形冷弯薄壁型钢，拉条采用圆钢，撑杆采用钢管和圆钢。

6.5 除图中特殊注明外，所有结构加劲板，连接板厚度均为12mm。

6.6 高强螺栓、螺母和垫圈采用《优质碳素结构钢技术条件》（GB 699—88）中规定的钢材制作；其热处理、制作和技术要求应符合《钢结构用高强度大六角头螺栓、大六角头螺母、垫圈型式尺寸与技术条件》（GB/T 1228—1231—91）的规定，本工程刚架构件现场连接采用10.9级扭剪型高强螺栓，高强螺栓结合面不得涂漆，采用喷砂处理法，摩擦面抗滑移系数为0.45。

6.7 檩条与檩托、隅撑，隅撑与刚架斜梁等次要连接采用普通螺栓，普通螺栓应符合现行国家标准《六角头螺栓-C级》（GB 5780）的规定，基础锚栓采用Q235。

6.8 屋面压型钢板：

6.8.1 屋面及墙面部分采用双层彩色钢板$t=0.6$mm，波高≥60mm，波宽为365mm。

6.8.2 彩色钢板收边泛水基材厚度0.6mm。

6.8.3 钢板镀层：冷轧钢板经连续热浸镀铝锌处理，其镀铝锌量为150g/m²（双面）。

6.8.4 零配件：

6.8.4.1 固定屋、墙面钢板自攻螺丝应经镀锌处理，螺丝之帽盖用尼龙头覆着，且钻尾能够自行钻孔固定在钢结构上。

6.8.4.2 止水胶泥：应使用中性之止水胶泥（硅胶）。

6.9 本工程所有钢构件规格、型号未经本院同意严禁任意替换。

7．钢结构制作与加工：

7.1 钢结构构件制作时，应按照《钢结构工程施工及验收规范》（GB 50205—95）进行制作。

7.2 所有钢构件在制作前均放1：1施工大样，复核无误后方可下料。

7.3 钢材加工前应进行校正，使之平整，以免影响制作精度。

7.4 除地脚螺栓外，钢结构构件上螺栓钻孔直径比螺栓直径大1.5～2.0mm。

7.5 檩条及墙梁：

7.5.1 打孔处理：除图中特别注明外，打孔尺寸一律为13.5mm，并与M12镀锌螺栓配合使用。

7.5.2 固定方式：以M12镀锌螺栓将檩固定于檩托板。

7.6 焊接：

7.6.1 焊接时应选择合理的焊接工艺及焊接顺序，以减小钢结构中产生的焊接应力和焊接变形。

7.6.2 组合H型钢的腹板与翼缘的焊接应采用自动埋弧焊机焊，且四道连接焊缝均应双面满焊，不得单面焊接。

7.6.3 组合H型钢因焊接产生的变形应以机械或火焰矫正调直，具体做法应符合GB 50205—2001的相关规定。

7.6.4 Q345与Q345钢之间焊接应采用E50型焊条，Q235与Q235钢间焊接应采用E43型焊条，Q345与Q235钢之间焊接应采用E43型焊条。

7.6.5 构件角焊缝厚度范围详见右下表1。

7.6.6 焊缝质量等级：端板与柱、梁翼缘和腹板的连接焊缝为全熔透坡口焊，质量等级为二级，其他为三级。

所有非施工图所示构件拼接用对接焊缝质量应达到二级。

7.6.7 图中未注明的焊缝高度均为6mm，一律满焊。

7.6.8 应保证切割部位准确、切口整齐，切割前应将钢材切割区域表面的铁锈、污物等清除干净，切割后应清除毛刺、熔渣和飞溅物。

8．钢结构的运输、检验、堆放：

8.1 在运输及操作过程中应采取措施防止构件变形和损坏的措施。

8.2 结构安装前应对构件进行全面检查：如构件的数量、长度、垂直度，安装接头处螺栓孔间的尺寸是否符合设计要求等。

8.3 构件堆放场地应事先平整夯实，并做好四周排水。

8.4 构件堆放时，应先放置枕木垫平，不宜直接将构件放置于地面上。

8.5 檩条卸货后，如因其他原因未及时安装，应用防水雨布覆盖，以防止檩条出现"白化"现象。

9．钢结构安装：

9.1 柱脚及基础锚栓：

9.1.1 应在混凝土短柱上用墨线及经纬仪将各柱中心线弹出，用水准仪将标高引测到锚栓上。

9.1.2 基础底板、锚栓尺寸经复验符合GB50205要求且基础混凝土强度等级达到设计强度等级的75%后放可进行钢柱安装。

9.1.3 钢柱脚地脚螺栓采用螺母调平方案。待刚架，支撑等配件安装就位，结构形成空间单元且经检测、校核尺寸确认无误后，应对柱底板和基础（或混凝土短柱）顶面间的空隙采用C30微膨胀自流性细石混凝土或专用灌浆料填实，可采用压力灌浆，应确保密实。锚栓采用双螺帽。

9.2 结构安装：

9.2.1 钢梁应预起拱85mm。

9.2.2 刚架安装顺序：应先安装靠近山墙的有柱间支撑的两榀刚架，而后安装其他刚架。

9.2.3 头两榀刚架安装完毕后，应在两榀刚架间将水平系杆、檩条及柱间支撑、屋面水平支撑、隅撑全部装好安装完成后，应利用柱间支撑及屋面水平支撑调整构件见的垂直度及水平度；待调整正确后方可锁定支撑，而后安装其他刚架。

9.2.4 除头两榀刚架外，其余榀的檩条、墙梁、隅撑的螺栓均应校准后再拧紧。

9.2.5 钢柱吊装：钢柱吊至基础短柱顶面后，采用经纬仪进行校正。

9.2.6 刚架屋面斜梁组装：斜梁跨度较大，在地面组装时应尽量采用立拼，以防斜梁侧向变形。

9.2.7 钢柱与屋面斜梁的接头，应在空中对接，预先将加工好的铝合金挂梯放于梁上以便空中穿孔。

9.2.8 檩条的安装应待刚架主结构调整定位后进行，檩条安装后应用拉杆调整平直度。

9.2.9 结构吊（安）装时，应采取有效措施，确保结构的稳定，并防止产生过大变形。

9.2.10 结构安装完成后，应详细检查运输、安装过程中涂层的擦伤，并补刷油漆，对所有的连接螺栓应逐一检查，以防漏拧或松动。

9.2.11 不得利用已安装就位的构件起吊其他重物，不得在构件上加焊非设计要求的其他物件。

9.3 高强螺栓施工

9.3.1 钢构件加工时，在钢构件高强螺栓结合部位表面除锈、喷砂后立即贴上胶带密封，待钢构件吊装拼接时用铲刀将胶带铲除干净。

9.3.2 对于在现场发现的因加工误差而无法进行施工的构件螺栓孔，不得采用锤击螺栓强行穿入或用气割扩孔，应与设计单位及相关部门协商处理。

9.3.3 高强螺栓拧断顺序应由中间向两端逐步交错，将Z字形拧断，拧断完成后，应检查尾长是否符合要求。

10．钢结构涂装：

10.1 除锈：除镀锌构件外，制作前钢构件表面均应进行喷砂（抛丸）除锈处理，不得手工除锈，除锈质量等级应达到国标GB10923中Sa2.5级标准。

10.2 防腐涂层：

底漆一遍，铁红C53-31红丹醇酸防锈漆，涂层厚度25～30um；

中间漆二遍，云铁醇酸防锈漆，涂层厚度50～60um；

面漆二遍，灰色C04-42醇酸调和漆，涂层厚度40～50um；

修补漆共五遍，各层如上，涂层厚度 115～140um。

10.3 下列情况免涂油漆：

10.3.1 埋于混凝土中。

10.3.2 与混凝土接触面。

10.3.3 待焊接的位置。

10.3.4 螺栓连接范围内，构件接触面。

11．钢结构防火工程：

11.1 本工程防火等级为二级，要求钢构件耐火极限为：钢柱2.0h，钢梁1.5h，屋面檩条等0.5h。

11.2 钢结构耐火防护做法：防火涂料的性能、涂层厚度及质量要求应符合现行国家标准《钢结构防火涂料》GB 14907和国家现行标准《钢结构防火涂料应用技术规范》CECS24的规定。

所选用的钢结构防火涂料与防锈蚀油漆（涂料）之间应进行相容性试验，试验合格后方可使用。

12．钢结构维护：

钢结构使用过程中，应根据材料特性（如涂装材料使用年限，结构使用环境条件等），定期对结构进行必要维护（如对钢结构重新进行涂装，更换损坏构件等），以确保使用过程中的结构安全。

13．其他：

13.1 本设计未考虑雨季施工，雨季施工时，应采取相应的施工技术措施。

13.2 未尽事宜应按照现行施工及验收规范、规程的有关规定进行施工。

表1

角焊缝的最小焊角尺寸h_f		
较厚焊件的厚度(mm)	手工焊接(h_f)(mm)	埋弧焊接(h_f)(mm)
≤4	4	3
5~7	4	3
8~11	5	4
12~16	6	5
17~21	7	6
22~26	8	7
27~36	9	8

角焊缝的最大焊角尺寸h_f	
较薄焊件的厚度(mm)	最大焊角尺寸h_f(mm)
4	5
5	6
6	7
8	10
10	12
12	14
14	17

钢结构图纸目录

序号	图号	图纸内容	规格
1	钢施-1	钢结构设计总说明　钢结构图纸目录	1#
2	钢施-2	基础平面布置图	1#
3	钢施-3	屋面结构布置图	1#
4	钢施-4	GJ-1	1#
5	钢施-5	墙架及柱间支撑布置图　节点详图	1#

××机电设计院有限公司 证书等级：乙 级　编 号：××××××-××						×××学院实训车间				
总工程师			审 核			钢结构设计总说明 钢结构图纸目录		专业	钢结构	阶段 施工
项目负责人			校 对					比例		
			设 计					张次	第 1 张	共 5 张
专业负责人			制 图			项目编号 2009-0204	日期 2009，02	图号	钢施-1	

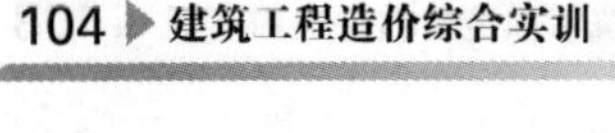

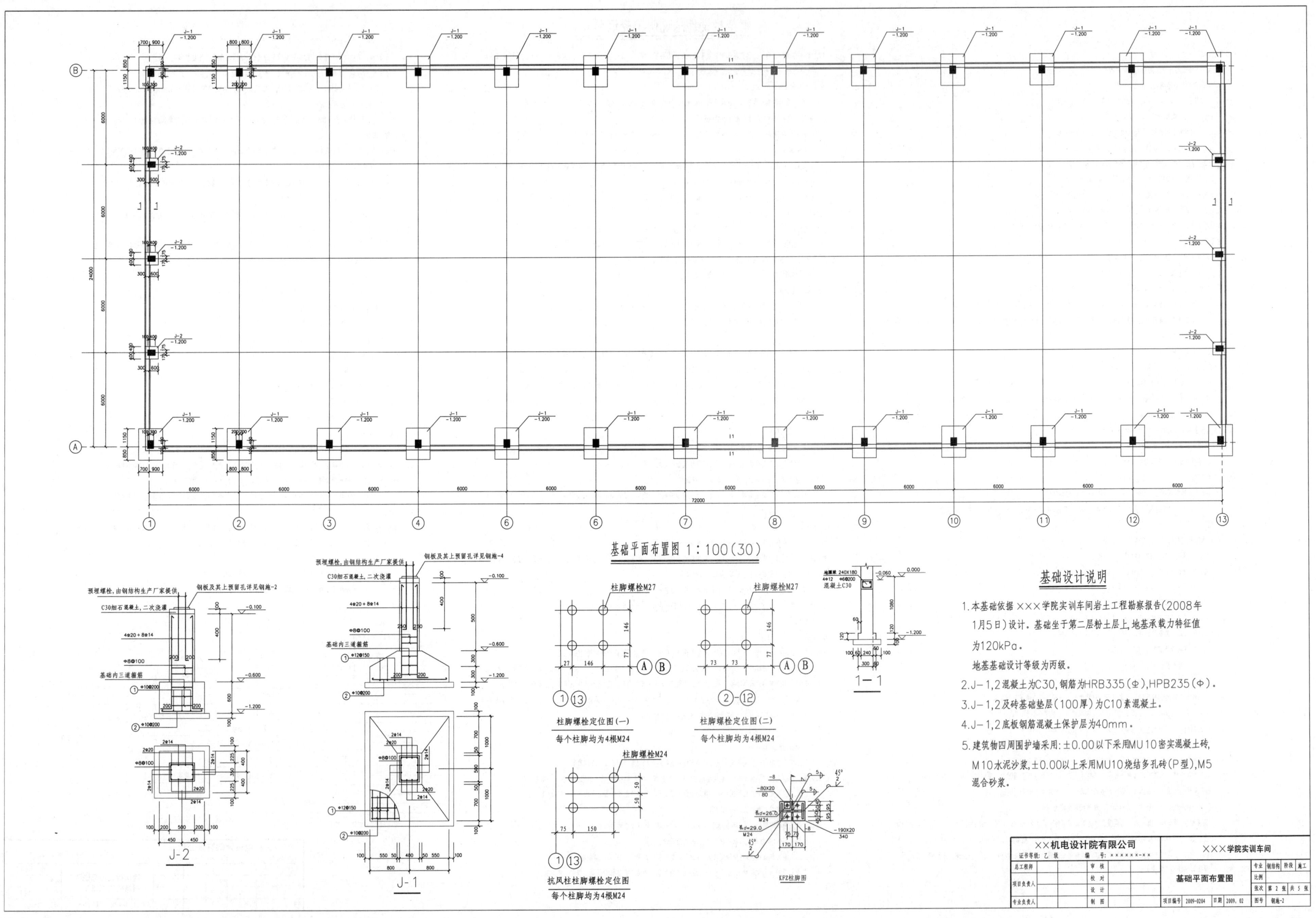
基础平面布置图 1:100(30)
基础设计说明
1.本基础依据×××学院实训车间岩土工程勘察报告(2008年1月5日)设计。基础坐于第二层粉土层上,地基承载力特征值为120kPa。
地基基础设计等级为丙级。
2.J-1,2混凝土为C30,钢筋为HRB335(Φ),HPB235(Φ)。
3.J-1,2及砖基础垫层(100厚)为C10素混凝土。
4.J-1,2底板钢筋混凝土保护层为40mm。
5.建筑物四周围护墙采用:±0.00以下采用MU10密实混凝土砖,M10水泥沙浆,±0.00以上采用MU10烧结多孔砖(P型),M5混合砂浆。
柱脚螺栓M27
柱脚螺栓定位图(一)
每个柱脚均为4根M24
柱脚螺栓定位图(二)
每个柱脚均为4根M24
柱脚螺栓M24
抗风柱柱脚螺栓定位图
每个柱脚均为4根M24
KFZ柱脚图
1-1
J-1
J-2
预埋螺栓,由钢结构生产厂家提供
钢板及其上预留孔详见钢施-4
钢板及其上预留孔详见钢施-2
C30细石混凝土,二次浇灌
基础内三道箍筋
××机电设计院有限公司
×××学院实训车间
基础平面布置图
总工程师
项目负责人
专业负责人
审核
校对
设计
制图
项目编号 2009-0204
日期 2009.02
图号 钢施-2

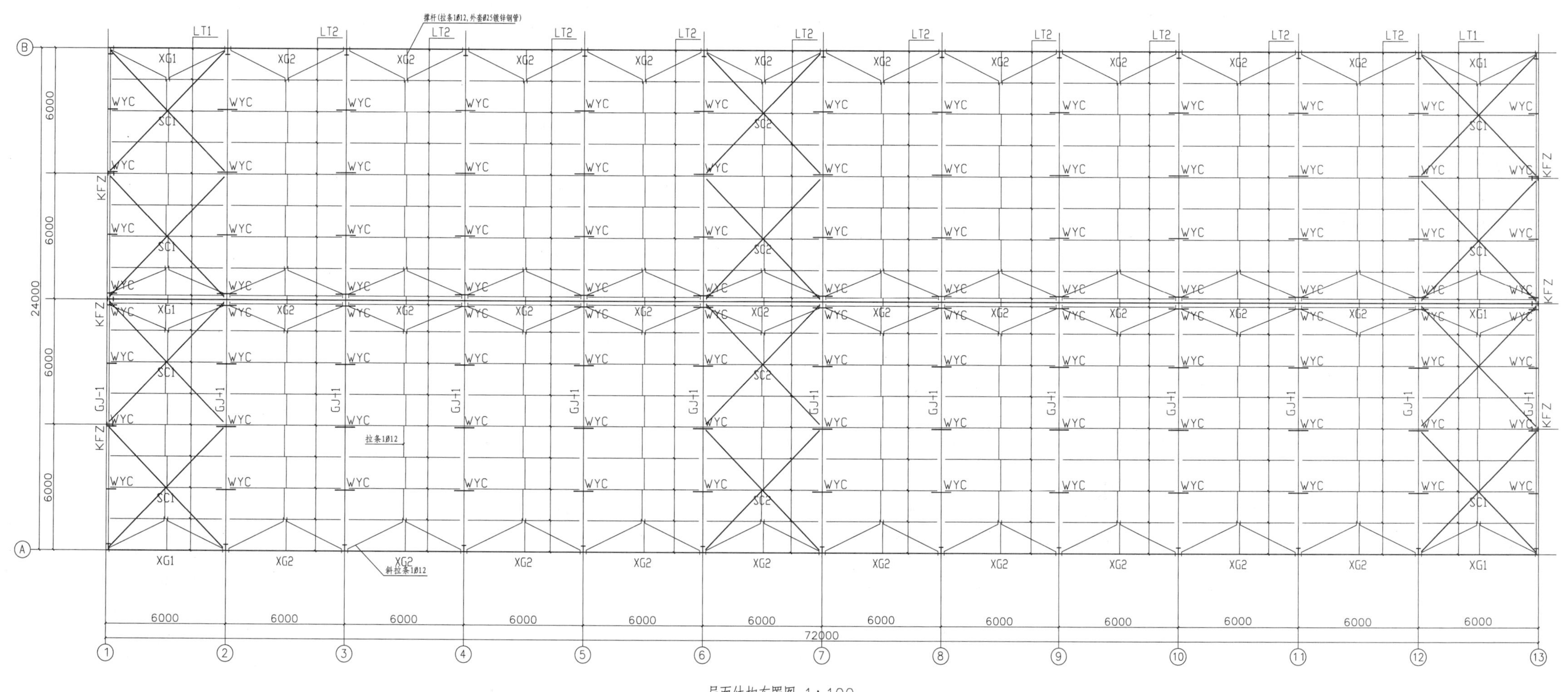

屋面结构布置图 1：100

天沟板采用3mm镀锌钢板

SC1,SC2采用Φ20圆钢

LT1,LT2采用C160X60X20X2

XG1,XG2采用Φ102圆钢管,壁厚=3

××机电设计院有限公司				×××学院实训车间				
证书等级：乙 级		编　号：××××××-××						
总工程师		审　核		屋面结构布置图	专业	钢结构	阶段	施工
项目负责人		校　对			比例			
		设　计			张次	第 3 张	共 5 张	
专业负责人		制　图			图号	钢施-3		
项目编号	2009-0204	日期	2009. 02					

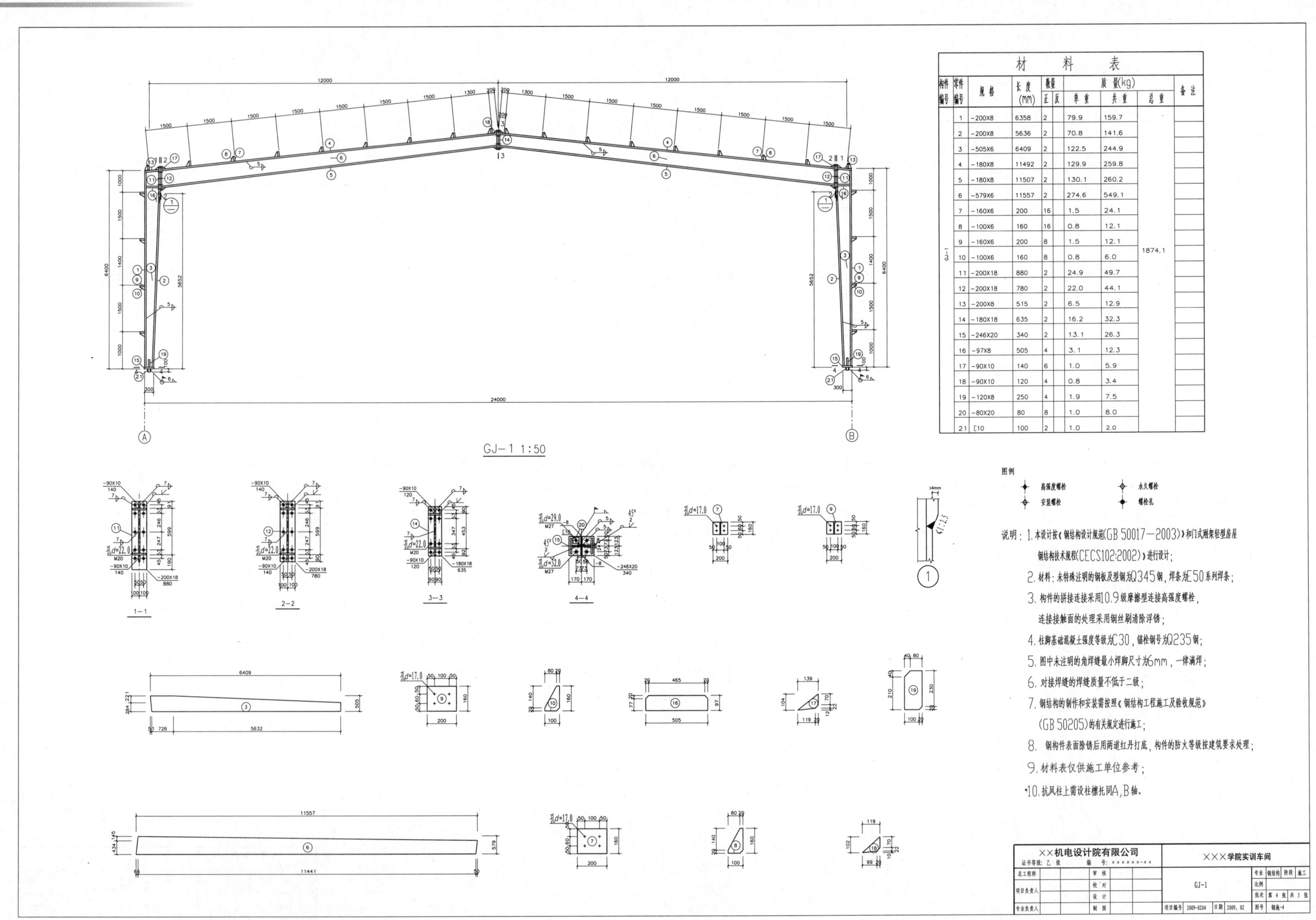

材 料 表

构件编号	零件编号	规 格	长度(mm)	数量 正	数量 反	质量(kg) 单重	质量(kg) 共重	质量(kg) 总重	备 注
GJ-1	1	-200X8	6358	2		79.9	159.7	1874.1	
	2	-200X8	5636	2		70.8	141.6		
	3	-505X6	6409	2		122.5	244.9		
	4	-180X8	11492	2		129.9	259.8		
	5	-180X8	11507	2		130.1	260.2		
	6	-579X6	11557	2		274.6	549.1		
	7	-160X6	200	16		1.5	24.1		
	8	-100X6	160	16		0.8	12.1		
	9	-160X6	200	8		1.5	12.1		
	10	-100X6	160	8		0.8	6.0		
	11	-200X18	880	2		24.9	49.7		
	12	-200X18	780	2		22.0	44.1		
	13	-200X8	515	2		6.5	12.9		
	14	-180X18	635	2		16.2	32.3		
	15	-246X20	340	2		13.1	26.3		
	16	-97X8	505	4		3.1	12.3		
	17	-90X10	140	6		1.0	5.9		
	18	-90X10	120	4		0.8	3.4		
	19	-120X8	250	4		1.9	7.5		
	20	-80X20	80	8		1.0	8.0		
	21	[10	100	2		1.0	2.0		

说明：1. 本设计按《钢结构设计规范(GB 50017—2003)》和门式刚架轻型房屋钢结构技术规程(CECS102:2002)》进行设计；

2. 材料：未特殊注明的钢板及型钢为Q345钢，焊条为E50系列焊条；

3. 构件的拼接连接采用10.9级摩擦型连接高强度螺栓，连接接触面的处理采用钢丝刷清除浮锈；

4. 柱脚基础混凝土强度等级为C30，锚栓钢号为Q235钢；

5. 图中未注明的角焊缝最小焊脚尺寸为6mm，一律满焊；

6. 对接焊缝的焊缝质量不低于二级；

7. 钢结构的制作和安装需按照《钢结构工程施工及验收规范》(GB 50205)的有关规定进行施工；

8. 钢构件表面除锈后用两道红丹打底，构件的防火等级按建筑要求处理；

9. 材料表仅供施工单位参考；

10. 抗风柱上需设柱檩托同A，B轴。

××机电设计院有限公司 证书等级：乙 级 编 号：××××××-××				×××学院实训车间		
总工程师		审 核		GJ-1	专业 钢结构	阶段 施工
项目负责人		校 对			比例	
		设 计			张次 第 4 张 共 5 张	
专业负责人		制 图		项目编号 2009-0204 日期 2009.02	图号 钢施-4	

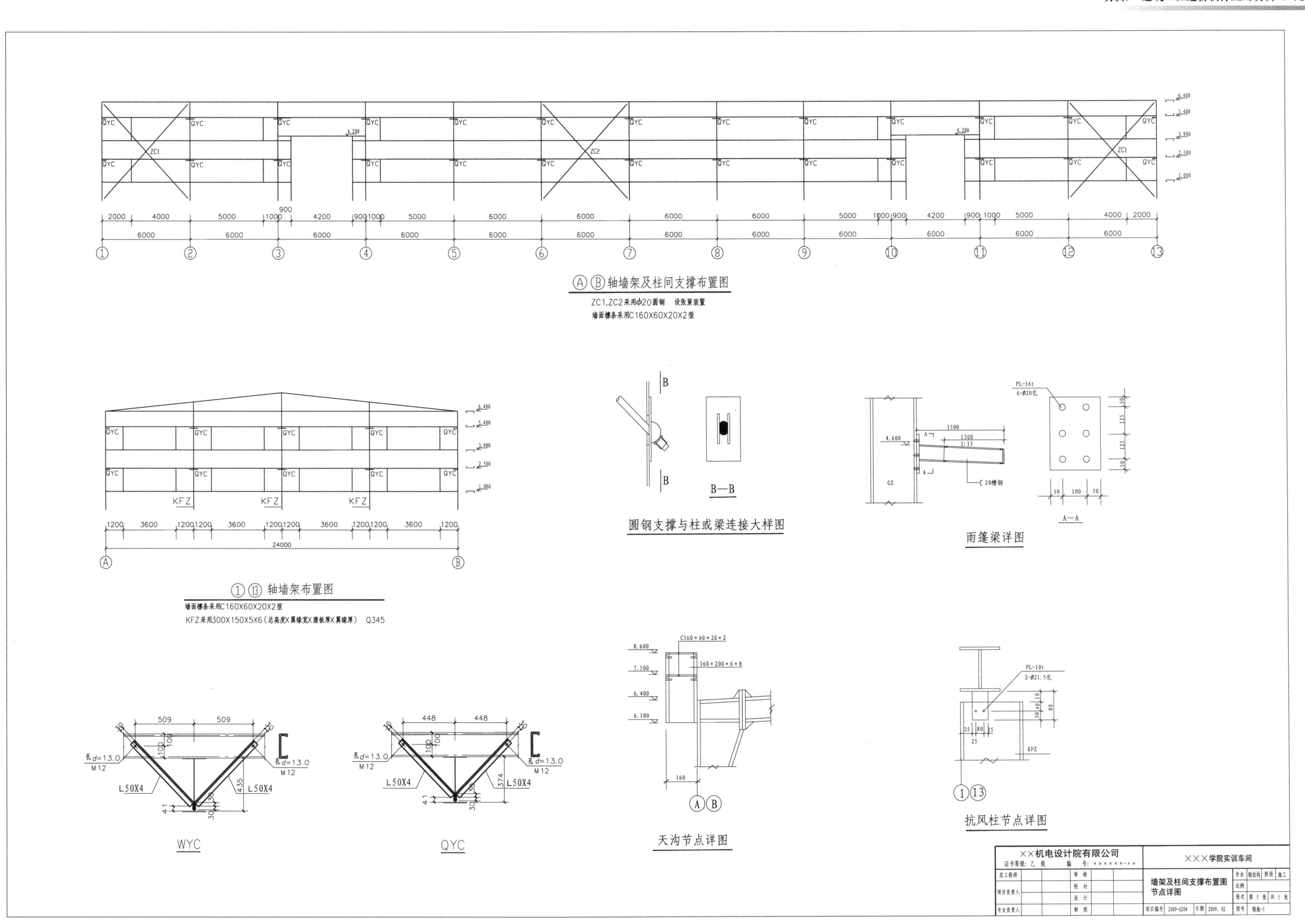

Ⓐ Ⓑ轴墙架及柱间支撑布置图
ZC1,ZC2采用φ20圆钢　设张紧装置
墙面檩条采用C160X60X20X2型
① ⑬ 轴墙架布置图
墙面檩条采用C160X60X20X2型
KFZ采用300X150X5X6(总高度X翼缘宽X腹板厚X翼缘厚)　Q345
圆钢支撑与柱或梁连接大样图
B—B
雨篷梁详图
A—A
WYC
QYC
天沟节点详图
抗风柱节点详图
××机电设计院有限公司
×××学院实训车间
墙架及柱间支撑布置图
节点详图

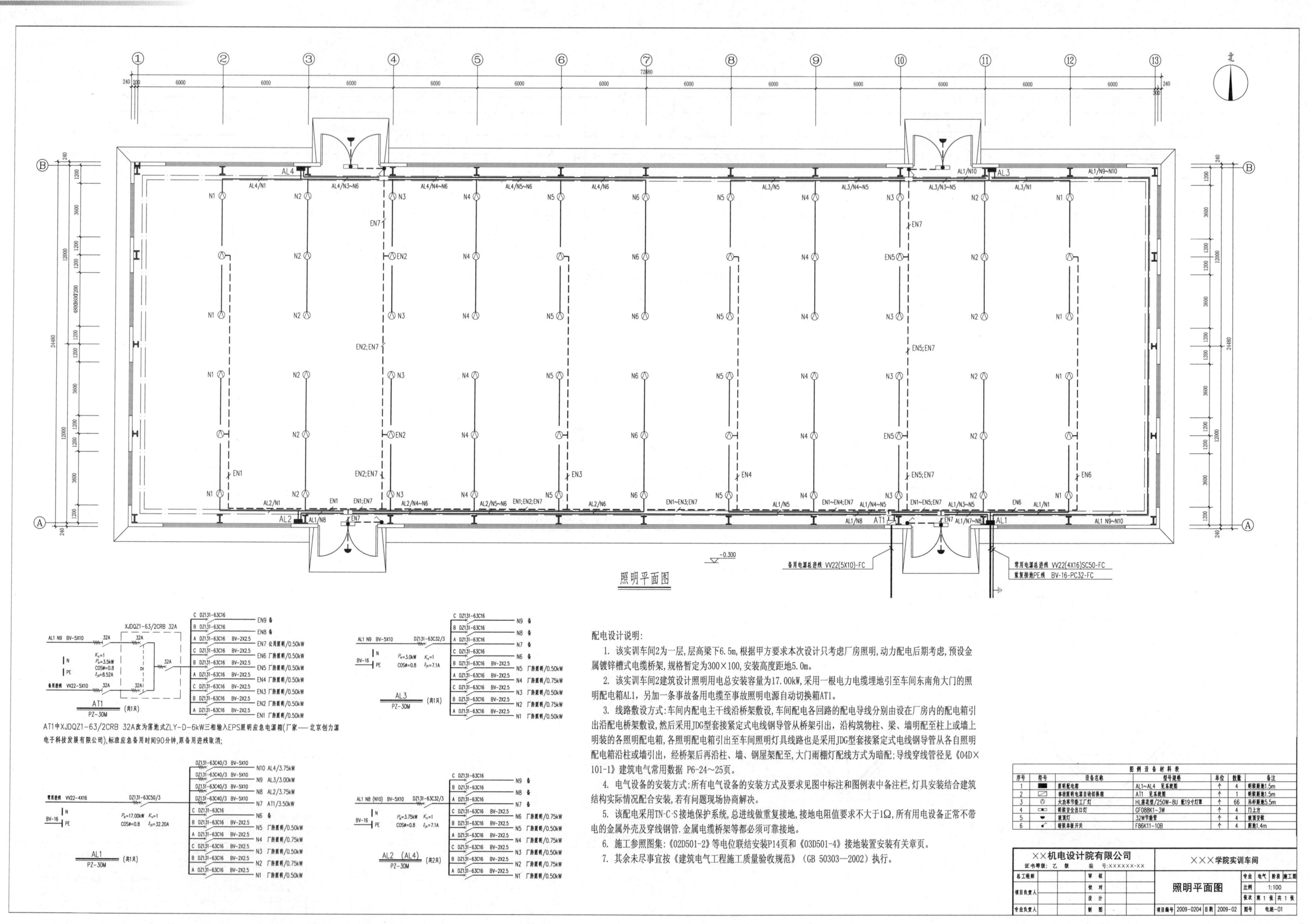

序号	符号	设备名称	型号规格	单位	数量	备注
1		照明配电箱	AL1~AL4 见系统图	个	4	明装距地1.5m
2		事故照明电源自动切换箱	AT1 见系统图	个	1	明装距地1.5m
3		大功率节能工厂灯	HL莲花型/250W-8U 配19寸灯罩	个	66	吊杆距地5.5m
4		明装安全出口灯	GF088K1-3W	个	4	门上方
5		吸顶灯	32W节能管	个	4	吸顶安装
6		暗装单极开关	F86K11-10B	个	4	距地1.4m

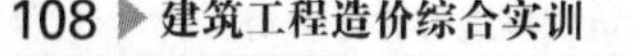

参考文献

[1] 中华人民共和国住房和城乡建设部. GB/T 50353—2005　建筑工程建筑面积计算规范[S]. 北京:中国计划出版社,2005.
[2] 中华人民共和国住房和城乡建设部. GB 50500—2013　建设工程工程量清单计价规范[S]. 北京:中国计划出版社,2013.
[3] 肖明和,柴琦. 建筑工程计量与计价实训[M]. 北京:北京大学出版社,2009.
[4] 袁建新. 工程造价综合实训[M]. 北京:中国建筑工业出版社,2011.
[5] 中华人民共和国住房与城乡建设部. GB 50854—2013　房屋建筑与装饰工程工程量计算规范[S]. 北京:中国计划出版社,2013.